启蒙数学文化译丛　π　丛书主编　汪　宇

**Elementary Mathematics
from an Advanced Standpoint**

Felix　Klein

高观点下的初等数学

（第一卷）算术 代数 分析

〔德〕菲利克斯·克莱因　著

舒湘芹　陈义章　杨钦樑　译　齐民友　审

华东师范大学出版社

图书在版编目（CIP）数据

高观点下的初等数学 . 第一卷，算术 代数 分析 /
（德）菲利克斯·克莱因著；舒湘芹、陈义章、杨钦樑译；
齐民友审 . — 上海：华东师范大学出版社，2019
ISBN 978-7-5675-9346-6

Ⅰ.①高… Ⅱ.①菲… ②舒… ③陈… ④杨… ⑤齐
… Ⅲ.①初等数学 Ⅳ.① O12

中国版本图书馆 CIP 数据核字 (2019) 第 130830 号

启蒙数学文化译丛系启蒙编译所旗下品牌
本书版权、文本、宣传等事宜，请联系：qmbys@qq.com

高观点下的初等数学

第一卷：算术 代数 分析

著　　者	（德）菲利克斯·克莱因
译　　者	舒湘芹 陈义章 杨钦樑
译　　审	齐民友
责任编辑	王　焰（策划）
	龚海燕（组稿）
	王国红（项目）
特约审读	冯承天
责任校对	马　珺
出版发行	华东师范大学出版社
社　　址	上海市中山北路3663号　邮编 200062
网　　址	www.ecnupress.com.cn
电　　话	021-60821666　行政传真 021-62572105
客服电话	021-62865537　门市（邮购）电话　021-62869887
地　　址	上海市中山北路3663号华东师范大学校内先锋路口
网　　店	http://hdsdcbs.tmall.com
印 刷 者	山东韵杰文化科技有限公司
开　　本	890×1240　32开
印　　张	11.625
字　　数	280千字
版　　次	2020年11月第一版
印　　次	2022年6月第三次
书　　号	ISBN 978-7-5675-9346-6
定　　价	198.00元（全三卷）

出 版 人　王　焰

内容提要

菲利克斯·克莱因是 19 世纪末 20 世纪初世界最有影响力的数学学派——哥廷根学派公认的领袖,他不仅是伟大的数学家,也是杰出的数学史家和数学教育家、现代国际数学教育的奠基人,对数学研究和数学教育产生了巨大影响,在数学界享有崇高的声望。

本书是具有世界影响的数学教育经典,由克莱因根据自己在哥廷根大学多年为中学数学教师及学生开设的讲座所撰写,书中充满了他对数学的洞见,生动地展示了一流大师的风采,出版后被译成多种文字,影响至今不衰。全书共分三卷——第一卷"算术、代数、分析",第二卷"几何",第三卷"精确数学与近似数学"。

克莱因认为函数为数学的"灵魂",应该成为中学数学的"基石",应该把算术、代数和几何方面的内容,通过几何的形式用以函数为中心的观念综合起来;强调要用近代数学的观点来改造传统的中学数学内容,主张加强函数和微积分的教学,改革和充实代数的内容,倡导"高观点下的初等数学"意识。在克莱因看来,一个数学教师的职责是,应使学生了解数学并不是孤立的各门学问,而是一个有机的整体;基础数学的教师应该站在更高的(高等数学)视角来审视、理解初等数学问题,只有观点高了,事物才能显得明了而简单;一个称职的教师应当掌握或了解数学的各种概念、方法及其发展与完善的过程以及数学教育演化的经过。他认为"有关的每一个分支,原则上应看作是数学整体的代表","有许多初等数学的现象只有在非初等的理论结构内才能深刻地理解"。

　　本书对我国数学教育工作者和数学研习者很有启发,用本书译者之一,我国数学家、数学教育家吴大任先生的话来说,"所有对数学有一定了解的人都可以从中获得教益和启发",此书至今读来"仍然感到十分亲切。这是因为,其内容主要是基础数学,其观点蕴含着真理"。

目　录

第一部分　算　　术

博洽内容　独特风格

——《高观点下的初等数学》导读

吴大任

（一）书和作者简介

德国数学家 F. 克莱因的名著《高观点下的初等数学》（以下简称《初等数学》）已由舒湘芹等同志译就，将由湖北教育出版社出版。[①]中译本出版，必将受到我国中青年教师和广大数学工作者的欢迎，对我国各级学校的数学教育也将产生巨大作用。

F. 克莱因（1849—1925）是有深远影响的数学家。他的贡献遍及几何、代数、函数论、理论物理以及数学史等，在这些领域，他都留下了经典性著作。他是权威性的德国《数学百科全书》的主创者之一，曾任最高水平的德国《数学年刊》的主编，致力于这两项事业达四十春秋。他热诚地献身于数学教育及其改革，是促进数学教育国际委员会创始人之一，并始终积极参与其中的活动。他著述《初等数学》这样的书，真可谓出色当行，游刃有余，得心应手。这书内容十分博洽，而论述生动活泼，不拘一格，把严谨性和直观性巧妙结合，深入浅出，使读者有举重若轻、左右逢源之感。

《初等数学》由 F. 克莱因的助手根据他在哥廷根大学讲课内容

---

① "初等数学"指当时德国中小学的数学，难度比我国中小学数学略高。本书曾由湖北教育出版社于 20 世纪 90 年代初出版。——编者

整理而成,分上下两卷。上卷"算术 代数 分析"(第三版)于 1924 年出版;下卷"几何"于 1925 年出版;英译本于 1939 年出版。[①] 60 多年过去,数学面貌已有很大变化,我国目前的数学教育和德国当年也有很大差异。我们阅读这书时,对此必须注意。尽管如此,我们读来,对其内容和观点,仍然感到十分亲切。这是因为,其内容主要是基础数学,其观点蕴含着真理。当时德国数学教育中的不少问题,在今日我国仍然存在。克莱因声称本书是为中学教师和成熟的大学生写的,但按其内容,所有对数学有一定了解的人都可以从中获得教益和启发。

数学科学的整体性和数学教育的连续性

要想用一两句话来概括《初等数学》这本丰富多彩的书的特色,是困难的。也许可以说:它所展示的数学科学,是一个不断发展着的有机整体;克莱因所设计的数学教育,是一个随着数学发展而不断更新的连续过程。正如书名《高观点下的初等数学》所示,书的着眼点是初等数学,观点却是高等数学。数学各个分支,特别是数学两个基本对象——形与数结合起来了。讲算术、代数、分析时,总是充分运用丰富的几何图像。而讲几何时,用的是代数工具,又不乏几何语言。它还以大量篇幅阐述数学的各种概念和方法的发展与完善过程以及数学教育演化的经过。这些进程还在继续。

以下试对《初等数学》的若干具体特色作些介绍。

(二)《初等数学》若干特色

高观点

在《初等数学》的前言中,克莱因指出大学和中学数学教育的"双

---

① 本书最终版共三卷,可参看本卷第三版序及第三卷译者的话、第三版序。——编者

脱节"现象：大学生感到，他正在学的东西和中学学过的无关，而当他们到中学任教时，大学所学的用不上，因而那些内容就只存在于美好的记忆中。本书的直接目的自然是要改变这种不合理现象，以便把数学的新进展中所产生的新观念渗入中学数学教育中，按我们现在的说法，就是使数学教育"现代化"。

克莱因所采用的书名表明，他认为教师应具备较高的数学观点。理由是，观点越高，事物越显得简单。例如在实数域里不好理解的某些东西，从复数域的观点看，就清楚了；在欧氏空间里某些不好解释的现象，从射影空间的观点看，就有满意的说明。下面分别举两个具体的例子。

克莱因指出，在中学，关于对数的传统讲法是有明显漏洞的。他建议把对数函数作为等角双曲线下的面积来引进，既简单又明确。他又指出，在复数域里，对数是多值函数，作为实函数的对数只是其中无数多个值之一。所以，在复数域里，对数函数的本质才看得清楚。我们的教师，无论是否愿意（或可能）采纳克莱因所建议的引进对数方式，有一点是可以肯定的：如果他了解作为复数的对数函数，当他讲实数时，就会心中有数，有可能弥补漏洞，至少当学生提出疑问时，他能正确回答，应付裕如。

通过变换群来阐明不同几何的本质及其相互关系，本是克莱因的伟大创见之一。《初等数学》用了很大篇幅来论述欧氏几何、仿射几何和射影几何的关系。我认为，中学几何是欧氏几何，但也涉及图形的仿射性质（如三角形的重心）和射影性质（如三点共线）。如果教师能区别各种性质，在教学中自然是有利的。克莱因举了一个例子来说明局限在欧氏空间就不好理解的现象：两个二阶曲面一般相交于一条四阶曲线，但两个球面（二阶曲面）一般只相交于一个（实的或虚的）圆（二阶曲线）。原来，从射影空间观点看，可以认为，两个球面还相交于"无穷远虚圆",而两个圆在一起,恰好构成一条(退化的)四阶曲线。

教师应是多面手

克莱因对教师的要求是很高的。《初等数学》涉及的面很广。除正文 4 大部分外,还有两个附录:"数 e 和 π 的超越性"和"集合论"。每一大部分的写法和通常写法都很不相同,且其内容有不少超出通常写法的习惯范围。例如在"算术"部分写了四元数;在"几何"部分写了高维(以至无穷维)空间,并且随时讲到历史和应用。显然,克莱因认为,教师对这些都应当掌握或了解。他认为,大学生学到的具体东西不少,而许多重要的,以及在中学任教中用得着的东西却往往被忽视了。《初等数学》就着眼于弥补这些缺憾,揭示数学各部分之间的联系,指出它们的共性,它们产生与成长的内因、外因和过程以及它们的应用,等等。克莱因认为,教师掌握的知识要比他所教的多得多,才能引导学生绕过悬岩,渡过险滩。他喜欢用"融合"这个词。《初等数学》也确实体现了初等数学同高等数学的融合,数学各部分的融合,几何观念和算术观念①的融合,感性与理性的融合(甚至一维、二维、三维空间的融合),等等。可以认为,全书是以上各种融合的融合。强调这一切,是为了使大学生和教师对数学有较全面的观点,有较高的修养。

数学发展的历史

克莱因反复强调的一个教育原则是按照学生的认知规律(包括年龄及成熟程度)进行教学。具体地说,要由简单到复杂,由低到高,由感性到理性等。他讲数学历史,是因为,他认为学生对数学的认

_____

① 在这里以及许多其他地方,"算术"是广义的,用来表示纯几何的对立面,包括代数和分析。

识,在某种意义上,是与人类对数学认知的历史过程相应的。当然,这绝不是说,学生的认知要重复历史上人类的认知。

在讲述数学的历史时,克莱因强调对事物认识深化的必然性(这不排除偶然性)。某些新概念的出现,是由于客观条件已经成熟而非产生不可。例如他指出,负数和复数的出现,是不以数学家的意志为转移的。非欧几何产生后,许多数学家是被迫承认它的。微积分由粗糙到严格,有着艰辛的历程。函数概念和几何对象范畴等的演化,都有过漫长的过程。我以为,了解一些历史是很有意义的;我们的课程往往分别构成首尾完整的逻辑体系。学生在学习中很难充分领会到数学是如何逐步成长起来,它又将如何继续发展。

公理体系

《初等数学》多处谈到公理体系,特别是关于数的公理和几何公理。克莱因认为,公理不能脱离直觉,不能排除人对客观事物的认识。因而反对那样一种观点:认为公理可以随心所欲地选取,只要它们彼此相容,即不产生矛盾就可以了。他还认为,不能按照公理体系进行教学。因为这首先不符合学生的认识规律。逻辑不是数学教学中的唯一指导思想。此外,他还有一个更深刻的理由。他把数学比作一棵树,公理比作树的根,当树逐渐长大时,躯干和枝叶向上长,同时根也向下长。因此既没有最后的终点,也没有最初的始点,即没有进行教学的绝对基础。至于教师,之所以要了解公理对数学的作用和意义,则是和他对教师的要求一致的;公理体系在数学作为一个演绎的逻辑结构中,毕竟占有极其重要的地位,不了解它就不能了解数学的本质和全貌。而在教学中,教师固然要考虑大多数学生的兴趣和接受能力,同时他又应能满足一些才华出众的学生的求知欲望,适当地回答他们可能提出的问题。

尺规作图和费马大定理

这两个问题在《初等数学》中并不占重要位置,但克莱因对它们的几句精辟议论,却可以用来作为对我们许多青少年学生和业余数学爱好者的忠告。《初等数学》较详细地讨论了用圆规和直尺作图问题。在谈到三等分角问题①时,克莱因指出:许多人拿出自己的"解法",希望别人指出错误所在,但他们的知识基本上限于初等几何,又不肯去了解利用算术方法早已作出的不可能性证明。为了使读者对这种算术证明有所了解,以便当他们接到送来的"解法"时,能站稳脚跟,他给出了用直尺和圆规不可能作正七边形的证明。

费马大定理最近几年才有了重大突破,但尚未最后解决。②《初等数学》对这个"定理"的含义有个十分有趣的图解,对它的历史直到克莱因时代的研究状况有简明的介绍。克莱因指出,自从1907年人们获悉解答这问题(即证明或否定费马大定理)的人会得到高额奖金后,就出现了大量的"证明"。这些人属于各行各业,但他们有一个共同点:完全不了解探索这个问题所遇到的严重数学困难,也不想去了解困难所在,只妄想靠突发的灵感就一下子加以解决。他们的结果当然是毫无意义的。

(三) 对我们的启发

以上对《初等数学》的管窥蠡测,不求全面,但求无大错,可告无

---

① 即只用直尺和圆规把一个任意给定的角分为三等分的问题,是所谓"几何三大问题"之一,另外两个问题是"化圆为方"和"倍立方"。它们是古老的课题,但早已证明都是不可能的。化圆为方问题同圆周率的超越性有关,其他两问题之不可能是用算术方法来证明的。

② 费马大定理已由英国数学家安德鲁·怀尔斯于1994年证明。——编者

罪于该书作者和本文读者。下面结合我国现状,谈几点个人浅见,统请高明指教。

中学数学教师的提高方向

许多统计数字表明,我国中小学教师中有很大百分比没有达到教育领导部门所规定的最低业务标准。这里不谈这些现象存在的根本原因(如教育投资长期太少,教师待遇过低),只谈教师提高的方向。我以为,拓广教师的知识领域,提高他们的教学修养,是当务之急。为此,一个非常重要的策略是,必须把教师从"题海"中解脱出来。不少教师抱怨,经常要花大量时间和精力去搜集习题,把解题方法分类,编写习题解答,等等,根本顾不上进修。而不那样做,四面八方又不谅解。教师的这种苦衷,了解的人恐怕不多。事实上,"题海战术"对广大学生也是利少弊多。用各种方式帮助现有中小学教师提高,高等学校有责任,也有余力。在中小学教师大半已达到规定标准后,这个标准还应有所提高。

初等数学教育现代化问题

若干年前,许多国家进行过数学教育现代化的研究和试验。现在谈论它的人似乎少些了。我以为,问题不在于要不要现代化,而在于如何现代化。有一条原则是必须坚持的,即要按学生的认识规律进行教学。用现代数学知识武装中学教师,是初等数学教育现代化的前提。

大学数学系的任务

师范院校要面向中学的原则已经定下来了,"向综合大学看齐"的倾向也已经改过来。其实,我以为,师范院校只要注意保持"师范"特色,综合大学数学系的课,师范院校也可以开设。我说的是"可以",不是"全部必须"。因为中学教师掌握这些课的内容有好处。至于综合大学数学系毕业生也可以(甚至必须)有一定比例到中学任教。那种认为综合大学毕业生到中学教书是"大材小用"的说法,是站不住脚的。为什么大学生和研究生报名当旅馆服务员就不算"大材小用"? 在许多国家,师范院校以外的大学毕业生还要通过教育课程的考试才能取得中学教师的资格呢。可见问题的根本在于教师的待遇。

大学数学教育的改革

大学数学教育也大有改革余地。例如必修课分量偏重,"上层建筑"要求偏高,基础不全不牢等,都不利于人才的健康成长;在大量招收研究生后更是如此。在这里,我只着重谈谈几何形象问题。许多数学大师都强调形与数的统一。希尔伯特说过:"算术记号是写下来的图形,几何图形是画下来的公式。"克莱因认为,几何基础可能要以算术为起点,却不能脱离几何直观;而且他讲算术问题时,总要结合几何图像。他们的观点是完全一致的。问题是,在我们的高等数学教育中,几何形象被严重忽视了。作为基础课的解析几何已不能保持最低限度的分量。许多代数和分析课强调自我演绎体系,从逻辑和审美观点看很好,缺点是形与数固有的内在联系割断了。纯几何的演绎体系似乎已逐渐成为历史,为几何、算术、代数所取代,但也不能因此而抛弃几何直觉。另一个问题是,我们很少对学生介绍数学发展的历史。在这两方面,我认为综合大学有不少地方可以向师范院校学习。我们并不需要在综合大学数学专业恢复 50 年代作为必修课的几何基础和数学史,但可以通过改革教学内容和方法来达到加强几何形象的目的。当然,这涉及教师的培养与提高问题。

善于数学的"热门课题"

在我国青少年学生和业余数学爱好者中,"几何三大问题"(主要是三等分角问题)和费马大定理(以及哥德巴赫问题)都是(或曾经是)"热门课题",但他们"研究"的质量似乎比克莱因时代的德国还低。其实前者已证明为不可能，后者即使在数学界也只是"热门话题"而不是"热门课题"。它们在我国某些人中之所以成为"热门"，部分原因是他们片面理解"解放思想"，更重要的是我们宣传教育不够，我们希望教师们能做这些人的工作。对于执着要搞这两类问题的人，在肯定其精神可嘉之余，要教育他们尊重科学，实事求是，适当地向他们"泼冷水"；鼓励学生打好基础，鼓励业余数学爱好者把精力和时间用于更能发挥自己专长的地方。

一点希望

希望我国有更多人像克莱因那样关心数学教师的培养与提高，关心数学教育改革，并为此做些实事。《初等数学》中译版的现实意义就在于，它将促进这两方面工作的进程。但是德文本出版已过了64年，英译本出版也过了50年。现代数学已发生了极大变化，新成果、新概念、新观点、新学科层出不穷。但是数学的本质与真理是永恒的，像克莱因那样探索数学教育的规律，当是一以贯之的。我们热切希望我国高水平的数学多面手写出更结合我国实际的、现代化的《高观点下的初等数学》。这样一本书出版，将是我国数学教育史上的一件大事。

1989 年 6 月于南开大学

纪念克莱因
——介绍《高观点下的初等数学》

齐民友

我们不妨用这部名著最后一卷(第三卷)的最后一句话来开始我们的介绍。

"保持一流大师的遗风:回到固有的生动活泼的思考,回到自然!"

这段话栩栩如生地刻画了本书作者克莱因的风范。他是近几个世纪的当之无愧的数学大师。在解释这一段话之前,我们先来介绍一下他的生平和对于数学事业的贡献。

克莱因(1849—1925)生于德国莱茵河畔的杜塞尔多夫。中学毕业后进入波恩大学,师从普吕克(J. Plücker)。当时,普吕克的科学兴趣集中在几何学,所以克莱因也以几何学开始了自己的数学生涯。克莱因得到博士学位时,恰好普吕克去世,他也就离开了波恩。在好几所大学工作以后,他受到著名几何学家克莱布什(R. F. A. Clebsch)的青睐,得到了埃尔朗根大学的教职。1872 年发表了著名的就职演说,题为《近代几何研究的比较评论》("Vergleichende betrachtungen über neuere geometrische forschungen",英文本 Felix Klein, *A comparative review of recent researches in geometry*),也就是著名的埃尔朗根纲领。遗憾的是,英文本不太容易找到,所以尽管它影响深远,读过它的人却很少(作者遗憾地承认,自己也没有读过。过去可以说是因为很难找到,但是现在可以在网上找到全文:

Math. ucr. edu/home/baez/Erlangen/Erlangen_tex. pdf)。当时克莱因还只有23岁。尽管他在几何学上如此贡献卓著(另一项贡献是给出了双曲几何的克莱因模型,并且证明了,这种几何学的相容性等价于欧氏几何的相容性),他却认为自己在数学上最大的贡献是在复分析。他认为自己最大的成功在于发展了黎曼(B. Riemann)关于解析函数理论的几何物理的途径,把它与群论、不变式理论、高维几何学、微分方程等融合在一起。1880年起他来到莱比锡大学,而且树立了一个目标,就是按照黎曼的思想建立一个学派。可是天妒英才,从1882年起,他就因重病而不能继续从事这项伟业。1886年,他离开了莱比锡去哥廷根,可以说,他的研究生涯至此结束。

有人说,克莱因有两个灵魂:一方面他渴望宁静的研究生活,另一方面他又是热情的教育家、组织者。从他1886年到哥廷根以后,他就致力于把哥廷根建成当时一流的数学中心。希尔伯特(D. Hilbert)就是克莱因延聘到哥廷根的。著名的刊物《数学年刊》(*Mathematische Annalen*)也在他的主持下,成了当时最有权威的数学刊物之一。而十分重要的是他对于中学数学教育改革的贡献。他在哥廷根一直为中学教师讲课,讲稿最终整理成《高观点下的初等数学》这部名著(以下简称《初等数学》)。从1901年手稿面世直到1928年第三卷由赛法特整理成书,历时27年。其时克莱因已经去世3年了。

已故的吴大任教授,为中文译本写的导读对这本书作了非常精到的评述。现在在数学界,凡说到初等数学,不少人心中总会有一种"小儿科"的感觉,吴先生指出初等数学就是基础数学。而且这里讲的不是什么搞博士点、搞重点学科那种意义上的基础数学,而是整个数学的基础。本书原名的"Elementarmathematik"是否也可以如是理解呢?如果是这样,那么本书的读者,就不只是中学老师,而用吴先生的话来说:"所有对数学有一定了解的人都可以从中获得教益和启发。"也正因为如此,《初等数学》一书,至今读来"仍然感到十分亲切。这是因为,其内容主要是基础数学,其观点蕴含着真理……"为什么要从高观点来看呢? 吴先生说:"理由是,观点越高,事物越显得简单。例如在实数域里不好理解的某些东西,从复数域的观点看,就清楚了;在欧氏空间里某些不好解释的现象,从射影空间的观点看,就有满意的说明。"他接着说:克莱因"认为,大学生学到的具体东西不少,而许多重要的……却往往被忽视了。《初等数学》就着眼于弥补这些缺憾,揭示数学各部分之间的联系,指出它们的共性,它们产生与成长的内因、外因和过程以及它们的应用,等等。"吴先生接着强调,《初等数学》特别着重"融合",即"初等数学同高等数学的融合,数学各部分的融合,几何观念和算术观念的融合,感性与理性的融合,等等。可以认为,全书是以上各种融合的融合。"这里,还对作者原意给予补充:数学与物理学以及各种自然科学的融合,数学的逻辑结构与历史发展的融合。

　　现在对于克莱因关于中学数学教育改革的具体主张作一些介绍。这些主张中的要点就是把微积分初步放在中学,而且强调函数的概念。请注意,这是 100 年前提出的,而我们不少人却认为是新一轮课改的成果(或隐患)。放眼世界,在大多数发达国家,这已经成了不需要讨论的事情(可能美国例外)。有许多国家写出了很好的教材。我愿特别呼吁:请注意日本的中学教材。我曾比较仔细地读了日本数学家藤田宏主编的高中(日本人称为"高校")数学教材。据说日本的义务教育是 12 年,即相当于我国的高中。又据说,日本高中毕业生有 40% 学理科教材。也就是说,基本上掌握了一元函数的微积分。如果我国每年进入高校的新生有 20%(按今年大学招生数估计,即 120 万人)达到这样的教材所反映的数学水平,那么,我国许多高校理工科的数学教学,将面临新的挑战。美国数学会曾翻译了小平邦彦主编的高中教材,受到不少好评。例如《数学文摘》(*Zentral-blatt MATH*)在其评论中就说,应该感谢美国数学会,组织翻译了一本比现在欧美国家使用得更好的数学教材。是否有出版社愿意考虑这件事? 回到本题,为什么要在中学教微积分初步? 克莱因说,如果没有这样的准备,就不可能理解当前正在研究的自然现象。这与另一批美国学者的看法是一样的。美国德州仪器公司(TI)一位高管组织了一些数学家研究美国的数学教育,他们发现,尽管美国数学界和数学教育界看法有分歧,但在一点上却有共识:21 世纪的劳动者应该懂得微积分初步。可是克莱因提出这个观点早在 100 年前!

关于在中学教微积分初步,最大的疑虑来自对中国现在的中学教学水平的估计。确实,根据我近年的了解,相当多中学,如果能够把一本比较平实的教材,例如几年前用的老教材教清楚,就很不错了(还要花很大的力气)。不平衡仍然是基本的国情。但是如果只考虑这一部分学校,显然也是不行的。如何对待这种不平衡性,当然是另外一个问题了。

同样,从我接触到的许多中学来看,教师的数学水平经过一定的努力,是能够满足现行"课标"的要求的。而正是对于这样一大批中学(和大学)数学教师,克莱因在《初等数学》一书中提出的意见更是值得深思。《初等数学》第一卷第四章后有一个附录"关于数学的现代发展及一般结构",克莱因对自 17 世纪以来围绕微积分的数学发展的轨迹作了十分精彩的论述。概括地说,克莱因指出,这里有 3 种不同的进程,互相交替,又互相补充。片面地只强调其一,而忽略其他,是有害的。所谓进程 A,在教学上的表现,就是:

(1) 先是方程和有理式的形式运算,用根式解方程。

(2) 系统地研究幂运算及其逆,出现了对数。

(3) 现在进入几何领域,有了三角函数,然后三角成了一门独立的学科(或章节)。

(4) 进入"代数分析",也就是以幂级数为中心,讲二项式定理、指数与对数函数的展开式,$\sin x$,$\cos x$ 的展开式。这时突然出现了欧拉(Euler)公式 $e^{ix} = \cos x + i \sin x$。学生难免奇怪,何以来自全然不同领域的函数会有如此奇怪的关系!

(5) 这时进入了复域,就是以幂级数为中心的魏尔斯特拉斯(Weierstrass)理论。

很容易看到,我国的数学教学(从高中到大学的分析数学各课程)就是按照进程 A 来组织的:(1)到(3)是高中教材,(4)和(5)是大学教材。如果说有区别的话,就是在(3)与(4)之间,插进了一块或大或小的极限理论。特别是大学数学系本科,是完全以 $\varepsilon-\delta$ 为基础的魏尔斯特拉斯理论,使学生吓得要命,所以人们戏称为"大头微积分"。不但是头重脚轻,甚至是头足倒立。因为它不由分说地把历史发展的"终结"(魏尔斯特拉斯是在 1861 年在柏林讲课时才使用了这种讲法)放在历史的"起点"(牛顿[I. Newton]和其他人在 1650 年以前就在用幂级数了,这就是[4]的内容),提前了大约 200 年! 那么进程 A 有什么指导思想呢? 克莱因指出,"进程 A 是建立在把一门学科进行分解的概念上的,即把一个整体分成一系列互相独立的部分,使各部分独立发展。尽量少借助于其他部分的知识,尽可能避免引入相邻领域的概念。进程 A 的理想是把各个局部领域的知识结晶为一个逻辑封闭系统。"

那么,在数学的发展中还有没有别的进程呢? 克莱因指出,还有进程 B。克莱因指出它的中心思想是解析几何的思想,就是我们常说的"数形结合"。具体来说就是:

(1) 先从最简单的函数(如多项式、有理函数的图像)开始,得出一个概念:函数的零点(即方程的根)就是图像与 x 轴的交点。

（2）有了图像就自然地出现了斜率、面积的问题，于是微积分出现了。

（3）许多（甚至是绝大多数）函数的积分不能用已知函数来表现。例如由双曲线 $xy=1$ 下面的面积，得出了对数函数的定义

$$\int_1^x \frac{\mathrm{d}x}{x} = \log x。$$

（请注意，这不是克莱因别出心裁想出来的讲法，历史就是这样的，牛顿很明确地这样做，纳皮尔［Napier］也是用积分或微分方程来定义对数的。）类似于此，研究圆扇形的面积给出了反三角函数：$\int_0^x \frac{\mathrm{d}x}{\sqrt{1-x^2}} = \arcsin x$。克莱因指出像这样走下去，就会得到椭圆函数和椭圆积分，而它们确实是克莱因时代数学的高峰。

（4）通过一个统一的原理——泰勒（Taylor）级数，得出许多函数的幂级数展开式。在历史上牛顿确实是从上面的两个积分得到 $\log(1+x)$ 和 $\arcsin x$ 的级数展开式，然后又十分巧妙地对这些级数进行反演（即求反函数的展开式）得到了 e^x 和 $\sin x$ 的展开式。请注意，这是历史的真相！

（5）循此前进，在复域中得到黎曼的几何化的复分析。

回到我国的数学教学，大概（1）和（2）还是大家熟悉的，以后就渐行渐远，可能很多人还会以为以后的几条多是小玩意，不必去关心了。克莱因则说："进程 B 把主要重点放在各局部领域的有机结合上，放在各个局部的互相促进上，因而宁可采用统一的观点来理解好几个领域的方法。进程 B 的支持者的理想是把数学科学的总和理解为一个巨大的相互联系的整体。"

除此之外，克莱因还指出，数学的发展还有进程 C，其特征是强调算法的作用。不过这里的算法一词和我们理解的不太一样，而更

加广泛,大体上是指包括用字母和各种符号进行演算和推理的过程。《初等数学》一书对此没有展开,我们也就不再讨论了。

人们会问,这 3 个进程,孰优孰劣? 其实克莱因没有这样提出问题。存在 3 种进程,是历史的真实,所以他认真详细地讨论了历史,主要是以人们认识各种函数的历史,说明这 3 种进程如何互相作用,彼此消长,而终于进程 A 占了上风。但是克莱因很明确地指出,从教学的角度来看,这有明显的弊端。他说,对于一个数学家和数学教师,倾向于,或者更喜欢哪一种进程,无所谓是非好坏,但是对于广大学生,克莱因十分明确地认为,现在进程 A 的地位是太高了。"人们不免要问这两个方法(即进程)哪一个更有效? 对于没有特殊的数学抽象天赋的学生,哪一种方法更好?"对于我们这些教书的人来说,这真是一个好问题。我们都有这样的经验:每一个班上总有几个好学生,他们中的许多人确实有特殊的数学抽象天赋,在 $\varepsilon-\delta$ 的海洋中可以说是如鱼得水。但是多数人则不一定如此。再说,这少数人能否真正再上一层楼,还需要努力。看来问题的关键是缺少进程 B 的熏陶。克莱因以指数函数和三角函数为例来说明这一点。按照进程 A 我们用

$$e^x = 1 + \frac{x}{1!} + \frac{x^2}{2!} + \cdots + \frac{x^n}{n!} + \cdots$$

作为指数函数的定义。在经过微分学很长的旅行以后偶然地(即与学生熟悉的几何意义完全无关地)发现

$$\cos x = \sum_{n=0}^{\infty} (-1)^n \frac{x^{2n}}{(2n)!}, \sin x = \sum_{n=0}^{\infty} (-1)^n \frac{x^{2n+1}}{(2n+1)!}。$$

最后把 e^x 中的 x 换成 ix,又完全偶然地得到欧拉公式。为了强调这种做法的意义重大,特别声明这个毫不自然的做法给出的竟然是自

然对数的底。我国许多大学和中学教材中还要特别声明 e＝2.718 28…是一个无理数(为什么不说是超越数呢?),可能想让学生联想到 π。可是在什么地方出现了圆周呢? 另一个与此相关的例子是在正态分布中还出现了 $\frac{1}{\sqrt{2\pi}}e^{-\frac{z^2}{2}}$,怎么人的生老病死又扯了进来呢? 大概教师们都会说 e 实在太美了、太神奇了,欧拉公式是最美妙的公式,等等。学生是不是也这样想,就是另外一回事了。克莱因这本书写得很客气,因为他绝无轻视进程 A 以及喜欢这个讲法的学者们的意思(如果读者不信,请读一下第三卷关于处处连续但不可微函数的介绍,关于皮亚诺曲线的介绍等,请与您所熟悉的数学分析教材比较,看看是谁讲得更清楚)。但是在这里,克莱因讲了几句重话: $e=\lim\limits_{n\to\infty}\left(1+\frac{1}{n}\right)^n=2.718\ 28\cdots$,"这个定义,通常都放在大部头的分析教科书的最开始处,这是模仿法国的教法,而丝毫不讲它的来由,这样就丢掉了真正最有价值的、能促进理解的部分,即不解释为什么恰好用这样特别的极限做底,为什么由此导出的对数称为自然对数"。然后,同样形式地给出了自然对数函数的展开式 $\log(1+x)=x-\frac{x^2}{2}+\frac{x^3}{3}-\cdots$,完全不讲对数表是怎样得出的。(当然,现在我们都不用对数表了,计算尺对于现在的学生早就成了古董。但是数值计算难道会成古董吗?)克莱因对此大为不满,他斥责说:"这种不问究竟的态度是可鄙的实用主义,它藐视任何一种比较高级的教学原则,对它必须严厉谴责。"大家知道,克莱因是计算数学和应用数学作为专门学科的开创者之一。《初等数学》一书对于现在我们认为应该放在计算数学课程里的内容,如插值法,包括三角插值、数值积分等,无不用充分的篇幅加以讲解,而对轻视者一定严厉谴责。这与我们现行的大学教材(包括工科教材)形成了鲜明对照(这一段中引用的克莱因的话请参看第一卷第七章 7.1)。

再来看看按照克莱因的想法,按照进程 B,指数函数及其与三角函数的关系应该怎样教。他说(以下的引语又见第一卷第四章的附录):"在进程 B 中,其中联系是以很容易理解的方式出现的,并与这些函数的意义相一致,这一点是从一开始就加以强调的。事实上,函数 e^x 和 $\sin x$ 在这里是同出一源的,是从求简单曲线的面积产生的,由此很快就把人们引到最简单的微分方程

$$\frac{\mathrm{d}e^x}{\mathrm{d}x}=e^x,\frac{\mathrm{d}^2\sin x}{\mathrm{d}x^2}=-\sin x。$$

这两个相应的微分方程当然是上述一切应用的基础。"

我们就不再往下引用了。现在我们常说什么什么"理念",克莱因当然是有丰富理念的人。但是更值得我们学习的是,克莱因尽管有崇高的地位,可是他没有停止在理念上或将具体事情让别人(例如学生)去做。在《初等数学》这本大书里,他可以说是一个一个函数地研究,讲它们的历史、应用,提出教学建议。"理念"融入数学,呼之欲出,而又不显踪影。因此,读这本书,您会感到极有收获,而不得不心悦诚服,不得不承认克莱因是真正的大师! 克莱因没有叫我们去做什么,但是你会自己也想仿效他去做。可是这绝非轻松事! 上面讲的欧拉公式等,听起来确有道理,可是想把它变成大学生(甚至中学生)也能懂的材料,恐怕要费极大的功夫了。我愿向读者推荐一本书,T. 尼达姆(T. Needham)的《复分析:可视化方法》(*Visual Complex Analysis*),人民邮电出版社出版了它的影印版,希望不久之后可以看到中文译本。① 看看人家是怎样把它变成大学生(可能还有优秀的中学生)能读的书。可是还有进一步展开的空间。有条件的

① 该书中译本在 2009 年由齐民友翻译、人民邮电出版社出版。——编者

中学老师也可以读一下它的第一章。这样就会知道,所谓埃尔朗根纲领是怎么一回事了。

由于本书内容丰富,我们只能选取一段来介绍克莱因的思想。在结束本文时,我愿再回到吴大任先生的序言。吴先生是我国数学界受人尊敬的前辈和长者。本书第三卷由他和夫人陈䶮亲笔翻译,是他们夫妇对我国数学界和青年人最后的奉献。当时吴先生视力下降,可是在这样的困难情况下,仍然字迹工整,十分令人感动。他在中译本序言的最后表达了自己的殷切希望:"(本书)德文本出版已过了 64 年,英译本出版也过了 50 年。现代数学已发生了极大变化,新成果、新概念、新观点、新学科层出不穷……我们热切希望我国高水平的数学多面手会写出更结合我国实际的、现代化的《高观点下的初等数学》。这样一本书出版,将是我国数学教育史上的一件大事。"

再读一下克莱因的话:

"保持一流大师的遗风:回到固有的生动活泼的思考,回到自然!"

这本书不正向我们生动地展示了什么是一流大师的遗风吗?

2007 年 6 月 24 日于武汉大学

第一版序

我向数学界,特别是向中学数学教师奉献的这一卷新书,应该看作"中学数学教学讲义",尤其要当作为去年由托伊布纳(Teubner)出版社出版的,席马克与我合著的《数学教学组织》一书的续篇。那时我们所关心的是向数学家介绍种种不同的教学方法,而目前我所关心的是数学教学内容的种种进展。我的努力方向是充分结合当今的数学教学方法,从现代数学科学观点出发,向数学教师以及已成熟的学生介绍数学教学的内容及基础,但要尽可能做到简洁、有启发性,也有说服力。我不准备仿照韦伯(Weber)和韦尔施泰因(Wellstein)两人那种有系统的讲法,只是想像实际讲课中那样,随机应变、自由发挥。

这样的写作大纲,在我和席马克去年4月出版的那本书的序言中已有提及,目前仅仅贯彻于本卷算术、代数、分析这3个部分。我曾希望,尽管有许多困难,席马克先生会挤出时间把我的讲义整理好再付印。不过怪我不好,不断要求他把时间用在我们两人都感兴趣的其他教学法问题上。很快就发现,当初的计划不能完成,特别是不能在短期内完成。可是要想对刚刚浮现的那些教学问题发挥真正的影响,非要在短期内完成不可。于是像前几年那样,只得求助于一种比较简便的方法,将我的讲义付之石印,尤其是因为我现在的助手——恩斯特·黑林格(Ernst Hellinger)博士特别胜任这项工作。

我们不应当低估黑林格博士付出的劳动。把一个教师在偶然条件影响下讲的话整理成通顺的记录,这不是一件轻而易举的事。通常要印刷出版就要做到叙述精确、解释一致,可是讲课的人往往做不到这一步。

对于是否继续出版有关数学教学的著作,至少是在几何方面,我很犹豫。我仅希望这一卷石印的书能促使高中数学教师再度运用独立思考,确定讲授教学材料的最好方法。这本书的目的只不过是起到智力启发作用,而不能当作一本详尽的手册。至于手册之类,应该让积极从事中学教学的老师来写。某些人可能误会,以为我的书还有别的什么目的,这样想就错了。特别应说明,德国自然科学家及医师协会教学委员会拟的课程大纲不是我写的,只是在我的协作下由一批优秀的中学数学教师写成的。

最后,关于本书的叙述方法,我只想说明一下,像以往一样,我在这里做出的努力,就是把几何直觉与算术公式的精确性结合起来,而我感到特别高兴的是能遵循各种理论的历史发展,理解今天教学上互相平行的几种教授方法的显著差别。

F. 克莱因

1908 年 6 月于哥廷根

第 三 版 序

自从施普林格（Springer）公司令人钦佩地出版了我的科学著作集以后，经柯朗（R. Courant）教授的建议，该公司又提出以书本的形式出版我的讲义，因为这些讲义本来是 1890 年以后以石印印刷形式出版的。除了少量存本外，现已售缺。

以前由托伊布纳出版社接手发行的这几卷讲义，主要是以往几十年中我的各个助手的记录稿。一开始我就知道，如果不找年轻人帮忙，我是无力担负起修改的任务的。很久以前，我就表示过这样一个信念，人超过一定的年龄，就不该发表独立的作品。上了年纪的人也许有资格对一本新书的写作进行一般的指导，但已无能力详细整理材料，把文献中的新进展都考虑进去。因此，在保证向我提供充分协助之后，我才接受了施普林格出版公司的提议。

这几卷曾以石印刊行的讲义分为两类。较早写的一部分是我不断讲授的专门的讲义，写这些讲义，纯粹是为了使下一学期的学生手头有我已经研究过并建议作为进一步研究基础的材料。这包括非欧几何、高等几何、超几何函数、线性微分方程、黎曼面及数论讲义。与此对比，我还出版了几本本来就准备给广大读者看的石印讲义，即：

第一册是《微积分在几何中的应用》，这是 C. H. 米勒（C. H. Müler）根据他的笔记整理的，该书的目的是为了填补应用数学的需要与纯数学的新近研究成果之间的空白。

　　第二册和第三册是《高观点下的初等数学》两册,这是 E. 黑林格根据他的笔记整理的,目的在于促使中学数学及理科教师了解他们在大学里学的东西,特别是纯数学研究对于他们的教学的重要性。

　　第二类讲义看来不必作彻底的修改,有的地方作若干润色,同时补充一些注解就可以了。值此出版之际,采取了初步的加工。第二册、第三册、第一册(按此顺序)合成一大册,内分一卷、二卷、三卷,冠以《高观点下的初等数学》的书名。这样把第一册与第二册、第三册合并,理解应用数学在现代中学教育中日益重要的教师,是会欢迎的。

　　同时,第一类讲义的修改也已从《非欧几何》一书开始。但是要把那本书整理得严谨而全面,并照顾及最新的科学进展,非要做比较彻底的修改不可。我的大致计划就是如此。现在就本书的第一卷说几句话。

　　我重印了本卷 1908 年版的序[①],是因为它讲清了这一卷的产生经过。同样石印刊印的第二版(1911 年),没有作重大的修改,次要的附注现已收进正文,不另提及。本版基本上保留了第一版的正文[②],但含有成书当时的特点,否则就必须改变全书的结构,失去了一致性。不过自第一版出版以来的 16 年中,科学已有进展,我们的中学教学体系也发生了很大的变化,而且还在变化之中。这种情况在赛法特(Seyfarth)博士和我合写的附录中已经考虑到了。赛法特博士还对本书作了必要的文字风格上的修改,照料了印刷事宜(包括插图),所以我对他表示真诚的感谢。我以前的几个同事——黑林格先生、费尔迈尔(Vermeil)先生,以及哥廷根的阿尔温·瓦尔特

---

　　① 这里提到的我的同事 R. 席马克(R. Schimmack),他在伏案工作时因心脏病突然发作,于 1912 年逝世,卒年 31 岁。

　　② 新的评注放在括弧内。

（Alwin Walther）先生，在审校清样时都提出了许多有益的建议。特别要感谢费尔迈尔及比利希先生编了人名表及索引①。出版家朱利叶斯·施普林格在极其困难的条件下出版我的这本书，又一次说明了他刊行数学著作的决心名不虚传。

F.克莱因

1924 年复活节于哥廷根

---

① 中译本中删去，并另设译名对照表。——中译者

英 文 版 序

　　菲利克斯·克里斯蒂安·克莱因(Felix Christian Klein)教授是德国有名的数学研究家,也是一位循循善诱的教师。他以罕见的天才,集一切数学领域的知识于一身,并善于领悟这一切领域之间的相互关系。他认为使学生了解数学并不是孤立的各门学问,而是一个有机的整体,是他作为一个教师的明显职责。他对中学数学教学有浓厚的兴趣,不仅关心应该教些什么内容,而且关心怎样教才是最有效的方法。多年来在哥廷根大学为德国中学数学教师及在校学生开设讲座,已成了他的习惯。他一贯努力缩短中学和大学之间的差距,从传统的漠不关心中激起中学教师对高等数学的兴趣,把中学数学教学引向健康发展的方向;同时也努力扭转大学的态度及教学方向,使之承认中学的正常地位,使数学教育前后一贯。

　　克莱因教授的这些讲义最终印成 3 卷,名为《高观点下的初等数学》。这是一套无比珍贵的著作,可作为大学教师和中学教师的参考书。无论就材料安排的巧妙或就讨论方式的引人入胜来说,目前都没有一本书可以同这本书相比。本卷英文版是上述著作的第一卷。它的出版是哥廷根大学柯朗教授建议的结果。出版的目的是满足英语国家现任数学教师及未来数学教师的需要。我们诚恳地希望,我们的译作虽然有点意译,但是保持了原著的精神。

英文版译者:加利福尼亚大学洛杉矶分校数学教授 E. R. 赫德里克
　　　　　　加利福尼亚大学伯克利分校数学教授 C. A. 诺布尔

前　言

　　近年来①,在大学数学教师及其他理科教师中,对如何更好地培养未来中学师资产生了广泛的兴趣。这确实是一种新的现象。在此之前,长期以来,大学里的人只关心他们的科学本身,从来不想一想中学的要求,甚至不考虑同中学数学的衔接。结果如何? 新的大学生一入学就发现,他面对的问题好像同中学里学过的东西一点也没有联系似的。当然他很快就完全忘了中学学的东西。但是毕业以后当了教师,他们又突然发现,要他们按老师的教法来教传统的初等数学。由于缺乏指导,他们很难辨明当前教学内容和所受大学数学训练之间的联系,于是很快就坠入相沿成习的教学方法,而他们所受的大学训练至多成为一种愉快的回忆,对他们的教学毫无影响。

　　现在的改革运动就是要克服这种对中学教学和大学教学都没有帮助的双重的不连贯性。一方面要努力在中学教材中注入由现代数学进展得来的与现代文化相一致的新观念(本书中将不断有机会探讨这一点),另一方面又试图在大学教育中把中学教师的需要考虑进去。现在为你们开设的这样一个综合的课程,我认为正是帮助你们提高的最重要的方式之一。我所针对的学生绝不是初学者。我预计你们都已经熟悉数学各主要领域的要点。我时常要讨论代数、数论、

---

　　① ［再请注意:本卷文字几乎与1908年石印本完全相同,以后几年加进去的内容已收入附录。］

函数论等问题,但不得不放弃细节。因此,要跟上我的思路,你们必须对这些领域有相当的了解。我的始终如一的任务是向你们指明一般课程中没有充分指明的各个数学领域中种种问题的相互联系,尤其是强调这些问题与中学数学问题的关系。我希望通过这种方式使你们更易于掌握从大量放在你们面前的知识中汲取促进教学的养料的能力。而你们进行学术研究的真正目标,我认为就在于掌握这种能力。

现在请让我向你们介绍几份近期的文件,其中包含许多宝贵的材料,说明人们对教师的培养已产生了广泛的兴趣。首先我想到1907 年 9 月德累斯顿自然科学家会议上的发言,我们德国自然科学家及医师协会教育委员会向大会提出了关于未来数学和理科教师科学培养的建议。你们可以在这个委员会的全文报告①的最后一节找到这些建议。自 1904 年以来,这个教育委员会一直在讨论有关数学等自然科学教育的全部问题,现已结束活动。我鼓励你们不仅注意这些建议,而且注意这个很有趣的报告的其余部分。在德累斯顿会议结束以后不久,9 月 25 日于巴塞尔召开的德国语文学家及中学语文教师会议上,发生了同样的辩论。当然,是把数学教学改革当作语文学界平行改革的一环进行了讨论。在我作了有关数学等自然科学教学改革的目的报告之后,保罗·文德兰(Paul Wendland,布雷斯劳)就考古学问题作了发言,阿尔穆特·布兰德尔(Almut Brandl,柏林)作了现代语言的发言,最后由阿道夫·哈纳克(Adolf Harnack,柏林)作了历史与宗教的发言。上述 4 个发言一起收入一本小册子②,我特别建议你们读一读。我希望,这个引人注目的开端能发展

---

① *Die Tätigkeit der Unterrichtskommission der Gesellschaft deutscher Naturforscher und Ärzte*,A.古茨默(A. Gutzmer)编,莱比锡及柏林,1908 年。

② *Universität und Schule*,P. 文德兰、A. 布兰德尔、A. 哈纳克的发言,莱比锡,1907 年。

成我们自然科学家与语文学家之间的进一步合作,创造友好合作及相互理解的精神,因为过去双方关系虽然不能说是敌对,也至少不够协调。我们要永远培植这样良好的关系,即使我们有时在内部偶尔说他们一两句不好听的话,他们也可能说我们几句不好听的话。要记住,你们以后要到中学里与语文教师共事,这就需要相互理解与合作。

除了我们数学界以外的上述改革努力,我还想提到几本书,这几本书同样以数学教学为方向,对我这些讲座极为重要。3 年前,我第一次抱着类似的目的开了一次讲座。我那时的助手席马克收集了材料,其中第一部分已出版①。那本书里考虑到了包括大学在内的各种类型学校以及各类学校的数学教学和共同兴趣等之类的问题。在下面的讲座中我会时时提到上述书中的内容,但不加以重复,以便深化这些讨论。那本书所讨论的,是学校中数学教学的安排,现在要讨论的是数学教学的内容。如果下面经常提到学校中数学教学的实际情况,那么,我的这些说明就不只基于对情况的不确定的印象,甚至我自己上学时的模糊记忆,因为我同席马克保持着经常的接触,他现在执教于哥廷根中学,经常向我报告数学教学的现状。确实,目前的数学教学已经比过去大大前进了一步。在今年冬天这一学期中,我要讨论"3A"(即 3 门主课:算术、代数和分析),把几何放到明年夏天再讲。让我提醒一下,用中学的说法,这 3 门课一起叫作算术②,下面我要经常指出中学与大学中所用术语的不同,从这个小小的例子中你们也可以看到,只有保持生动的接触才能沟通相互的认识。

---

①　F. 克莱因:*Vorträge über den mathematischen Unterricht an höheren Schulen*,R . 席马克整理。第一部分:*Von der Organisation des mathematischen Unterrichts*,莱比锡,1907 年以后提到时,这本书称为《克莱因-席马克合著本》。

②　指德国当时的情况。——中译者

　　我要提到的第二本书是 H. 韦伯和 J. 韦尔施泰因合编的三卷本
《初等数学百科全书》[①]，在近年的出版物中，这本书最接近我的观
点。在这个学期中，H. 韦伯所撰第一卷《初等代数及分析百科全书》
最为重要。不过我马上要指出这本书和我的讲授大纲的显著不同之
处。在韦伯和韦尔施泰因的书中，整个初等数学结构是用高年级学
生成熟的语言系统地、逻辑地建立起来的，没有顾及学校里的实际出
现次序。但是学校里的讲授应当顾及学生的心理，不应只讲究系统。
可以说，老师必须是一个外交家，要考虑到小孩子的心理，以便抓住
他们的兴趣；而且也只有用直觉上可以理解的方式讲授内容才能取
得成功，到了高年级才可以用比较抽象的讲法作公理化的解释。举
例来说，如果把数当作没有具体内容的抽象东西，并根据一些形式规
则进行运算，那么小孩子就未必能理解。相反，小孩子总是把数的概
念同具体的形象联系起来，这些具体的形象就是核桃、苹果之类好吃
的东西的数目，一开始只能，而且应当以那种看得见、摸得到的东西
把数的概念向他们提出。这用不着多说，总之应当记住(当然不是处
处如此)，在各级教学中，甚至在大学中，都应当把数学同处在特定智
力发展阶段上的学生真正感兴趣的东西联系起来，而且无论如何是
要做到的。这正是近年来大学中努力注重应用数学的背景。中学里
从来不像大学里那样忽视这种需要。我要在讲座中特别加以强调
的，正是这种心理因素的价值。

　　韦伯和韦尔施泰因与我的另一个不同之处是在确定中学数学教
学的内容上。他们两位是倾向于保守的，而我持激进的态度。这些
问题在我和席马克合著的书中已经详尽地进行了讨论。我们被大家

---

　　① 　第二版，莱比锡，1906 年。第四版出版于 1922 年，由 P. 爱泼斯坦(P. Epstein)修
订，以后提到时称为《韦伯和韦尔施泰因本第一卷》。(该书有郑太朴的中译本，共 3 卷[算
术、代数、分析]，书名为《数学全书》，20 世纪 30 年代由商务印书馆出版。——中译者)

称为改革派,希望把函数概念放到教学的中心地位,因为在过去两个世纪的一切数学概念中,凡用到数学思想的地方,函数概念总起着主导的作用。我们要尽快把这个概念引入教学,不断使用作图法,用 XY 系统来表示函数关系,而且事实上这种表示法今天在数学的一切实际应用中已被认为是自然而然的事。为了使这种改革成为可能,我们希望取消许多传统教学内容,即使这些内容本身可能很有趣,但从它们在现代文化中的地位来看,却并不重要。无论如何,强烈发展空间观念始终是首要考虑。不过到了高级阶段就应该把教学远远推进到微积分初步上去,使自然科学家或保险专家在上学时就掌握对他们不可或缺的工具。与这些比较新的观念相反,韦伯和韦尔施泰因本质上坚守着传统的内容。在下面的讲座中,我当然要鼓吹新的观念。

　　我要提到的第三本书,是马克斯·西蒙(Max Simon)的《计算和数学教学法》这本很有启发的书①。他和韦伯及韦尔施泰因一样,目前在斯特拉斯堡工作。西蒙的观点常常和我们保持一致,但他有时采取相反的立场。他是一个很主观,但又很热情的人,所以这些对立的观点叫他说起来就十分生动。举一个例子,自然科学家协会教育委员会建议在中学二年级有 1 小时几何预习,而目前一般在三年级开始。哪一个教学计划好,早就是有争议的问题,而学校里的习惯做法是经常变化的。教育委员会采取的立场即使再坏也不过是有待争论而已,但西蒙声称,这"比犯罪行为更坏",却又不提出一点点事实根据。他的书中这类段落很多。先于我这本书出版的书,有西蒙的

① *Didaktik und Methodik des Rechnens und der Mathematik*,第二版,慕尼黑,1908年。鲍迈斯特(Baumeister)的 *Handbuch der Erziehungs- und Unterrichtslehre für höhere Schulen* 1895 年第一版的单行本。

《初等算术与代数分析相结合的教学法》①。

讲了这个简短的前言之后,我们就进入正题。前面已经提到,我将分 3 个大题来进行讨论。

---

① *Methodik der elementaren Arithmetik in Verbindung mit algebraischer Analysis*,莱比锡,1906 年。

第一部分　算　术

第一章　自然数的运算^①

让我们从算术的基础即正整数的运算讲起。就像以后各章一样，我们先提出中学里是怎样处理这些内容的，再讲从高等数学观点看它们意味着什么。

1.1　学校里数的概念的引入

我只限于做一些简单的提示，这将使你们回忆起自己是怎样学到数的概念的。我这样讲的目的，当然不是像中学讲习班那样，为了把你们领进教学之门，而仅仅是为了摆出我们据以进行评论的材料。

教小孩学会整数的性质，学会整数的运算，再使他们彻底掌握，这是一个很难的问题，要他们下几年的工夫，从小学一年级学到 10 岁或 11 岁。德国的教法也许用直观和生成两个词来表达最为确切。也就是说，整个数的概念结构是在熟悉的、具体的事物的基础上逐步建立起来的，这与大学里学习用的逻辑及系统方法恰成鲜明的对照。

这一部分教学内容可以大致划分如下。小学一年级整整一年都学整数 1 到 20，前半学年从 1 学到 10。整数最初是以带编号的点，或以小孩熟悉的各种东西标上数字的形式出现的。加法和乘法是通

---

① 此章中译本略去 1.4。——中译者

过直观法加以讲授,使小孩牢记在心。

第二阶段教整数 1 到 100,引入阿拉伯数字,同时引入位值概念和十进制。附带说说,"阿拉伯数字"这个名称就像许多科学名称一样,是一个张冠李戴的名称。发明这种记数形式的实际上是印度人,而不是阿拉伯人。第二阶段的另一个主要目的是学会乘法表,可以说必须要睡着了也背得出 5×7 或 3×8。当然学生要熟记乘法表到这种程度,这只有通过直观的手段,运用具体的东西使学生搞清楚之后,才能够说有把握。为此目的,常用算盘来帮忙。你们知道,它有 10 条横杆,一条在另一条之上,每一条上穿 10 个活动的珠子。① 适当移动这些珠子,就可以读出乘法的结果以及它的十进制记法。

最后在第三个阶段,教一位数以上的运算。运算都是一些已知的简单规则,其普遍正确性对于学生是不言而喻的,或者说是理所当然的。不过虽然说是理所当然的,他们也不一定能把这些规则完全变成自己的规则,常常需要用权威的口吻灌输给他们,告诉他们如此这般,记不住不行。

这里我想再强调一点。这一点往往被大学教学所忽略,那就是联系实际生活去着重指出数的应用。从一开始学生就同取自实践的数打交道,离不开硬币、尺寸和重量。"这多少钱?"之类的问题,在日常生活中是极其重要的,一定要成为许多教学内容的中心。这样去学,很快就会达到解应用题的阶段,即必须深入思考才能确定用哪一种运算方法的阶段。再进一步,就要接触比例问题、混合运算问题等。因此,除了上面我们用来概括这种教学性质的两个词——直观和生成以外,还可以加上第三个词:应用。

概括来说,数的教学目的也许可归纳为:要使学生应用运算规则

---

① 西方小学使用的算盘为立式横排结构。——编者

可靠无误,应以有关智力的平行发展为基础,不必特别考虑逻辑关系。

　　这里我附带要你们注意:受过大学教育的教师和上过初等师范学校的教师的区别,由于所受教育的不同,往往造成学校教学上的不连贯。到了中学二年级或二年级以后,算术教师就要换了,上过大学的教师就要接替上过初等师范的教师,结果教学上的不连贯性往往会不幸地表现出来。可怜的小家伙们突然要去熟悉新的表达式,而不许用旧的了。最简单的一个例子是乘号的不同,小学教师要用"×"号,而上过大学的教师要用"·"号。诸如此类的矛盾当然是可以克服的,只要教育程度较高的教师更多地关照自己的同事,在共同的基础上求得一致。如果你明白对于小学教师的工作必须予以多大的尊重,你就会觉得这是不难做到的。不妨设想一下,要把算术原则一遍又一遍地灌输给千千万万个没有学过的笨孩子,这需要多高级的教学法! 用你在大学里学的那一套去试一下,十之八九会碰壁!

　　闲话少说,我们再回过来谈教学内容。我们要指出,过了中学三年级,特别是到了四五年级[①],算术就开始套上数学的高贵的外衣,转而采用字母符号来进行运算,这是转变期的一个特征。我们用 a, b, c 或 x, y, z 来表示任何一个数,起初只是正整数,并将算术的运算法则用到了字母所表示的数上,而这些数则没有具体的直观的内容。这是抽象化过程中的一大步。这一步就使我们有理由说:真正的数学是从字母符号的运算开始的。当然,这种转变不能突如其来,必须使学生自己逐渐习惯于这样明显的抽象。

　　似乎毫无疑问,为了搞好这一部分的教学,教师必须彻底了解运算的逻辑法则及基础,以及整数的理论。

---

　　①　德国学制:四年小学、九年中学。因此,这里说的中学三、四年级相当于我国初一、初二。——中译者

1.2　运算的基本定律

在考查支配加法和乘法的运算基本法则究竟是什么以前,人们早就熟悉了这些运算。运算的基本性质是 19 世纪二三十年代概括出来的,特别是英法数学家对此作了概括。不过这里我不准备细谈历史,如果你们想研究,我要像往常一样建议你们参考有关的百科全书,即伟大的德文版《数学及其应用百科全书》以及带有部分增订性质的法文译本①。无论哪座中学图书馆,即使只备一本数学著作,也应该是这部百科全书,因为数学教师可以通过它进行所感兴趣的任何方向的研究。这里我们感兴趣的文章是第 1 卷②中的第一篇文章,H. 舒伯特(H. Schubert)撰写的《算术基础》,由朱尔·塔内里(Jules Tannery)和朱尔·莫尔克(Jules Molk)译成法文。

回过来谈我们的正题。加法所依据的 5 条基本法则,我想列举如下:

(1) $a+b$ 仍然为一个数,即加法总是可能的(减法却不同,在正整数的范围内不一定可能)。

(2) $a+b$ 是单值的。

(3) 结合律:$(a+b)+c=a+(b+c)$。
因此完全可以脱去括号。

(4) 交换律:$a+b=b+a$。

(5) 单调律:若 $b>c$,则 $a+b>a+c$。

---

① 由莱比锡托伊布纳出版社自 1908 年起出版到现在。第 1 卷已出齐,第 2 卷、第 3 卷接近于完成。法文版自 1904 年起由巴黎高特-维勒斯(Gauthur-Villars)出版社和莱比锡托伊布纳出版社合作出版,不幸自主编 J. 莫尔克 1914 年逝世后中断。

② 该卷名为《算术与代数》,W. F. 迈尔(W. F. Meyer,1896—1904)主编,法文版主编为 J. 莫尔克。

关于这些性质,只要回忆一下计算的过程就立刻可以弄明白,但是必须正式提出,以便能从逻辑上看出以后发展的合理性。

乘法有 5 条与加法完全相似的法则:

(1) $a \cdot b$ 仍然为一个数。

(2) $a \cdot b$ 是单值的。

(3) 结合律:$a \cdot (b \cdot c) = (a \cdot b) \cdot c = a \cdot b \cdot c$。

(4) 交换律:$a \cdot b = b \cdot a$。

(5) 单调律:若 $b > c$,则 $a \cdot b > a \cdot c$。

乘法和加法混合运算还服从以下法则:

(6) 分配律:$a \cdot (b+c) = a \cdot b + a \cdot c$。

很容易看出,一切初等运算都可以依据这 11 个法则。这一点,只要用一个简单的例子就足以说明。就拿 7×12 来说,根据分配律得:

$$7 \times 12 = 7 \times (10+2) = 70 + 14。$$

若将 14 分成 10+4(即"逢十移出"),则根据加法结合律,得

$$70 + (10+4) = (70+10) + 4 = 80 + 4 = 84。$$

从这个运算过程,可以认清一般十进制运算的步骤。你们最好去想出一些比较复杂的例子。可以概括地说:一般的整数运算就是结合所记住的加法表和乘法表,反复运用上述 11 个基本法则。

那么,哪里用到单调律呢?在一般的形式运算中,说实在的,该定律是多余的,但在解某些问题时并非如此。我提醒你们注意十位数的快速乘除运算。[①] 这种运算具有极大的实用价值,不过遗憾的是中学生知道它的太少,大学生当中知道的也不多,尽管德国中学二年级有时提到。举例来说,假定我们要计算 567×134,再假定此两

① 单调律以后在无理数理论中还会用到。

数的个位数字的精确性有问题,譬如说是物理测量的结果。这样就没有必要求精确的乘积,因为不能保证有精确的结果。不过必须知道乘积的数量级,即精确值在十位数或百位数。依据单调律就可以立刻得出这种估计,因为据此定律,所求值在 560×134 和 570×134 之间,或在 560×130 和 570×140 之间。我把细节留给你们自己去考虑,你们至少会了解,单调律在快速运算中是经常用到的。

系统地讲解这些基本法则当然不在中学考虑之列,但在学生对数的运算有了具体的了解并已掌握牢固之后,准备过渡到字母符号运算的时候,老师就应该借机会叙述一下,至少叙述一下结合律、交换律及分配律,并举出许多明显的数字例子来加以说明。

1.3 整数运算的逻辑基础

中学的数学教学当然不会提到更难的问题,不过当前的数学研究实在是从下述问题开始的,这些问题就是:我们怎样去论证上述的基本法则? 究竟怎样去解释数的概念? 根据我在讲这些课之前已经声明的目的,我要把这个事情解释一下,以便竭力从另一个观点去观察,使我们对中学课程有一个新的认识。我们之所以愿意这样做,是因为在大学几年中现代的数学思想从四面八方挤到你们的脑子里来,但并不一定同时对这些思想的心理学意义作任何说明。

首先,就数的概念而言,它的起源是很难弄清楚的。这些最难懂的东西,不去管它们也许是最快乐不过了。对于哲学家们讨论得如此认真的这些问题,如果要得到比较全面的资料,我必须建议你们去读前面提到过的、收在法国《百科全书》里的那篇文章,这里我只提上几句。一个普遍接受的信念是,数的概念同时间概念、时间交替概念有密切的关系。哲学家康德(I. Kant)和数学家哈密顿(W. R. Hamilton)

是这种观点的代表。其他一些人则认为,数的概念同空间概念更有关系。这一派人把相邻几个物体同时进入知觉的心理过程当作数的概念的基础。但还有一些人却在数的概念中看到了独立存在于空间和时间并与之协调,甚至超越其上的某种独有的心智官能。我认为这种观点不妨引用《浮士德》里的两行诗来概括,闵可夫斯基(H. Minkowski)在其所著的《丢番图近似》一书的序言中也曾用这两行诗来说明数:

> 巍巍御座,女神独在,
> 周无空间,遑论时间!

固然,这个问题主要涉及心理学和认识论问题,但我们所说的11个法则的论证,是离不开逻辑学上种种问题的。至少近年来对于这些法则的相容性的研究表明是如此。下面我们来分析4种观点。

(1) 根据以康德为代表的第一种观点,运算法则是知觉的直接而必然的结果,而"知觉"这个词应从最广义的角度来理解为"内知觉"或直觉。据此,数学不应理解为处处建立在可以用实验控制的外界经验事实基础上的科学。举一个简单的例子,交换律的建立,就是因为观察到了这样一个相关的图形: ⋮⋮。图上有两排点,每排各有 3 个点,这也就是:$2 \times 3 = 3 \times 2$。可能有人会出来反对说,点数只要适当多一点,这种直接知觉就不行了。答复是:我们可以求助于数学归纳法。即:若一假设对于小正整数成立,并设其对正整数 n 成立时总能证明其对于 $n+1$ 亦成立,则此假设对每一正整数皆成立。这个法则我认为真是一个直觉的真理,它使我们超越了感官知觉所达不到的界限。这个立场大致就是庞加莱(H. Poincaré)那些著名哲学文章中的立场。

如果我们理解这个问题对于 11 个基本运算法则何以成立的根据至关重要,那么请记住:包括算术在内,整个数学都是建立在这 11个法则的基础上的。因此,根据刚刚加以概括的、对于运算法则的观念,可以说整个数学结构的可靠性都是建立在直觉的基础上的,这并不过分武断。不过"直觉"这个词应该从最广义的角度来理解。

(2) 第二个观点是第一个观点的另一种说法。据此观点,我们可以竭力把 11 个基本法则分成大量较小的步骤,只要从直觉中取一个最简单的步骤,其余步骤就可以按照逻辑法则推导,不必再用直觉。在前面,逻辑运算是在 11 个基本法则确立之后才开始的,这里则可以早点开始,即在选出比较简单的法则之后就可以。这里,直觉和逻辑的界限的位置变动了,而且让逻辑占了上风。1861 年,赫尔曼·格拉斯曼(Hermann Grassman)写了一本《算术读本》,朝这个方向作了开创性的工作。举其一例,我只提一下,交换律可以借助于数学归纳法原理从结合律推导出来。由于叙述精确,你们可以在格拉斯曼这本书的旁边放一本意大利人皮亚诺(G. Peano)写的《算术原理新方法》(*Arithmetices principia nova methodo exposita*)。不过别看了这个标题就以为这本书是用拉丁文写的!它是用作者独创的符号语言写的,创立这种符号的目的是表示证明的各个逻辑步骤,并强调这一点。皮亚诺想以这种方式来保证他仅仅使用了他特别提出的原理,而把直觉的因素完全排除掉。他想,如果他使用日常语言,就会有无数不可控制的观念联想及知觉的暗示不知不觉地掺杂进来,而他想避免的正是这种危险。还要注意,皮亚诺是意大利一大学派的领袖,这一派人计划以类似的方式把各个数学分支的前提分成一个个小的步骤,并借助于那种符号语言去研究种种前提的真正逻辑关联。

（3）现在我们来谈这些数学思想在现代的发展，不过这种发展也是受到皮亚诺的影响的。我这是指把点集理论放到突出位置来解释算术基础的方式。如果我告诉你，不但线段上的所有的点，而且所有的整数都是点集的特例，你就会对点集理论涉及面之广有一个认识。正如普遍了解的那样，康托尔（G. Cantor）是第一个把这个普遍观念变成有条理的数学思维对象的人。对他所创立的点集理论，现在年轻一代数学家是非要深刻注意不可的，以后我们还要使你们对它有一个粗略的看法。至于现在，只要把根据它建立的、新的算术基础说一下，指出其发展趋向就够了。这一点可以概括如下：整数及整数运算的性质要从点集的一般性质及抽象关系来推出，以便使算术的基础尽可能完整可靠并带有普遍意义。走这条路的开创人物之一是里夏德・戴德金（Richard Dedekind），他在一本虽小但极为重要的书中曾经做过尝试，想要为整数建立这样一个基础。他那本书名叫《数是什么？数应当是什么？》(*Was sind und was sollen die Zahlen?*)[①]。H. 韦伯在他和韦尔施泰因合著的《初等代数与分析》第二版第一卷第一部分中倾向于这个观点。不过推论相当抽象，仍存在着一些棘手的难点，所以韦伯在第三卷附录[②]中只用有限点集作了比较初等的叙述。在以后几版中，这个附录被收入第一卷。你们当中对这种问题感兴趣的人，特请查阅那个叙述。

（4）最后，我要提到数的纯形式的理论，这个理论确实应追溯到莱布尼茨（G. Leibniz），而后来希尔伯特又把它提升到突出的地位。1904 年他在海德堡数学大会上的演讲"关于逻辑和算术的基础"[③]，

---

① 不伦瑞克，1888 年；第三版，1911 年。

② *Angewandte Elementarmathematik*，H. 韦伯修订，莱比锡，1907 年。

③ "Verhandlungen des 3. internationalen Mathematikerkongresses in Heidelberg"，8 月 8—13 日，1904 年，第 174 页及以后数页，莱比锡，1905 年发表。

对于算术是很重要的。他的基本观点大致如下:只要有了11个基本运算法则,就可以用字母符号 $a,b,c,\cdots$ 来进行运算,这些符号实际上代表着任意整数,但你心里不必记着它们有实际的数的意义。换句话说,可以设 $a,b,c,\cdots$ 为没有具体意义的东西,或对其意义一无所知。只要我们同意,可以根据那11个法则把它们加以组合,但这些组合又不一定要具有任何已知的实际意义。显然,这样就可以完全像平常用实际数字进行运算一样,用 $a,b,c,\cdots$ 来运算。这里只有一个问题:这样运算会不会导致矛盾? 好吧,平常我们说直觉告诉我们是有数存在的,而且11个法则对这些数成立,所以就不可能有潜在的矛盾。不过,既然现在我们不认为符号有确定的意义,那就不允许诉诸直觉。所以事实上这里的问题是一个全新的问题,是要我们从逻辑上证明,对我们的符号,建立在11个基本法则基础上的任何运算绝不会导致矛盾。也就是说,这11个法则是一致的或相容的。我们在讨论第一派观点时采取的立场是:数学的可靠性在于存在着与其定理相适应的直觉的东西。但拥护形式立场的一派却必须这么讲:数学的可靠性在于它能证明,从形式上考虑的,并不顾及直觉内容的基本法则是一个逻辑上一致的系统。

下面我发表几点意见,作为这一部分讨论的结语:

(a)希尔伯特在海德堡演说中提了这一切观点,但他对任何一个观点都没有完全追随到底。后来他在一本教程中把那些观点推到更远的地步,但随后又放弃了。我们可以这样说,这是一个可以研究的领域。

(b)在我看来,把直觉完全挤出去,以求取纯而又纯的逻辑研究,并不完全可行。我觉得,最低限度也要保留一点直觉。即使用符号运算,也总是要在最抽象的公式处理中利用一定的直觉,哪怕只想到字母符号的形状,以便再认出符号。

（c）退一步说，假定所提出的问题已经没有争议地解决了，11个基本法则的相容性也已从逻辑上证明了，即使如此，也还有讨论的余地，我想加以指出，并尽可能地强调。我们必须清楚地看到，以纯形式方式建立起来的算术、整数理论，是既不曾有过，以后也不可能有的。不可能以纯逻辑方式证明，以那样方式建立起来的相容的法则，对于我们直觉上所熟悉的数量是真正成立的。此外，也不可能证明我们所说的未定义的，并对之进行运算的东西，就是真实的数，就是直觉上意义很清楚的加法和乘法。已经取得的成就，毋宁说是在于：它把建立算术基础的这个复杂的攻不下的问题分成了两个部分，而且使第一部分——纯逻辑问题，即建立独立的基本法则或公理及研究其独立性和一致性问题有了探讨的可能。第二部分更多地属于认识论问题，涉及这些法则应用于现实情况的论证，至今还无人触及。当然如果真的要建立算术的基础，这个问题也是非解决不可的。这第二部分问题，本身是极其深刻的，其困难在于一般认识论领域。我可以用多少有些矛盾的方式清楚不过地说明：任何人若在纯数学研究中仅仅容忍纯逻辑的话，为了自圆其说，都不得不考虑算术基础问题的第二部分，也就是把算术本身看作是应用数学的领地。

由于在这一点上经常产生误解，因此我感到有必要在这里很详细地讨论一下，因为人们简直忽视第二部分问题的存在。这绝不是因为我同希尔伯特本人的争论，如果基于这样的假设，那就既不能正确理解我同他的意见分歧，也不能正确理解我同他的一致之处。

耶拿市的托梅（Thomae）造过一个言简意赅的词语——"无思想的思想家"，用来指仅仅对空无意义的事物进行抽象研究的人。这种人只限于研究不说明任何问题的空理，不仅忘了上述第二部分问题，而且往往也忘了数学中的其余的一切。这个开玩笑似的说法，当然不能用来指进行抽象研究，以及研究其他许多不同性质问题的人。

　　结合以上的简评,我提出几个一般的问题,以引起你们的注意。许多人认为教一切数学内容都可以或必须从头到尾采用推导方法,从有限的公理出发,借助于逻辑推导一切。某些人想依靠欧几里得(Euclid)的权威来竭力维护这个方法,但它当然不符合数学的历史发展情况。实际上,数学的发展是像树一样的,它并不是有了细细的小根就一直往上长,倒是一方面根越扎越深,同时以相同的速度使枝叶向上生发。撇开具体画面不说,数学也正是这样,它从对应于人类正常思维水平的某一点开始发展,根据科学本身的要求及当时普遍的兴趣的要求,有时朝着新知识方向进展,有时又通过对基本原则的研究朝着另一方向进展。例如,我们今天对于数学基础的立场,不同于几十年前;我们今天可能当作最终原则来叙述的东西,过了一段时间也必然会被超越,因为今天看来最新的真理会得到更为细致的分析,又需要归结为更一般的东西。由此我们可以明白,对于数学中的基础研究来说,是不存在最终的终点的,也不存在最初的起点,来为数学教学提供绝对的基础。

　　再谈一点关于数学的逻辑和直觉之间的关系、纯数学和应用数学之间关系的意见。我已经强调过,在小学里算术的教学从一开始就伴随着应用,小学生学习运算规则不仅是为了理解它们,而且是为了用它们解决什么问题。数学教学就应该永远是这样的! 当然,逻辑关系,或可以说数学机体上的硬骨架,必须保持下去,以便使数学具有它所特有的可信性。但是数学的生命,数学的最重要的动力,数学在各方面的作用,却完全有赖于应用,即取决于那些纯逻辑内容和其他一切领域之间的相互关系。把应用拒之于数学门外,就等于只从骨架中去找活生生的动物的活力,而不考虑肌肉、神经和组织,不考虑动物的本能,总之就是不考虑动物的生命本身。

　　在科学研究中,确实常有纯科学和应用科学的分工,但即使如此,如果想使情况良好,就仍然要另外做一些约定使之保持联系。不过无论如何应该特别强调,在学校里要求这样的分工,要求一个教师这样地专门化是不可能的。往极端里说,如果某学校指派一位教师把数教成没有意义的符号,指派第二位教师去在符号和实在数字之间搭上桥,指派第三、第四、第五位教师去讲这些数字在几何学、力学、物理学上的应用,这些教师都压在学生头上,这样的组织教学是不可能的。这样的话,教学内容就不可能使学生理解,各个教师恐怕也甚至不能互相理解。而学校教学本身恰好需要各个教师成为某种程度上的多面手,对最广义的纯科学及应用科学领域有一个大致的了解,以便对科学分工太细的情况采取一个理想的补救办法。

为了针对前面的话提出一个实际办法,我再来引用一下我们在引论中提到过的德累斯顿建议书。我们在那篇建议书中直陈,由于应用数学从 1898 年后已经成为优秀教师考试中的一个专门项目,因此应该把它列为一切普通数学教学的必修课程,以便使学生能始终兼教纯数学和应用数学。此外应指出,教育委员会的密伦教学大纲①也已宣布下列 3 个任务,作为上学年②(中学九年级)数学教学的目的:

(1)科学地概述数学的系统结构。

(2)掌握处理数值问题及作图问题的一定技巧。

(3)认识数学思想对于自然科学及现代文化的重大意义。

对于这一切规定,我深表赞同。

---

① *Reformvorschläge für den mathematischen und naturwissenschaftlichen Unterricht, überreicht der Versammlung der Naturforscher und Ärzte zu Meran*, 莱比锡, 1905 年。并可参阅 *Gesamtbtericht der kommission* 中重印之文(第 93 页),以及我和席马克合著《数学教学组织》一书的第 208 页。

② 指 1923 年。——中译者

第二章　数的概念的第一个扩张

讲完前一章数的运算，这一章就来讨论数的概念的扩张。在中学里，通常依次采取下列程序：

（1）分数和分数运算的介绍。

（2）结合字母符号运算，开始学习负数。

（3）通过不同的实例比较完整地提出无理数的概念，然后逐步导入实数连续统的概念。

前两点按什么程序讲是无所谓的，这里先讲负数，再讲分数。

2.1　负　　数

我们先来讲讲术语上的问题。在中学里，正数和负数统称为相对数，以区别于绝对数（正数），但是在大学里这种说法不普遍。还有，中学里"代数数"和"相对数"意思差不多，可以互称，但其实"代数数"这个术语在大学里有特别的含义。

建立负数概念的原因，是因为要求在一切情况下都有可能进行减法运算。如果 $a < b$，那么 $a-b$ 在自然数范围内就是没有意义的，但数 $c = b - a$ 确实存在，所以写

$$a - b = -c,$$

称之为一个负数。根据这个定义，我们立刻可以在横坐标轴上作一

些等距离的点,由原点向两个方向扩展,通过等距离点的刻度来表示一切整数。

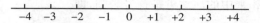

今天所有受过教育的人都可以看懂这个图,也许可以假定,这种普遍的了解主要归功于温度计。商业资产负债表上的借方和贷方,同样可以对负数提供一个熟悉的图表形式。

　　但是我要立刻着重指出,中学里负数概念的引入,在原则上是极为困难的一步。学生已习惯于直观形式,即通过事物的具体数量来表示数,现在他们会觉得运算的符号和结果与以前太不同了。负数对他们是某种新的概念,与他们从具体事物的数量得来的观念没有共同之点,但是他们不得不把负数当作实有其物来运算,尽管要比过去抽象得多。这是由具体数学向形式数学的第一次转折。要完全掌握这种转折中出现的问题,需要有高度的抽象能力。

　　下面来详细探讨引入负数后所发生的运算问题。引人注目的第一件事是加减运算打通了,即:加一个正数就是减去它的相反数。马克斯·西蒙有一个滑稽的说法,他说创立负数是为了有可能毫无例外地进行减法运算,但由于负数的创立,减法运算就不再独立存在了。

　　对于正负数范围内的这种新的加法运算(包含了减法运算),前述 5 条形式法则仍然成立。这 5 条法则简单来说就是:

　　(1) 运算恒可进行。

　　(2) 单值。

　　(3) 结合律。

　　(4) 交换律。

　　(5) 单调律。

注意:结合法则 5,$a<b$ 现在用几何表示就是 a 在左、b 在右,因此举例来说,$-2<-1,-3<-2$。

正负数相乘中的注意点是符号规则,即

$$a \cdot (-c)=(-c) \cdot a=-(a \cdot c),$$

以及

$$(-c)(-c')=+(c \cdot c').$$

特别是后一个规则——"负负得正",往往是危险的绊脚石。下面很快会回过来讲这些规则的内在含义,现在就用一句话来定义一串正数和负数的乘法:乘积的绝对值等于诸因子绝对值的乘积,乘积的符号是正或负,随负因子个数为偶数或为奇数而定。据此,正负数范围内的乘法又具有下列特殊的性质:

(1) 运算恒可进行。

(2) 单值。

(3) 结合律。

(4) 交换律。

(5) 对于加法满足分配律。

只有单调律有变化,代之以下一规律:

(6) 若 $a>b$,则随 $c \lessgtr 0$,有 $a \cdot c \lessgtr b \cdot c$。

现在我们要问:再次从纯形式考虑的这些法则是否相容? 必须立刻承认,其纯逻辑证明的可能性比整数情况要小得多。只可能作一个约定,即若上述法则对于整数成立,则对于负数也成立。但在整数得到逻辑相容性证明以前,不得不承认上述法则的相容性纯系基于这样一个事实,即有一些直觉的东西,它们有一种服从这些法则的直觉关系。上面我们已举出横坐标上整数点序列的例子,现在只要说明那种运算规则的含义:加式 $X'=X+a$,其中 a 是确定的,对应

于每一点 X 有第二点 X'。这样,无限直线只要根据 a 的正负向左或右移动量 a。类似于此,乘式 $X'=a \cdot X$ 也是直线的相似变换,对于 $a>0$ 为单纯的伸缩,对于 $a<0$ 为伸缩与关于原点之对称变换的复合。

现在允许我来讲讲这一切的历史发展过程。你们不要以为负数是某一个聪明人的发明,以为是他从几何表示形式中悟出了负数的道理,或许也就同时确立了负数的逻辑相容性。不是的!负数是经过很长一段发展时期才夺路而出,使数学家不得不用到它。只是到了 19 世纪,在人们已经用它进行运算好多个世纪以后,才考虑到它的逻辑相容性。

讲起负数的历史,我先要提到:不像许多人所想的那样,样样事情希腊领先。古希腊人肯定没有负数。这个发明应归功于印度人,印度人还创造了我们用的十进制,特别是数零。欧洲人是在文艺复兴时代逐渐用起负数来的,当时刚刚过渡到用文字符号运算的阶段。这里也不能不提,文字符号的运算是韦达(Vieta)在他 1591 年出版的《分析方法入门》(*In Artem Analyticam Isagoge*)一书中所创立的。

从今天的观点来看,我们已有所谓正数运算的括弧规则,假如把相应的减法法则也包括在我们的基本公式之内的话,那么括弧规则当然也包括在基本公式之内。不过我想通过两个例子把括弧规则谈得再详细一点,以表明它们有极其简单的直觉证明的可能。按照印度人的习惯,只需把图画出来,说一声"请看!"就够了。

(1) 给出 $a>b$ 及 $c>a$,其中 a,b,c 皆为正数。那么,$a-b$ 为一正数,小于 c,即 $c-(a-b)$ 必作为正数存在。现在用横坐标把数字表示出来,表明点 a 和点 b 之间的线段具有长度 $a-b$。看一下图示就可以明白,如果从 c 段中取走 $a-b$,结果同我们先取走整个线段

a,再放回 b 段一样,即

$$c-(a-b)=c-a+b。 \tag{1}$$

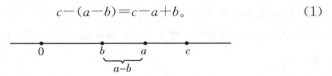

(2) 给出 $a>b$ 和 $c>d$,$a-b$ 和 $c-d$ 为正整数。我们来看乘积 $(a-b)\cdot(c-d)$。为此作一以 $a-b$ 及 $c-d$ 为两边的矩形(标以斜线阴影)(见图 2.1),此矩形的面积即为所求的数 $(a-b)\cdot(c-d)$,并且此矩形是以 a 和 c 为边的矩形的一部分。为了从后一矩形中求出前一矩形,先取走标以水平线阴影的矩形面积 $a\cdot d$,再取走标以竖直线阴影的矩形面积 $b\cdot c$。这样已两次取走双重线阴影的矩形面积 $b\cdot d$,必须把它放回。这正是已知公式

$$(a-b)(c-d)=ac-ad-bc+bd。 \tag{2}$$

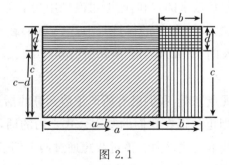

图 2.1

在字母记号运算的基础上导入负数,其中所涉及的最重要的心理活动,是人类本性的一般表现,因为人类不由自主地倾向于在更一般的情况下运用一些法则,而不顾这些法则只是在一些特例下导出并成立的。这就是赫尔曼·汉克尔(Hermann Hankel)在《复数系理论》一书中以"形式法则的承袭原则"为题首先发表的算术指导原则。

我愿向你们推荐这本极有趣的书。运用到负数发展的这个特定情况上来,上述原则等于是说,在(1)式和(2)式这类公式中,我们倾向于忘却关于 a 和 b 相对大小的给定的假设,而把它们运用于另一些情况。例如:如果把(2)式应用于 $a=c=0$(原公式在这种情况成立与否,根本没有得到证明),便得到 $(-b) \cdot (-d) = +bd$,即负数相乘的符号法则。这样,我们事实上几乎不自觉地不经假设即已导出一切规则,而循前思路,这些规则本来必须看作必要的假设,才能使旧的法则对于新的概念也成立。说实在的,过去的数学家对于这种抽象也不满意,他们有时称负数为虚构数、假数之类,就表明了他们于心不安。尽管有顾虑,但负数在 16 和 17 世纪还是得到了越来越多的人的公认,因为它很有用。对于这一点,解析几何的发展无疑起到了很大的促进作用。话说回来,疑问还是存在着,而且只要人们继续想把它用事物的个数概念来表示,而没有认识到,在新概念建立之后,其逻辑形式法则起主导作用,这种疑问也就会存在下去。正由于这个原因,人们曾反复地企图证明符号法则。19 世纪提出了一个简单解释:谈论定理的逻辑必要性是没有用的,换句话说,符号法则不能证明;人们只关心这个法则在逻辑上是否允许。同时 19 世纪还提出解释说,这些法则是任意的,取决于使用上的方便,例如受承袭性原则的制约。

在这一点上,我们不禁会经常想到,事物的发展有时比人更有理。想一想:数学上最伟大的进展之一——负数及负数运算的引入,竟不是某一个人自觉的逻辑思考的创造。相反,它的缓慢的、有机的发展,是与事物广泛地打交道的结果,所以几乎好像是字母记号的运算把负数教给了人。过了很长一段时间,人才有了理性的认识,知道已经发现了某一正确的、与严格的逻辑相容的法则。不过无论如何,对于新概念的建立来说,纯逻辑的功能仅起规定的作用,而从来不起唯一的指导原则的作用,因为总还有其他许多概念体系满足逻辑上相容性的要求。

如果你们想了解一下有关负数历史问题的其他文献,我向你们推荐特罗夫克(Tropfke)的《初等数学史》[①]。这是一本极好的资料集,以流畅的表述提供了大量有关初等数学概念、观点、术语发展的细节。

如果我们现在带着批判的眼光去看中学里负数的教法,常常可以发现一个错误,就是像老一代数学家如上指出的那样,努力去证明记号法则的逻辑必要性。他们从 $(a-b) \cdot (c-d)$ 的公式导出 $(-b)(-d)=+bd$,以为就得到了证明,完全忽略了这个公式之所以成立取决于不等式 $a>b,c>d$。因此,证明是虚假的,本来可以根据心理学的考虑通过承袭性原则而得出法则,现在却让位于一种伪逻辑的考虑。学生第一次听到这样的逻辑证明时,当然是听不懂的,而最终只好相信;如果在高年级再讲的时候,还不能使学生形成正确的概念,那么某些学生就会产生一种根深蒂固的观念,以为整个概念是神秘而不可理解的,但事情竟常常如此。

我反对这种做法,我请求你们一般情况下不要把不可能的证明讲得似乎成立。大家应该用简单的例子来使学生相信,或有可能的话,让他们自己弄清楚:从实际情况来看,承袭性原则所包含的这些约定关系,恰好是适当的,因为可以得到一致方便的算法,而其他任何一种约定,总要强迫我们考虑许多特例。确实必须不急不躁,让学生有时间在接受这种知识后思想转过弯子来。尽管很容易说明白,其他的约定都是不好的,但必须向学生强调,普遍有用的约定确实存

---

① 两卷本,莱比锡,1902 年、1903 年。第二版已修订,大大增加了篇幅,变成 7 卷本,其中 6 卷已于 1924 年出版。还可以参考 F. 卡约里(F. Cajori)著,麦克米伦(Macmillan)公司出版的《数学史》。

在,这个事实真是奇妙之至！同时使他们明白,这绝不是不言而喻的。

关于负数理论的讨论,我就说到这里为止。下面请大家同样来考虑数的概念的第二个扩张。

2.2 分 数

让我们从中学里的分数的处理谈起。在中学里,分式 $\frac{a}{b}$ 从一开始就有完全具体的意义。与整数的图式表示相比,二者只有依据的不同:从事物的数目转到了事物的量度,从可数事物的讨论转到了可量度事物。例如,币制或重量系统(附加上某些限制条件)是可量度的例子,而长度系统则是地道的可量度的系统。这些例子都可以给每一个学生以分数的概念。没有什么人对于领会 $\frac{1}{3}$ 米和 $\frac{1}{2}$ 磅的意义会有多大的困难。分数之间 $=,>,<$ 的关系,是可以通过同样的具体直觉马上建立起来的。同样,分数的加减运算,以及分数乘以整数的运算,也是如此。在这之后,一般的乘法可以很容易得到理解:用 $\frac{a}{b}$ 乘一数,就是将该数乘以 a 再除以 b。换句话说,乘积之由被乘数导出,正如 $\frac{a}{b}$ 之由 1 导出一样。然后分数的除法就教成乘法的逆运算: a 除以 $\frac{2}{3}$ 等于这样一个数,此数乘以 $\frac{2}{3}$ 等于 a。这些分数运算概念与负数概念合起来,就最终得出了一切有理数的全体。我不能详细说明这个形成过程,在中学里当然要用相当长的时间。我们最好立刻把中学里的教法同现代数学完美的表述作一比较,为此可用韦伯和韦尔施泰因和布克哈特(Burkhardt)的书作参考。

韦伯和韦尔施泰因主要强调形式观点,他从种种可能的解释中选出一种对各种解释都是必然相通的解释。根据这个观点,分数 $\frac{a}{b}$ 是一个记号,是一个可以根据某些法则进行运算的一个"数偶"。这些法则在我们上面的讨论中是自然而然地从分数的意义上得出的,但这里却有任意的约定的性质。例如,分数的分子和分母同乘以或同除以相同数的定理,学生视之为再明显不过的定理,在这里却作为相等的定义:当 $ad=bc$ 时,分数 $\frac{a}{b}$,$\frac{c}{d}$ 称为相等。大于及小于亦可类似地给出定义,并且将两个分数 $\frac{a}{b}$,$\frac{c}{d}$ 之和定义为 $\frac{ad+bc}{bd}$,等等。从而证明:按上述方式定义在新的数域中的运算,在形式上正好具备整数乘除的性质,即满足一再举出的 11 个基本法则。

布克哈特没有像我们已简要介绍的韦伯和韦尔施泰因的表述那样强调形式观点。布克哈特把分数 $\frac{a}{b}$ 看作整数域内的两个运算的序列——乘以 a 及除以 b,运算的对象是任意选择的整数。如我们采取 $\frac{a}{b}$,$\frac{c}{d}$ 这样两个"运算偶",那就对应于分数的乘法。很容易看出,这样的运算无异于乘以 $a \cdot c$ 并除以 $b \cdot d$。所以分数乘法法则

$$\left(\frac{a}{b}\right) \cdot \left(\frac{c}{d}\right) = \left(\frac{a \cdot c}{b \cdot d}\right)$$

是从明明白白的分数的意义中得出的,但不仅仅是任意的约定所确定的。我们当然可以同样对待除法。另一方面,加法和减法就不能借助于分数的这种表示法作那样简单的解释,所以公式

$$\frac{a}{b} + \frac{c}{d} = \frac{(ad+bc)}{bd}$$

对于布克哈特也仍然是一个约定,对于这个约定他只提出了大致合

理的理由。

现在我们来把中学里的旧的表述同刚才简要介绍的现代的概念作一比较。根据现代的概念，无论是哪一本书，不说数的概念的扩张，讲的内容确实不出整数的范围，仅仅假设整数的全部已直觉地掌握，或已知其运算法则，新的对象定义为数偶或整数的一些运算，这些都完全套在整数的框架以内。另一方面，中学里的处理方法是完全建立在新获得的可量度量的概念上的，并借这个概念对分式提供一个直接的直觉形象。如果我们假设有一个人具有整数概念，但无可量度的量的概念，那么就能更好地理解这种区别。那个人对中学里的说法可能完全不能理解，但却能很好地理解韦伯、韦尔施泰因和布克哈特的讨论内容。

两个方法哪一个好呢？各有什么利弊？答复是：正像对不同的整数概念提出的类似的问题一样，现代的表述当然完美一些，但是欠丰富。因为传统课程中当作一个完整对象来讲的东西，它实际上只讲了其中一部分，即对原来称"分数"的某些算术概念及"分数"运算作抽象的、逻辑上完备的介绍。但它对一个完全独立的、同样重要的问题没有作出解释：我们能不能真的把这样导出的理论学说运用于具体的可量度的量？我们可以再称这个问题是"应用数学问题"，并可作完全独立的处理。说实在的，这样分割开来，在教育学上是不是好，是成问题的。韦伯和韦尔施泰因更是把这个问题典型地一劈两半。目前我们所介绍的只是他们对分数的抽象的引入。然后，韦伯、韦尔施泰因和布克哈特专门用一部分（第五部分：比率）去论述有理数与外在世界的关系问题。他们的论述当然十分抽象，超过直觉所能接受的程度。

现在对有理数的整体谈点一般意见，以此来结束分数的讨论。为了清楚起见，我要利用直线表示形式。设想所有具有有理坐标的点都已在这条直线上一一标出,并简称这些点为有理点。于是我们说坐标轴上这些有理数点是"稠密的",意思是每一个区间不管多小都有无限多的有理数点。如果想避免把任何新的东西放进有理数的概念里去,那么可以用更抽象的方式说,在任何两个有理数点之间总是存在另一个有理数点。由此可以从有理数点的整体中分出一些有限的部分,它们既没有最小的元素也没有最大的元素。在 0 和 1(不包括 0 和 1)之间的有理数点的全体,是一个例子,因为在 0 和 1 之间给出任何一数,在这个数和 0 之间总会有一个数,即较小的数,在这个数和 1 之间也总会有一个数,即较大的数。这些概念系统发展的结果,就是康托尔的点集理论。实际上,我们以后将用到有理数的全体,连同刚才提到的性质,作为点集的一个重要例子。

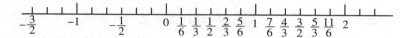

下面来谈数的概念的第三个扩张:无理数。

2.3 无理数

这里我们就不花时间去讨论中学里是怎么处理的了,因为在中学里顶多是讲几个例子。让我们马上来谈历史发展。从历史上来看,无理数概念的起源当然在于几何直觉,在于几何学的要求。如果像刚才认为的那样,认为有理数的集合在坐标轴上是稠密的,那么在坐标轴上还存在着另一些点。毕达哥拉斯(Pythagoras)据说曾用大致如下的方式表明这一点。给出一直角三角形,两直角边长度为 1,则斜边的边长为 $\sqrt{2}$(图 2.2),这当然不是一个有理数;因为如果置 $\sqrt{2}=\frac{a}{b}$,其中 a 和 b 是互质的整数,那么根据整数的可除性法则就很容易导致矛盾。如果我们现在在坐标轴上从 0 开始截取斜边长的那一段，就得到一个非有理数点，那个点不是在坐标轴上稠密的原来集合中的一个点。进一步，毕达哥拉斯肯定知道，在绝大多数情况下，边长为 m, n 的直角三角形，其斜边长 $\sqrt{m^2+n^2}$ 是无理数。据说为了庆祝

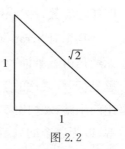

图 2.2

发现这个极为重要的事实，毕达哥拉斯拿出 100 头牛来献祭，这确实是值得的。我们也知道，毕达哥拉斯学派喜欢寻求使得直角三角形三边成为可公度的那些特殊的数对 m 及 n，如果选择适当的测度单位，则这时直角三角形三边之长皆可以用整数表示（所谓毕达哥拉斯数）。毕达哥拉斯数的一个最简单的例子是 $3, 4, 5$。

后来，除了这些最简单的无理数外，古希腊的数学家们还研究了比较复杂的无理数，如欧几里得式的 $\sqrt{\sqrt{a}+\sqrt{b}}$，等等。但一般地说，他们主要限于反复开方求得的，因而可以用直尺和圆规作出几何图形来的无理数。无理数的一般概念，他们还不知道。

不过，我必须多少修正一下这个说法以免产生误解。更精确的说法是：古希腊人没有掌握根据有理数以算术方式提出或定义一般实数的方法。这个方法是现代数学发展的结果，下面我们很快就要介绍。不过从另一个观点来看，他们是熟悉一般实数（不一定是有理数）的概念的，但是这个概念对他们来说表现形式完全不同，因为他们还不会用字母符号来表示一般的数。他们确实研究过两个任意线段的比，而且欧几里得还曾非常系统地加以发展。他们对那种比的运算，正像我们今天对于任意实数的运算一样。欧几里得的某些定义确实给了现代无理数理论以有力的启发。此外，对线段比所用的术语也与任意自然数之比全然不同，后者称为 ἀριθμός，而线段之比，

即任意实数,称为 λόγος。

我想对"irrational"("无理的")这个词再补充说上几句。这个词无疑是由希腊词"ἄλογος"译成拉丁文的,但是这个希腊词的大致意思是"不可表达的",意为这些新的数(或线段比)不能像有理数那样用两个整数之比来表达。[①] 由拉丁词"ratio"("比")造成了一种误解,以为这个词只不过表示"reason"("理性")的意义,所以"irrational"[②]就被误解成"unreasonable"("不合理的")的意义,致术语"irrational number"("无理数")至今似乎仍含有这一层意思。

无理数的一般概念首先出现在 17 世纪末,它是引入十进制小数的结果,而十进制小数的使用是随着对数表的出现而在那时确立下来的。如果我们把一个有理数变换成一个十进制小数,那么,有时得到有尽小数,有时得到无尽小数,不过总是循环的。最简单的例子是 $\frac{1}{3}=0.333\cdots$,即小数点后立刻开始、循环节为一位数字的循环小数。

这样,我们立刻就会想到一种非循环小数,其数字是根据确定的法则而定,这个非循环的小数凭直觉也就可以看作是一个确定的数,因而是非有理数。无理数概念的建立,就是这样。它在某种程度上是自然而然地产生的,是考虑十进制小数的结果。因此,从历史上来看,无理数的产生过程,是同我们已经讲过的负数产生过程一样的。计算的需要迫使引进新的概念,至于其本质或促成的因素,人们并不过多考虑。人们只是用以进行运算,特别是由于其十分有用,屡试不爽。

直到 19 世纪 60 年代,才感到有必要对无理数的基础确立一个较为精确的算术方式的表述。大致在那个时候,魏尔斯特拉斯在他

---

① 见特罗夫克教科书,第 2 段,第 2 卷第 71 页。
② 从词根上说,"irrational"本为"不可比"之意。——中译者

所作的一个讲演中提到了这一点。1872 年,点集理论的创始人,哈雷的康托尔和不伦瑞克的戴德金,同时而又互相独立地为此奠定了一般基础。下面我想用几句话来解释一下戴德金的观点。假定我们具有关于有理数的全部知识,但排除一切空间概念,因为空间概念迫使我们立即联系到数序列的连续性观念。依据这样的理解,为了求得无理数的纯算术定义,戴德金在有理数域内建立了"分割"的概念。若 r 为任一有理数,它把全部有理数分成 A,B 两部分,致使 A 中的每一个数小于 B 中的任一数,而每一个有理数属于这两类数中的一类。A 是小于 r 的一切有理数的总体,B 是大于 r 的一切有理数的总体,r 本身可以任意看作属于这一类或另一类。除了这些正常"分割"外,还存在"非正常分割",即把一切有理数分成性质相同的两类,但不同之点在于它不是由某个有理数如上面的 r 那样造成的两类,即 B 类中不存在最小的有理数,A 类中也不存在最大的有理数。譬如说,$\sqrt{2}=1.414\cdots$ 就是这种不正常分割的一个例子。实际上,每一个循环十进制小数都已定义一个分割,若把大于此循环小数的每个近似值的有理数归入 B 类,而把其他每一个有理数归入 A 类。这样,A 类中每一个数就等于或至少被一个近似数(因而也被无穷多近似数)超过。很容易证明:若为循环小数,则此分割即为正常分割;若为非循环小数,则此分割为非正常分割。

戴德金以这些考虑为基础建立了定义,他的这个定义从纯逻辑的观点去看只能当作一个任意的约定:有理数域内的一个分割因其为正常分割或非正常分割而称为有理数或无理数。由此立刻得出相等的定义:两个数若在有理数域内产生相同的分割则称为相等。根据这个定义,立即可以证明这样的一些例子,如 $\frac{1}{3}$ 等于循环小数 $0.333\cdots$,如果我们接受这个观点,就必须要求有一个证明,即要求按给出的定义提出一个推理的过程。其实,如果采取朴素的方法,这个证明就可能会显得完全没有必要了。此外,这样一个证明也是直接的,因为我们联想小于 $\frac{1}{3}$ 的每一个有理数最终会被近似小数超过,而近似小数又小于超过 $\frac{1}{3}$ 的每一个有理数。魏尔斯特拉斯的讲演中给出如下相应的定义:若两个数之差(指较大者减去较小者)可小于任何预先给定的常数(不论此常数多小),则此两数称为相等。这个定义同上述解释的联系是明显的。如果我们联想到 0.999… 为什么等于 1,那么后一定义就更使我们注目;此两数之差当然小于 0.1、小于 0.01 等,即按定义它们相等。

如果我们问怎么能把无理数纳入通常的数系而且同样地进行运算,那么回答是:单调律对于 4 种基本运算都是成立的。原则如下:如果想对无理数进行加法、乘法等运算,可以把每个无理数放在两个相距越来越近的有理数之间,然后对这些界限进行所期望的运算。由于单调律成立,因此运算结果也会在差不断缩小的数限以内。

我不必再更详细地解释这些道理,因为在许多书里,特别是在韦伯、韦尔施泰因和布克哈特的书里可以很容易地找到非常好读的论述。我希望除了我这里所推荐的这些书,你们能去读更多的书,以便更充分了解无理数的定义。

我在这里倒很想谈谈你们在上述书中未必能找到的东西,即在建立了这个算术理论以后怎样把它运用到其他领域里去。这特别是指解析几何,因为照朴素的观点,解析几何是无理数的起源(而从心理学上看也确实如此)。回想一下前面讲过的坐标轴,上面标有原点以及有理数点。据此可说上述理论的应用取决于下一个基本原则:对于每一个有理数或无理数,各存在一个以此数作为坐标的点;反过来，对于坐标轴线上的每一个点，也各存在一个有理数或无理数作为点的坐标。这个原则是由一门知识所开始，随后一切都要由逻辑推导而来。但它本身不能得到逻辑证明，所以这个原则可以适当地称为公理。这种公理从直觉上看是不言而喻的，或者可以按各人的天赋当作或多或少是任意的约定来接受。关于实数和直线点之间一一对应的公理，通常称为康托尔公理，因为康托尔是第一个明确提出这个公理的人（在 1872 年《数学年刊》第 5 卷中）。

　　这里来谈谈关于空间观念的本质。空间观念的起源有两个，一个是对空间观念的直觉，可以通过量度而直接意识到。另一个就完全不同了，它是主观的理想化的直觉，也许可以说是我们与生俱来的空间观念，它超越感官观察的不精确性。在讨论数的观念时我曾向你们指出一个类似的区别，这种区别可以最恰当地刻画如下：谈到一个小的数，如 2，5 或者 7，我们马上就明白是什么意思，但是对于大一点的数，如 2 503，我们就没有那种直接的直觉了。这里，直接的直觉已被一种有序数列的主观直觉代替了，这种有序数列是我们通过数学归纳从开头几个数推导出来的。空间观念也有类似的情况。例如，如果我们来想两点之间的距离，那么我们只能以有限的精确程度估计它或测定它，因为我们的眼睛不能辨别长度差异小于一定限度的两个线段的不同。这就是直觉阈的概念，在心理学中有非常重要的作用。即使用最高精度的仪器来补助眼力之不足，本质上仍然存在这种现象，因为有种种物理的特性使我们不能超越某种限度的精确性。例如，光学告诉我们，随着色彩的不同，光波波长的变化约为 $\frac{1}{1\,000}$ 毫米（＝1 微米）数量级之小；还告诉我们大小为这种数量级的物体，即使用最好的显微镜也看不清楚，因为出现了衍射，所以任何光学的像也不能把细微处一一精确地再现出来。其结果是不能通过

直接的光学手段测得小于 1 微米的长度①,所以若以毫米计所测的
长度,则只有前三位小数有意义。同样地,在一切物理观察和测度
中,我们都会遇到这样不可逾越的阈值,决定着以毫米计算并表示的
长度精确性的最高极限。超过这个极限的说法都没有意义,都是无
知或欺人之谈。我们常常在矿泉水的广告中发现那种过于精确的数
字,把实际上随时间变化的含盐比说到百分之零点零几,可这是不可
能按重量测到那么精确的。

同精确性有限制的经验的空间观念相反,抽象的或观念化的空
间观念都要求有不受限制的精确性。根据康托尔公理的观点,这正
好与我们对数的概念所下的算术定义相对应。

同我们把空间观念这样划分相协调,自然也就可以相应地把数
学分成两部分,称之为近似数学及精确数学。如果我们打算用解方
程 $f(x)=0$ 来说明这个区别,可以说,近似数学,正像经验的空间观
念一样,并不关心 $f(x)$ 是否正好等于零,只关心其绝对值 $|f(x)|$ 恒在
可达到的精确性的阈值 ε 以下。符号 $f(x)=0$ 仅为不等式 $|f(x)|<\varepsilon$
的简写,这才是我们真正关心的。只有在精确数学中,才坚持要不折
不扣地满足 $f(x)=0$。由于在应用上只有近似数学才起作用,因此
我们也许可以冒昧地说我们所需要的只是这个数学分支,而精确数
学只是给孜孜以求的人得到智能上的快乐,同时对近似数学的发展
提供可贵的、必不可少的支持。

为了回到正题上来,我再补充一句:无理数的概念当然只是精确
数学范围内的概念,因为两点之差是一个无理数的几毫米这种说法,
没有任何意义。正如我们大家所看到的,当我们的尺是以米计的时
候,六位以上的小数就失去了意义。因而在实践中,我们可以用有理

①   现在光学显微镜分辨率极限一般定为 200 纳米。——编者

数来代替无理数而不必担心。但是在结晶学中会讲到有理指数的定律,天文学中有两个行星的运转周期之比是有理数或无理数也必须区分,这好像和上面讲的情况有矛盾,但实际上这些表述方式只是表现了语言的多义性而已,他们用的有理及无理的含义与到这里为止我们所用的含义完全不同,即与近似数学里的含义完全不同。按照这种说法,两个量成有理数比,可能是指它们是两个小整数之比,如 $\frac{3}{7}$,而同时可能称 $\frac{2\,021}{7\,053}$ 为无理数比。我们一般说不清分子和分母究竟要多大才属于第二种情况,因为这取决于具体问题。这一切有趣的关系,我在 1901 年的夏季学期上都讨论过了。那些讲稿后于 1902 年石印,名为《微积分在几何中的应用》,副标题为"对原则的一项修改"(C. H. 穆勒协助完成),将构成本书的第三卷(见第 3 版序)。

最后,请允许我用三言两语谈谈要我到中学里教这些内容我会怎么教的问题。无理数的精确理论既未必适合大多数学生的兴趣,也超过他们的接受能力。一般来说,学生对有限精确性的结果已感到满足。对于精确度到 $\frac{1}{1\,000}$ 毫米的结果,他们就会在赞许之中带着惊讶,而不会要求无限的精确性。对于普通程度的学生,只要通过例子一般讲明白无理数就足够了,平常也是这么做的。特别有天资的个别学生肯定会要求更完整的解释,给予这些学生以补充解释而不牺牲多数人的兴趣,在教师方面来说,就是值得赞扬的教学技巧了。

第三章　关于整数的特殊性质

我们现在就要翻开新的一章了,这一章所涉及的是当今的整数理论,即数论或所谓狭义的算术。我首先列出在中学课程中出现的有关这门学科的个别的问题。

(1) 数论的第一个问题是可除性的问题:一个数是否可被另一个数所整除?

(2) 可以给出简单的规则,使我们能很容易判定能否用较小的数(2,3,4,5,9,10 等)去整除任何给定的数。

(3) 有无穷多的质数,即除去 1 和本身以外无其他整数因子的数,如 2,3,5,7,11 等。

(4) 如果我们知道给定整数的质因数分解,就掌握了该整数的一切性质。

(5) 在化有理分数为十进小数时,数论起着重要的作用;在数论中可以证明由有理数化成的十进小数为什么必定是循环的,以及循环节有多长。

尽管那样的问题可以放到中学里来考虑,教给 11 至 13 岁的学生,但只是到以后几年才会在零散的地方出现数论,顶多也只考虑以下各点。

(6) 偶尔会教连分数,而且不是所有的学校都学。

(7) 有时也教丢番图(Diophantus)方程,即带几个未知数的方

程,其中未知数只取整数值。前面谈的毕达哥拉斯数,提供了一个例子;这里要处理 3 个整数,满足方程

$$a^2 + b^2 = c^2。$$

(8) 圆的等分问题同数论有密切的联系,不过这种联系在中学里从来也没有讲过。如果我们想把一个圆分成几个相等的部分(自然只用直尺和圆规来分),那么对于 $n=2,3,4,5,6$,是很容易办到的。但是对于 $n=7$,就办不到了,所以当我们在中学里讲到这个问题时就只好免开尊口了。实际上,并不能总是明确地说,当 $n=7$ 时这种作图真的不可能,因为这个事实的解释深深地植根于数论中。为了预先防止发生误解(不幸它是经常发生的),请允许我强调一下,我们这里所涉及的,又是精确数学的一个问题,对于应用是没有意义的。在实践中,即使在可以得出"精确"作图法的情况下,通常也不会用它,因为在近似数学的领域,圆之可以任意等分,用简单而巧妙的实验方法更合适;而且任何规定的实际可能的精确度,都可以达到。每一个制造等分圆仪表的机械师,都是采取这样的方法的。

(9) 在中学课程中有一个地方接触到比较高深的数论,即求圆面积时计算 π。我们通常用某种方法确定 π 的前几位小数,或许也偶尔提到 π 的超越性的现代证明,这个证明一劳永逸地解决了用直尺和圆规来求圆面积的老问题。在这本书的结尾,我将详细讨论这个证明。暂时我只限于精确表述这样一个事实,即数 π 不满足带有整系数的任一代数方程

$$a\pi^n + b\pi^{n-1} + \cdots + k\pi + 1 = 0。$$

特别重要的是系数必须是整数,这个问题之所以属于数论的范畴,道理就在这里。当然,我们在这里又单纯涉及精确数学的问题,因为只是在这个意义上 π 的数论性质才有意义。近似数学只满足于确定前

几位小数,使求出的圆面积达到所要求的精确度就可以了。

我已经对你们大致说明了数论在中学里的地位。现在让我来讨论一下它在大学教育及科学研究中的适当地位。就这一方面来说,我想根据对数论的态度把从事研究的数学家分成两类:一类我称为满腔热情派,另一类是无所谓派。在前者看来,哪一种科学都没有数论那么完美而重要,都没有那么清晰而精密的证明,定理更没有严格到数论的定理那么无懈可击的程度。高斯(Gauss)说过:"如果数学是科学中的女王,那么数论就是数学中的女王。"另一方面,抱无所谓态度的人却觉得数论离他们太远了;他们对数论的发展没有什么兴趣,简直是躲开它。大多数学生的态度就属于第二类。

这种泾渭分明的态度,其原因我想可以归结如下:一方面,数论对于一切比较透彻的数学研究都是基本的东西,即使从完全不同的领域出发,最后总是纷纷接触到相对简单的算术问题。另一方面,纯数论是极端抽象的,不是每一个人都有天赋来愉快地领会这样抽象的东西,大多数课本拼命把这个课程讲得无比抽象,结果反而使人对它望而生畏。我认为,如果结合一些图像和适当的数值,数论也许更能为大家接受,更能引起普遍的兴趣。尽管数论的定理在逻辑上并不需要借助于它们,但有了这些手段还是能帮助人们理解的。我在1895—1896 学年课程中作了这样的尝试,后来 H. 闵可夫斯基在《丢番图近似》一书中也采取了类似的做法。我的课是比较初步、具有引论性质的,但闵可夫斯基却是早期详尽探讨数论中各种专门问题的人。

至于教科书里讲的数论,你们往往可以在代数教科书里找到所需要的一切。在大量的实数理论书中,我要专门提一下巴赫曼(Bachmann)的《新数论基础》。

在下面对数论比较专门的讨论中,我将注意上面讲到的那几点,

特别努力尽可能用一些形象化的手段把它们讲清楚。我只限于提供
对教师可贵的材料，丝毫也不打算把它写成可以马上拿来教学生的
形式。我的阅卷经验告诉我必须这样做，因为我从考卷中发现，考生
的数论知识往往不出几个术语的范围，术语背后的意义，他们并没有
了解透彻。每个考生都会对我说，π 是超越数，但是许多人并不了解
这是什么意思；有一次我还听说，超越数既不是有理数，也不是无理
数。同样地，有的学生对我说质数是无穷的，但对于这么简单的证
明，他竟然完全不知道。

　　我就从这个证明开始关于数论的讨论。我假定你们已经记住了
这一节开始所列出问题的前两点。从历史渊源上说，我提醒你们注
意，这个证明是欧几里得传下来的，他的《几何原本》不仅包含他的几
何体系，而且也包含用几何语言写的代数和算术的知识。欧几里得
传下来的关于存在无穷多质数的证明如下：假设质数的序列为有限
的，设此序列为 $2,3,5,\cdots,P$，因而数 $N=(2\times3\times5\times\cdots\times P)+1$，不
可以用 $2,3,5,\cdots,P$ 中任何一个数来整除，因为总有余数 1。据此，
N 本身必然是一个质数，或存在大于 P 的质数，两者必居其一，其中
任一个皆与假设矛盾。证毕。

　　关于本节开始提的第四点，即整数之质因数分解问题，我提请你
们注意一本老的质因数表：切纳克（Chernac）的《算术筛法》（*Cri-brum Arithmeticum*）①。这是一本值得称赞的大书，从历史观点来
看，由于它十分可靠，因此更值得注意。表的名称使人想起埃拉托斯
特尼（Eratosthenes）的筛。它所依据的思想是：我们应从所有整数
的序列中逐一舍去可用 $2,3,5,\cdots$ 整除的数，留下的就只有质数了。
切纳克把 1 020 000 以下所有不可以用 $2,3,5$ 来整除的整数都分解

---

① 代芬特尔，1811 年。

成质因数,而所有质数都标上一横。上述范围内的一切质数,是在切纳克的书中第一次给出的。19 世纪期间,找出了 900 万以内的全部质数。

我现在转到第五点上,即化分数为十进小数问题。要知道完整的理论,建议你们参考韦伯和韦尔施泰因的书,这里只通过一个典型的例子来说明其原则方法。考虑一分数 $\dfrac{1}{p}$,其中 p 为 2 和 5 以外的质数。由此可证明,$\dfrac{1}{p}$ 等于一无限循环小数,循环位数 δ 是使得 10^δ 除以 p 余 1 的最小的指数 δ,或用数论的语言来说,δ 是满足下列同余式的最小指数

$$10^\delta \equiv 1(\mathrm{mod}\ p)。$$

为了证明这一结论,首先要求这个同余式恒有解。这一点利用费马(Fermat)小定理[①]便可证明。费马小定理说,对于 2 和 5 以外的每一个质数 p

$$10^{p-1} \equiv 1(\mathrm{mod}\ p)。$$

我们这里略去这个基本定理的证明,因为这个定理是每一个数学工作者的常规工具之一。其次,我们必须从数论中借用下一定理:这里所说的最小指数 δ 或为 $p-1$ 本身,或为 $p-1$ 的一个因数。我们可以把这个定理运用于给定值 p,得知 $\dfrac{10^\delta-1}{p}$ 是一个整数 N,故有

$$\frac{10^\delta}{p}=\frac{1}{p}+N。$$

如果我们现在考虑把 $\dfrac{10^\delta}{p}$ 以及 $\dfrac{1}{p}$ 转换为小数,那么两者的小数部分各

---

① 费马定理有两个:一个是这里用的,称为费马小定理;另一个是著名的费马大定理。以后我都加上了大小两个字。——中译者

位数字必相同,因为其差是一个整数。但是,既然 $\dfrac{10^{\delta}}{p}$ 是从 $\dfrac{1}{p}$ 的小数表示将小数点向右移动 δ 位而求出的,由此可见 $\dfrac{1}{p}$ 的小数表示并不会因此而改变。换言之,$\dfrac{1}{p}$ 的十进小数表示是某 δ 位数字不断重复而构成的。

现在要知道不可能有更小的 δ' 位的循环,其中 $\delta' < \delta$。为此,只要证明每一个这样 δ' 必须满足同余式 $10^{\delta'} \equiv 1 (\mathrm{mod}\ p)$ 即可,因为我们知道 δ 是这个同余式的最小解。利用前面的论证逆推过去,即可证明这一点。由我们的假设可知,$\dfrac{1}{p}$ 和 $\dfrac{10^{\delta'}}{p}$ 的小数部分重合,因而 $\dfrac{10^{\delta'}}{p} - \dfrac{1}{p}$ 是一个整数 N',所以 $10^{\delta'} - 1$ 可被 p 整除,或换言之,$10^{\delta'} \equiv 1 (\mathrm{mod}\ p)$。证毕。

下面我向你们提供几个最简单的启发性例子。这些例子说明,δ 可以取很多不相同的值,包括小于和等于 $p-1$。首先注意,对于

$$\frac{1}{3} = 0.333\cdots$$

循环节的位数是 1。事实上,$10^{1} \equiv 1 (\mathrm{mod}\ 3)$。

同样地,得

$$\frac{1}{11} = 0.090\ 9\cdots,$$

由此 $\delta = 2$,相应地,$10^{1} \equiv 10, 10^{2} \equiv 1 (\mathrm{mod}\ 11)$。

最大值 $= p-1$ 出现在下一例子中

$$\frac{1}{7} = 0.142\ 857\ 142\ 857\cdots。$$

这里 $\delta = 6$,实际上是有 $10^1 \equiv 3, 10^2 \equiv 2, 10^3 \equiv 6, 10^4 \equiv 4, 10^5 \equiv 5$, $10^6 \equiv 1 (\mod 7)$。

现在让我们以相似的方式来研究第六点,即连分数。不过我不用通常的抽象算术的方式来讲,因为你们在别的书里也可以看到,如韦伯和韦尔施泰因的书里就有。我将利用这个机会向你们说明,可以通过几何的图形把数论讲得很清楚、很容易理解。我们用这种手段来讲数论,其实只是步高斯和狄利克雷(P. Dirichlet)的后尘而已。把几何方法摒之于数论的门外,是后来的数学家干的,大约是从 1860 年以后。当然,我在这里所能讲的,只是最重要的思想线索和定理,但不给证明,因为我假定你们对于连分数的基本理论并不是完全的陌生。我有一本石印的数论讲义,里面讲得很透彻,同时可以参阅我的《数学著作集》第 2 卷 209 页至 211 页。

你们知道给定正数 ω 是怎样展开成为连分数的。我从 ω 中分出最大的正整数 n_0,记作

$$\omega = n_0 + r_0, \text{其中 } 0 \leqslant r_0 < 1。$$

因而若 $r_0 \neq 0$,我们就像对待 ω 一样处理 $\dfrac{1}{r_0}$:

$$\frac{1}{r_0} = n_1 + r_1, \text{其中 } 0 \leqslant r_1 < 1。$$

同样地继续写下去:

$$\frac{1}{r_1} = n_2 + r_2, \text{其中 } 0 \leqslant r_2 < 1,$$

$$\frac{1}{r_2} = n_3 + r_3, \text{其中 } 0 \leqslant r_3 < 1,$$

......

如果 ω 是有理数,那么这个过程在有限步以后就终止,因为在那种情况下必会出现等于零的余数 r_v,否则这个过程就会无限地进行下去。在任一情况下,我们都把 ω 的连分数展开式记作

$$\omega = n_0 + \cfrac{1}{n_1 + \cfrac{1}{n_2 + \cfrac{1}{n_3 + \cfrac{1}{\ddots}}}}\,。$$

举例来说,π 的连分数是

$$\pi = 3.141\ 592\ 65\cdots = 3 + \cfrac{1}{7 + \cfrac{1}{15 + \cfrac{1}{1 + \cfrac{1}{292 + \ddots}}}}\,。$$

我们如果在第一个、第二个、第三个……偏分母之后停止展开,那么就称之为收敛子的有理分数

$$n_0 = \frac{p_0}{q_0},\ n_0 + \frac{1}{n_1} = \frac{p_1}{q_1},\ n_0 + \cfrac{1}{n_1 + \cfrac{1}{n_2}} = \frac{p_2}{q_2},\cdots。$$

这些分数给出的近似数是非常接近数 ω 的,或说得更精确一点,其中每一个分数给出一个近似数,比其他任何一个没有较大分母的有理数更接近数 ω。由于这种性质,连分数有重大的实用价值。当我们希望用一个具有小分母的分数去最佳逼近一个无理数,或是去最佳逼近一个具有较大分母的分数时,就用得着连分式。从下列 π 的连分数的一些收敛子化成的小分数,可以使我们看到这些近似数是怎样接近于 $\pi = 3.141\ 592\ 65\cdots$ 的

$$\frac{p_0}{q_0} = 3,\frac{p_1}{q_1} = \frac{22}{7} = 3.142\ 85\cdots,$$

$$\frac{p_2}{q_2} = \frac{333}{106} = 3.141\ 509\cdots,\frac{p_3}{q_3} = \frac{355}{113} = 3.141\ 592\ 92\cdots。$$

在这个例子中你还会观察到，收敛子交替地小于和大于 π。大家知道，这一点具有普遍性，即 ω 的连分数相继的收敛子交替地小于和大于 ω，并把 ω 夹在不断缩小的数限之间。

现在让我们用几何图形把这些想法形象地表示出来。我们限于考虑正数，把 x-y 平面第一象限中的一切有整坐标的点标出来（见图 3.1），形成所谓格点。让我们来看这些格点。从 O 到点（$x=a$，$y=b$）的向径，其方程为

$$\frac{x}{y} = \frac{a}{b}。$$

相反地，在每一条这样的射线 $\frac{x}{y} = \lambda$（其中 $\lambda = \frac{a}{b}$ 是有理数）上有无穷多的整点（ma，mb），其中 m 是任意正整数。从 O 向外看，我们在一切有理方向上，且仅在这样的方向上看到格点。我们的视野中"处处稠密地"但不是完全地及连续地充满"星点"，这与我们仰观银河的景象相似。在无理射线 $\frac{x}{y} = \omega$（ω 为无理数）上除了 O 本身以外没有一个整点，这是非常令人惊讶的。如果我们回忆戴德金的无理数定义，就会明白那样一个射线形成了整点场上的一个分割，把点分成两个点集，一个在射线之右，一个在左。如果问这些点集怎样向射线 $\frac{x}{y} = \omega$ 收敛，那么就可以发现，这与 ω 的连分数有着非常简单的关联。标出对应于收敛子 $\frac{p_v}{q_v}$ 的每一个点（$x=p_v$，$y=q_v$），可以看到，过这些点的射线，交替地从左和从右逐渐更加近似于射线 $\frac{x}{y} = \omega$，正像数 $\frac{p_v}{q_v}$ 近似于数 ω 一样。此外，如果利用 p_v，q_v 的已知数论性质，那么就得出以下定理：想象在一切整点上钉上木钉或铁针，用两根细绳从 ω 射

线出发分别向左右拉紧,如此围绕两个整点集拉成的两个绳索凸多
边形的顶点,恰好是整点(p_v,q_v);这些点的坐标是收敛子的分子和
分母,它们相继收敛于ω,左边多边形的诸顶点是那些偶序收敛子,
右边多边形的诸顶点是那些奇序收敛子。这样就得出了一个新的、
不妨说是极为图形化的连分数的定义。

图 3.1 所示对应于下面的例子:

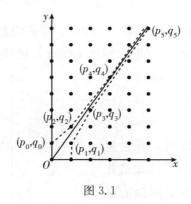

图 3.1

$$\omega=\frac{\sqrt{5}-1}{2}=\cfrac{1}{1+\cfrac{1}{1+\cfrac{1}{1+\cfrac{1}{1+\cdots}}}}。$$

这就是同正十边形相联系的无理数。在这个例子中,两个多边形的
最初几个顶点是

左:$p_0=0,q_0=1;p_2=1,q_2=2;p_4=3,q_4=5;\cdots$;

右:$p_1=1,q_1=1;p_3=2,q_3=3;p_5=5,q_5=8;\cdots$。

对于 π 的值 p_v,q_v 就增加的快得多,以致很难画出相应的图示。

我现在来研究第七点,即毕达哥拉斯数。我们这里将利用空间
概念,但利用的方式有些不同,不考虑我们想要求其整数解的下列

方程：

$$a^2+b^2=c^2,\qquad(1)$$

我们置

$$\frac{a}{c}=\xi,\frac{b}{c}=\eta,\qquad(2)$$

而考虑方程

$$\xi^2+\eta^2=1,\qquad(3)$$

并求满足这个方程的一切有理数对 ξ, η。我们设想在 $\xi\eta$ 平面上标出一切有理点 ξ, η(即带有理坐标 ξ, η 的点)，这些点稠密地分布于

$\xi\eta$ 平面上。$\xi^2+\eta^2=1$ 是这个平面上以原点为中心的单位圆。我们的问题是考察这个圆怎样穿过有理点的稠密集，特别是看它包含哪些有理点。我们早已知道几个这样的点，如它与坐标轴的交点，考虑其中一个点 $S(\xi=-1,$ $\eta=0)$(图 3.2)。通过 S 的一切射线由方程(4)给出

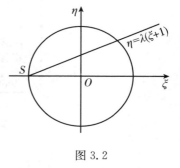

图 3.2

$$\eta=\lambda(\xi+1)。\qquad(4)$$

根据参数 λ 是否为有理数，我们称这样的射线为有理的或无理的。现在我们得到一个正逆均成立的定理：从 S 出发穿过圆的每一个有理点的射线是有理射线，每一条有理射线与圆相交于一个有理点。定理的前半部分是很明显的。我们将(4)式代入(3)式，以证明后半部分。于是得到交点横坐标应满足的方程：

$$\xi^2+\lambda^2(\xi+1)^2=1,$$

或

$$(1+\lambda^2)\xi^2+2\lambda^2\xi+\lambda^2-1=0。$$

我们知道这个方程的一种解是 $\xi = -1$，对应于交点 S；对于另一个解，通过简单计算即得

$$\xi = \frac{1-\lambda^2}{1+\lambda^2} 。 \tag{5a}$$

从（4）式得对应的 η 坐标是

$$\eta = \frac{2\lambda}{1+\lambda^2} 。 \tag{5b}$$

由（5a）式及（5b）式可知，若 λ 是有理的，则第二个交点是有理点。

我们的正逆都对的定理已经完全证明，还可以把它叙述如下：圆的一切有理点都由公式（5）来表示，其中 λ 为一任意的有理数。这就解决了我们的问题，只需要转换成整数就可以了。为此置

$$\lambda = \frac{n}{m} ,$$

其中 n,m 为整数，由（5）式得

$$\xi = \frac{m^2-n^2}{m^2+n^2} \quad \eta = \frac{2mn}{m^2+n^2} ,$$

表示出（3）式的一切有理数解的总体。因而，原方程（1）的一切整数解，即一切毕达哥拉斯数，可由下列方程给出

$$a = m^2-n^2 , b = 2mn , c = m^2+n^2 ,$$

并且若 m 和 n 取一切互质整数对，则得没有公约数的全部解。这样，平常看来非常抽象的一个结果，从图形上得到了推导。

就此我想来讨论费马大定理。正是紧随古代几何学家的做法，我们来推广毕达哥拉斯数问题，用以下方式把它们从平面推广到三维及三维以上空间。我们问：两个正整数的立方和仍旧是整数的立方吗？两个正整数的四次方之和还是正整数的四次方吗？等等。一般地，设 n 为任意正整数，方程

$$x^n + y^n = z^n$$

有正整数解吗？对于这个问题，费马在以他命名的大定理中回答说：除 $n=1$ 和 $n=2$ 的情形而外，对于任意的正整数 n，方程 $x^n + y^n = z^n$ 没有正整数解。

现在我来插入几句历史。费马生于 1601—1665 年间，是当时图卢兹地方的议会评议员，也就是一个法律学家。但他对数学涉猎很广，而且在数学方面取得的成就也最大，所以他可以算是最伟大的数学家之一。在解析几何、微积分和概率论的奠基人之中，费马的名字占有一个永恒的地位。但特别重要的是他在数论方面的成就。他在这个领域取得的一切研究成果，都出现在他写在一本丢番图著作的书沿上的批注里。丢番图也是古代的一个著名的数论大师，生活在亚历山大，大约是公元 300 年的人，比欧几里得晚 600 年。费马的书是在他死后 5 年由他的儿子发表的，保持着原来批注的形式。费马生前自己没有发表过任何作品，但他与最著名的同代人有大量的通信，所以他的发现早已为人所知，尽管只有其中一部分。我们现在讨论的这个著名定理，就出现在那本丢番图著作的批注版中。关于那个定理，费马曾在信中写到过。他说他已经找到了一个非常妙的证明，但空白处太窄了，写不下。[1] 可是，时至今日，还没有一个人找到他这个定理的证明![2]

为了使我们对费马大定理的要点有所了解，像在 $n=2$ 的情况下一样，我们首先来问方程

$$\xi^n + \eta^n = 1$$

---

[1]   见巴黎科学院版本:《费马全集》,第 1 卷,第 291 页,巴黎,1891 年,以及第 3 卷,第 241 页,巴黎,1896 年。

[2]   这一猜想已于 1994 年被怀尔斯(A. Wiles)解决。——中译者

的有理解是否存在,即问表示这个方程的曲线与 $\xi\eta$ 平面上的全部有理点的关系。对于 $n=3$ 及 $n=4$,曲线形状大致如图 3.3 及图 3.4 所示。当 $n=3$ 时,曲线中至少包含点 $\xi=0$,$\eta=1$ 及 $\xi=1$,$\eta=0$;当 $n=4$ 时,至少包含点 $\xi=0$,$\eta=\pm1$ 及 $\xi=\pm1$,$\eta=0$。费马的断定意味着,这些曲线与前面讲到的圆不同,它们穿过稠密的有理点集,但除了刚才指出的那些点以外,不通过另外任何一个有理点。

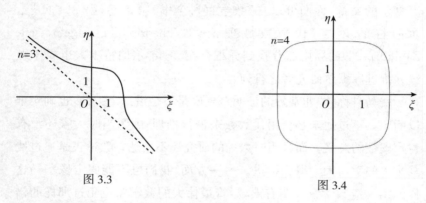

图 3.3   图 3.4

这个定理的有趣之处在于至今没有得到完全的证明,一切努力都是徒劳无功。在试图求证的人中,首先应该提到库默尔(E. Kummer),他大大地推进了这个问题,把它同代数数论发生了联系,特别同 n 次单位根(割圆数)联系了起来。利用 1 的 n 次根,$\varepsilon=\mathrm{e}^{\frac{2i\pi}{n}}$,我们确能把 z^n-y^n 分成 n 个线性因子,把费马方程记作下列形式

$$x^n=(z-y)(z-\varepsilon y)(z-\varepsilon^2 y)\cdots(z-\varepsilon^{n-1}y),$$

问题因而归结为按所述方式把整数 x 的 n 次幂分成由两个整数 z 和 y 及数 ε 构成的 n 个线性因子。库默尔对于这样的数所建立起的理论,同大家早已了解的、对于普通整数的理论非常相像,靠的是整除性和因数分解的概念。正因为如此,遂有整代数数的说法;特别说来,此处由于 ε 与圆的分割的关系,就有所谓分圆数。因此对于库默

尔来说，费马大定理就是代数分圆数范围里的因子分解定理。他企图根据这个分析来推导定理的证明，实际上他也取得了一些成功，把 n 推导到了一个很大的数值，推导到了 100 以下的一切 n 值。但是在大数之中出现了例外值，对于这些例外值还没有找到定理的证明，无论是他本人以及继起的数学家都没有做到这一点。

我的意见就讲到这里为止。关于这个问题的现状，以及关于库默尔的文章，你们可以在《数学百科全书》第 1 卷，第 714 页[①]希尔伯特的文章《代数数域理论》（"Theorie der Algebraische Zahlkörper"）的结尾部分找到详细介绍。[②] 希尔伯特本人也属于继续并推进库默尔研究者之行列。

费马自称的"非常妙的证明"，到底是不是沿这个方向，也确实难以断定。不过他未必会用代数数来进行推理，因为当时大家还没有肯定虚数的意义。而且当时数论的研究还不发达。数论正是通过费马本人的手而大大得到推进。另一方面，我们也不能假定像费马这样的第一流数学家证明有误，尽管最伟大的数学家也犯过那样的错误。因此我们只好认为，他已经非常幸运地利用一个简单的想法求得了证明。不过由于我们对他探索的方向没有丝毫线索，因此可能只有期望通过系统地推广库默尔的结果来求得费马大定理的完全的证明。

可是在我们哥廷根科学会悬赏 10 万马克以求证费马大定理之后，这些问题又有了一层新的意义。这些悬赏基金是 1906 年逝世的

---

① 见 P. 巴赫曼的文章《费马问题》，柏林，1919 年。该文为关于费马大定理的初步研究的综合报道。

② 费马大定理曾悬赏求证（早已失效），详情公布于 1908 年 Nachrichten der Gesell-scaft der Wissenschaften zu Göttingen 通告，见该刊第 103 页及以后各页。详情也曾由其他许多数学杂志转载（例如，德国《数学年刊》，第 66 卷，第 143 页；《数学月刊》，第 134 卷，第 313 页）。

数学家沃尔夫斯凯尔（Wolfskehl）捐赠的。他大约毕生从事费马大定理的研究，死后从他的一大部分遗产中提出这笔钱以奖赏能确定费马大定理为真或能以简单的例子揭示其为不真的幸运儿。要反证其为不真当然也不是简单的事，因为这个定理已经证到 100 以下的指数，要重起炉灶，就得从非常大的数算起。

从我前面讲的可以看出，在了解情况，在了解库默尔及其后继人为证这个定理而付出多大努力的数学家看来，要获得这个奖金是多么困难。但是广大公众的想法不同，自从 1907 年夏天报上公布了悬赏的消息后（附带提一句，报纸并未被授权发表这条消息），我们收到了一大堆自称的证明。各行各业的人，包括工程师、中学教师、教士，还有一个银行家、许多妇女，都参加了投稿。这些人有一个共同点，就是对这个问题的严肃的数学意义毫无了解。不但如此，他们也没有努力去掌握这方面的资料，凭灵机一动就认为自己取得了答案，结果他们的工作不可避免地在胡说八道。在《数学和物理学文献》（*Archiv für Mathematik und Physik*）[①]中，保存着 A. 弗莱克（A. Fleck，他是执业医师）、曼恩钦博士（Ph. Maennchen）以及 O. 佩龙（O. Perron）对那类证明的大量分析批评，如果读到这些文章，你就可以看到那类证明出现了什么样的谬误。这种胡闯乱杀的情况，读来使人感到可笑，同时又感到可悲，悲其无必要而已。我想提一个例子，这个例子是同我们所讨论的 $x^2+y^2=z^2$ 有关的。解题的人想对函数 $x^n+y^n=z^n(n>2)$ 找出一个有理的参数表示，但这与 $n=2$ 的情况是不同的，从代数函数论去看，我们早已知道这个结果是不可能的。这个人忽略了这样一个事实：对于个别有理数的自变量，非有理函数可以取有理数值，因而自以为已证

①　第 14—17 卷，第 18 卷（1901—1911 年）。

明了费马大定理。

对费马大定理就谈到这里,下面来谈第八个问题——圆的分割问题。我这里假定你们已了解复数,所以要用到复数 $x+\mathrm{i}y$ 运算,尽管我以后还要系统地讨论复数。这里说的问题其实就是圆的 n 等分或作一 n 边的正多边形问题。我们把圆定为 x-y 复平面以原点为中心的单位圆,并取 $x+\mathrm{i}y=1$ 为 n 个分割点的第一个点(图 3.5,其中 n 等于 5)。因而 n 个顶点是 n 个复数

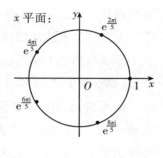

图 3.5

$$z=x+\mathrm{i}y=\cos\frac{2k\pi}{n}+\mathrm{i}\sin\frac{2k\pi}{n}=\mathrm{e}^{\frac{2k\pi\mathrm{i}}{n}}\,(k=0,1,\cdots,n-1)\,.$$

根据棣莫弗(De Moivre)定理,它们满足方程

$$z^n=1,$$

由此圆的分割问题变成了解这个简单的代数方程的问题。既然这个方程中有有理数根 $z=1$,z^n-1 可为 $z-1$ 整除,则余下的 $n-1$ 个根应满足所谓分圆方程

$$z^{n-1}+z^{n-2}+\cdots+z^2+z+1=0,$$

即其系数皆为 $+1$ 的 $n-1$ 次方程。

自古以来,人们对于可以用尺规(直尺和圆规)作什么样的正多边形问题就很有兴趣。古人已经知道,对于数 $n=2^h,3,5$(h 为任意整数),可以作正多边形,对于合数 $n=2^h\times3\times5$ 也同样可以。问题就到此为止,直到 18 世纪末才由年轻的高斯完全解决。他发现可以用尺规对形如 $p=2^{2^n}+1$ 的一切质数作出正 p 边形,但对其他质数

都不可能。对于最初几个数值 $\mu=0,1,2,3,4$，据此公式实际上可得出质数

$$3, 5, 17, 257, 65\,537,$$

其中前两种情形是已经知道的，其他各项是新的。在这些情形中，正十七边形是特别著名的。首先发现用尺规作正十七边形的作图法的是高斯。另外，并不知道对于什么样的 μ 值，上述公式表达的 p 正好是质数。从欧拉那时就知道，对于 $\mu=5$ 是一个合数。详细情况我就不再谈了，我只是想说明一般情况和这个发现的重要性。你们要知道有关正十七边形的详细说明，可以在韦伯和韦尔施泰因的书中找到。

我想提请你们特别注意重刊在《数学年刊》(1903 年)第 57 卷和《高斯全集》第 10 卷第 1 页(1917 年)中的高斯日记。这是一本不起眼的小本子，高斯从满 19 岁前不久的 1796 年记起。第一则日记就涉及能不能作十七边多边形的问题(1796 年 3 月 30 日)。高斯后来决定献身于数学，也正是由于这个早期的重要发现。对于每一个数学工作者来说，浏览这一本日记都很有意义，它可以使我们进一步紧紧地抓住高斯在数论、椭圆函数等领域所作出的奠基性发现的来龙去脉。

高斯的第一个伟大的发现是在他的老师和监护人霍法拉特·齐默尔曼(Hofrat Zimmermann)的鼓动下发表的，1796 年 6 月 1 日以短讯形式发表于《耶拿文学报》，附了他老师写的一个短注[1]。高斯后来在他的奠基性数论著作——《算术研究》(*Disquisitiones Arithmeticae*, 1801 年)中发表了证明。在这里，我们第一次发现这个定理

---

[1] 也印在《数学年刊》，第 52 卷，第 6 页(1903 年)，以及《高斯全集》，第 10 卷，第 1 页(1917 年)。

中包含的否定方面的证明。而这在他的短讯中是没有的,即:对于形如 $2^{2^n}+1$ 以外的质数,如对于 $p=7$,都不可能用尺规作图。这个不可能性证明是非常重要的,我要在这里给你们举一个例子,因为广大公众对这类证明缺乏理解,我就更加愿意这样做了。要知道现代数学家已借助于这类不可能性证明,解决了一系列自古以来许多数学家虚掷时光所不曾解决的著名问题。除了正七边形的作图以外,我只提一下用尺规来三等分一个角和化圆为方的问题。但是现在还有许许多多没有一点高等数学知识,甚至对不可能性证明的性质也不懂的人,却要去解这些问题。他们的知识多半不超过初等几何的水平,他们通常这样作一个辅助线、那样作一个辅助圆,左试右试,弄得繁复无比,如果不用很多很多时间,世上没有一个凡人能走出迷宫,向他们指出作图中的错误。你叫他们去参考不可能性的数学证明也没有用,因为只有直接考虑他们的“证明”、直接指出其证明中的错误,他们才肯信服。稍有名气的数学家每年都要收到一大堆那种请托的东西,你们到了工作岗位上也会收到那种证明,你们最好预先做好思想准备,知道如何坚持自己的观点。所以,如果你们能深入浅出地掌握不可能性证明,那将是一件很好的事。

　　据此,我想向你们提出一个详细的证明,证明从精密几何的意义上说不可能用尺规作出正七边形来。大家都很了解,尺规作图都有等价的算术表示:能作出的对象要能表示为求一连串的平方根;反之,每一个那样的平方根的求法也可以用直线和圆相交的几何方式来表示。这一点,你们可以很容易地自己加以验证。于是,我们可以用解析方式来表述我们的论断:表示正七边形的六次方程

$$z^6+z^5+z^4+z^3+z^2+z+1=0$$

不能用有限的逐次平方根来求解。上述这个方程就是所谓的反商方

程,即对于每一个根 z,还有一个根 $\frac{1}{z}$。如果我们把这个方程记作

$$z^3+z^2+z+1+\frac{1}{z}+\frac{1}{z^2}+\frac{1}{z^3}=0 \tag{6}$$

那就显而易见了。如果我们取

$$z+\frac{1}{z}=x$$

为一个新的未知数,那么就可以通过把上述方程次数降低一半的方法进行简化。经简单计算,求得 x 的三次方程

$$x^3+x^2-2x-1=0, \tag{7}$$

于是立刻可以看出,方程(6)和方程(7)都可以或都不可以用平方根求解。此外,我们还可以结合七边形的几何构造把 x 表示出来。因为如果考虑复平面上的单位圆,就很容易看出下述关系是显而易见的。如果把正七边形的圆心角记作 $\varphi=\frac{2\pi}{7}$,记住 $z=\cos\varphi+\mathrm{i}\sin\varphi$

和 $\frac{1}{z}=\cos\varphi-\mathrm{i}\sin\varphi$ 是七边形的最接

近于 $x=1$ 的两个顶点,那么 $x=z+$

$\frac{1}{z}=2\cos\varphi$(图 3.6)。因此知道 x 就

立刻可以作出正七边形。

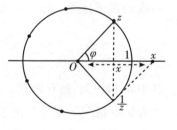

图 3.6

　　现在我们必须证明三次方程(7)

不能用平方根来解。这个证明分成算

术证明和代数证明两部分。我们第一步先证明方程(7)不可约,即其左边不能被分成系数为有理数的两个因子。如果这个方程可以约化,那么其左边必有一个带有理系数的线性因子,因而必有一个有理数 $\frac{p}{q}$(其中 p 和 q 是没有公因子的整数),使它为 0。即

$$p^3 + p^2 q - 2pq^2 - q^3 = 0 。$$

因此 p^3 可被 q 整除,从而 p 就可以被 q 整除。同理,q^3 及 q 也必可被 p 整除。因此,$p = \pm q$,从而方程(7)必有根 $x = \pm 1$。但检验结果并不如此。

证明的第二部分就是要证明带有理系数的、不可约的三次方程不能用平方根来解。这本质上是代数性质的证法,但是由于它和算术证法有联系,我就在这里给出。让我们用正面断定的方式来说。如果带有理系数 A,B,C 的一个三次方程

$$f(x) = x^3 + Ax^2 + Bx + C = 0 \qquad (8)$$

能够用平方根来解,那么这个方程必有一个有理根,即为可约。因为存在有理根 α,等价于 $f(x)$ 存在有理因式 $x - \alpha$,因而可约。最重要的是:在给出这个证明之前,需要把一切可以用平方根来构成的式子分类。更精确地讲,是把一切可以用有限个平方根和有限个有理数构成的式子分类。那样一个数的具体例子是

$$\alpha = \frac{\sqrt{a + \sqrt{b}} + \sqrt{c}}{\sqrt{d + \sqrt{e + \sqrt{f}}}},$$

其中 $a, b, \cdots, f$ 是有理数。当然我们谈的只是不能用有理数开出的平方根的情况。至于其他的一切平方根,则必须简化。那样的每一个表示式都是若干平方根的有理函数。我们的例子中有 3 个平方根。我们先考虑那种单独的平方根,不过它的被开方数可以具有要多复杂就多复杂的形式。其"阶"是指其中出现的层层相叠的根号的最大个数。在上一个例子中,α 的分子中分别有二阶和一阶根式,而分母的根式为三阶。

就一般的平方根表示式而言,我们考虑刚刚讨论过的各个"简单平方根表示式的阶数",一般的平方根表示式就是由它们经有理运算

而得到的,其最大阶 μ 就称为这个表达式的阶数。在我们所举的例子中,$\mu=3$,然而可能出现阶数同为 μ 的 n 个简单平方根表示式,所以它的第二个特征就是 μ 阶项的"项数",可以记作 n。这个项数可以看作是非常确定的,以致 n 个阶为 μ 的简单表示式中,没有一个可以用阶数等于或小于 μ 的其他简单表示式来有理表示。例如,阶为 1 的表示式

$$\sqrt{2}+\sqrt{3}+\sqrt{6},$$

其项数是 2 而不是 3,因为 $\sqrt{6}=\sqrt{2}\cdot\sqrt{3}$。对于上面给出的例子 α,$n=1$。

这样,我们在每一个平方根表示式上加上了两个有理数 μ,n,我们用符号 (μ,n) 把它们结合起来,称为平方根表示式的"特征"或"秩"。并且规定,当两个平方根表示式的阶不同时,阶数低的表示式,其秩也低;当阶相同时,秩的高低由项数的多少来决定。

现在假定三次方程(8)的根 x_1 可以用平方根表示,说得清楚一点,可以用秩为 (μ,n) 的表示式来表示。选取阶为 μ 的 n 项之一 $\sqrt{R}$,令 x 记作

$$x_1=\frac{\alpha+\beta\sqrt{R}}{\gamma+\delta\sqrt{R}},$$

其中 α,β,γ,δ 至多含有 $(n-1)$ 个 μ 阶的项,R 的阶为 $\mu-1$。这里,$\gamma-\delta\sqrt{R}$ 当然不等于 0,因为 $\gamma-\delta\sqrt{R}=0$ 不是 $\delta=\gamma=0$(这是不可能的)就是 $\sqrt{R}=\gamma:\delta$,即 $\sqrt{R}$ 可借助于出现在 x 中的其他 $(n-1)$ 个 μ 阶项来作有理表示,因而 $\sqrt{R}$ 是多余的。把分子、分母乘以 $\gamma-\delta\sqrt{R}$,得

$$x_1=\frac{(\alpha+\beta\sqrt{R})(\gamma-\delta\sqrt{R})}{\gamma^2-\delta^2\cdot R}=P+Q\sqrt{R},$$

其中 P,Q 是 α,β,γ,δ 的有理函数,即至多含有 $(n-1)$ 个 μ 阶项,此

外,其他项的阶数只能是 $\mu-1$,所以它们至多有秩$(\mu,n-1)$。把(8)式中的这个 x 值代入,得

$$f(x_1)=(P+Q\sqrt{R})^3+A(P+Q\sqrt{R})^2$$
$$+B(P+Q\sqrt{R})+C=0。$$

去掉括号,得一关系,形如

$$f(x_1)=M+N\sqrt{R}=0,$$

其中 M,N 是 P,Q,R 中的多项式,即 $\alpha,\beta,\gamma,\delta,R$ 的有理函数。如果 $N\neq0$,我们就应有 $\sqrt{R}=-\dfrac{M}{N}$,即 $\sqrt{R}$ 可用 $\alpha,\beta,\gamma,\delta,R$,即用其他$(n-1)$ 个 μ 阶项及低阶的其他项作有理表示。但根据假设,这是不可能的,正如上面所指出的。因而必然得出 $N=0$,因而 $M=0$。由此可以得出结论

$$x_2=P-Q\sqrt{R}$$

也是三次方程(8)的一个根,因为同前面的方程一比较,立刻可以得出

$$f(x_2)=M-N\sqrt{R}=0。$$

现在这个证明可以很简单地、令人吃惊地结束,如果 x_3 是上述三次方程的第三个根,则得

$$x_1+x_2+x_3=-A,$$

因而

$$x_3=-A-(x_1+x_2)=-A-2P$$

与 P 同秩,从而秩低于 x_1。

如果 x_3 本身是有理的,那么我们的定理就得到了证明;如果本身不是,那么我们就可以把它当作同样的一系列推理的出发点。所

以其他的根之秩均更高只是一个幻想，特别来说，其中的一个根，其秩确实应低于 x_3 之秩。如果我们在各个根之间翻来覆去地这样做，那么每一次总是看到秩确实比我们想得更低，因而最终不得不得出阶数 $\mu=0$ 的根。这表明三次方程中存在着一个有理根。我们不能再这样做下去了。因此，其他的两个根或本身是有理的，或者可以写为 $P=Q\sqrt{R}$，其中 P,Q,R 为有理数。由此表明，$f(x)$ 可分成一个二次因子和一个一次有理因子，因而是可约的。每一个不可约的三次方程，特别是我们所讨论的正七边形方程，是不可能用平方根求解的。因而证毕：正七边形不能用尺规作图。

你们看，这个证明的推导是多么简单、多么一目了然，它所需要的预备知识又是多么少。尽管如此，某些步骤，特别是对于平方根表示式分类的解释，要求有一定程度的数学抽象能力。这个证明是否简单得足以说服上述的数学门外汉，使他们认识到打算用初等几何来证明是徒劳无功的，我不敢冒昧断定。不过对于那样的人，我们应该慢慢地把证明解释清楚。

在结束的时候，我要提一些有关正多边形问题的文献，并连带提一下这里已涉及的一般几何作图问题上的文献。首先又要提到韦伯和韦尔施泰因的书（第 18 版第 1 卷，第 17、第 18 两节）。其次请允许我提到我在 1895 年为哥廷根大学教师的一次集会而准备的纪念性小册子《几何学问题选讲》(*Festschrift Vorträge über ausgewählte Fragen der Elementargeometrie*)①。要了解更为详尽的内容，还可以提一下意大利博洛尼亚市 F. 恩里克斯(Enriques)编的《初等几何

---

① F. 塔格特(F. Tägert)整理，莱比锡，1895 年。此书有比曼(Beman)及史密斯(Smith)合译的英译本，名为《著名的几何问题》，吉恩(Ginn)出版公司，后由斯特切特(Stechert)于纽约重印。

问题》(*Fragen der Elementargeometrie*)[①]，此书有德文译本，你们可以从中找到一切有关问题的资料，以代替我那本已绝版的小册子。

现在我就结束数论的讨论，把最后一点——π 的超越性——留到这个课程的结尾来谈，下一章就转到数的概念的最后扩张上去。

---

①   由 H. 弗莱舍尔(H. Fleischer)译成德文，莱比锡，1907 年(第二版，1923 年)。请参阅德文第二部分"Die geometrischen Aufgaben, ihre Lösung und Lösbarkeit"。还可参阅 J. W. A. 扬的专题论文:《现代数学中的问题》。

第四章　复　数

4.1　通常的复数

让我以介绍某些历史事实作为开端。据说第一个用虚数的人是卡尔达诺(G. Cardano)，实际上是他在 1545 年解三次方程时偶然用到的。至于后来的发展情况，就像负数的情况一样，它之所以进入算术计算，开始并未得到一致赞同，甚至是违反个别数学家的意愿的；只是随着它被证明为有用，才逐渐获得了越来越广泛的使用。同时，数学家也对它并不完全满意。长期以来，虚数保持着某种神秘的色彩，正如今天每一个学生第一次听到奇怪的 $i = \sqrt{-1}$ 时一样。我可以举出莱布尼茨 1702 年说的一句很重要的话作为证据。莱氏说："虚数是圣灵的完美而奇妙的避难所，也差不多是介于存在和不存在之间的两栖类。"18 世纪时，有关的概念还远没有澄清，尽管欧拉首先认识到了虚数对于函数论的根本意义。1748 年，欧拉建立了下述奇妙的关系：

$$e^{ix} = \cos x + i \sin x.$$

借此我们认识了初等分析中出现的种种函数之间的关系。到了 19 世纪，才最终对复数的性质有了清楚地理解。这里首先必须强调指出对复数所作的几何解释，因为大约在 19 世纪末，各种研究者都被引到这条路上来了。我只消提一个人的名字就可以了,这就是高斯。高斯无疑是对这件事的本质有最深入了解,并对公众产生过最持久影响的人。上面提到过他的日记毋庸置疑地证明,他在 1797 年已经完全掌握了这个解释,尽管很久以后才发表。19 世纪的第二个成就是为复数创立了纯形式的基础,使复数的讨论依赖于实数。这是 19 世纪 30 年代英国数学家首创的,这里略去细节不谈,不过你们可以在前面提到过的汉克尔的书中找到详细材料。

现在我来解释前面讲的两个最常用的基本方法。我们先站在纯形式的立场上来谈,把各个运算规则之间的相容性,而不是把对象本身的意义作为概念正确性的保证。据此观点,复数的引入,采取下述方式,完全排除了神秘的味道。

(1) 复数 $x+\mathrm{i}y$ 是 x,y 这两个实数的结合,即一个数对。关于这些数对,作以下的规定。

(2) 两个复数 $x+\mathrm{i}y, x'+\mathrm{i}y'$ 在 $x=x', y=y'$ 时称为相等。

(3) 加法和减法根据下列关系来定义

$$(x+\mathrm{i}y)\pm(x'+\mathrm{i}y')=(x\pm x')+\mathrm{i}(y\pm y').$$

一切加法规则由此导出,这是不难证实的。只有单调律按其原来的形式失去了有效性,因为复数本质上不像自然数和实数可以按其大小而有次序关系。为了简明扼要,我不讨论单调律的修正形式。

(4) 我们约定:除了始终认为 $\mathrm{i}^2=-1$ 以外,复数的乘法运算就像一般字母运算一样。特别约定

$$(x+\mathrm{i}y)(x'+\mathrm{i}y')=(xx'-yy')+\mathrm{i}(xy'+x'y).$$

由此显而易见,一切乘法法则皆成立,只有单调律不加考虑。

(5) 除法定义为乘法之逆,特别是不难证实

$$\frac{1}{x+\mathrm{i}y}=\frac{x}{x^2+y^2}-\mathrm{i}\frac{y}{x^2+y^2}$$

除了对于 $x=y=0$ 以外,这个数永远存在,即像在实数域内一样,不允许用零作除数。

由此可见,复数运算不会导致矛盾,因为复数运算仅只依赖于实数及已知的实数运算。我们在这里假定这些运算都不包含矛盾。

除了这种纯形式的解释以外,我们当然更愿意对复数及复数运算作出几何解释,或作出更看得见的解释,使我们能用图形看到运算法则相容性基础。常用的几何解释就提供了这样的基础。正如你们都已了解,也正如我们已提到过的那样,几何解释用平面上 x-y 坐标系的点$(x,$ $y)$代表复数 $z=x+iy$。相应的两个数 z 与 a 的和可用熟知的平行四边形法则求出,即用这两个点和原点 O 作平行四边形,而乘积 $z \cdot a$ 则可在线段 Oz 上作一相似于 $aO1$ 的三角形求得,其中 1 是一个点$(x=1, y=0)$(图 4.1)。简言之,加法 $z'=z+a$ 用平面本身的平移来表示。乘法 $z'=z \cdot a$ 用相似变换来表示,即使

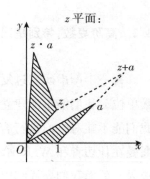

图 4.1

原点保持固定,作一旋转和延伸。平面上的点代表复数,从点的排列上可以立即看出,这里是什么代替了实数的单调律。我希望这些解释已足以使你们清楚地回忆起学过的内容。

最后,我必须提请你们注意对复数的几何解释在高斯研究中所占的突出地位,因为复数的这个基础正是由于几何解释才得到了充分的强调。而复数的普遍重要性也正是由此而第一次被表现了出来。1831 年,这个研究使高斯进入了这个理论,特别是整复数 $a+ib$(其中 a, b 是实的整数)的理论领域,他对于这种新数发展了通常数论中有关质因数、二次剩余、双二次剩余等定理。数论的这种推广,

我们曾结合费马定理的讨论提到过。在他自己写的那篇文章摘要中[①],高斯曾就他所谓的虚数的真义表达过意见。对于他来说,复数运算的正确性,是由人们赋予它及其运算的几何解释,才得到证实的。因此,他所采取的立场绝不是形式的立场。高斯的这些写得很漂亮的长篇文章是非常值得一读的。我在这里再提一句,高斯使用了更清楚的"复数"一词以代替"虚数",复数这个名词从此以后就被采用了。

4.2 高阶复数,特别是四元数

每一个严肃研究过复数的人都会想到要问:复数中带有一个虚数单位 i,我们能不能建立带有一个以上的"单位"的更高阶的复数?我们能不能对它们进行合于逻辑的运算?大约在 1840 年,H. 格拉斯曼在什切青和 W. R. 哈密顿在都柏林各自独立地取得了这方面的成果。后面我们要详细探讨哈密顿的发明——四元数的演算。现在让我们来看一般问题。

我们可以把一般的复数 $x+iy$ 看作是线性组合

$$x \cdot 1 + y \cdot i。$$

它是由两个不同的单位数 1 和 i 通过实参数 x 和 y 组成的。同样地,现在让我们想象有任意 n 个不同的单位数 $e_1, e_2, \cdots, e_n$ 组成,并把它们的一切组合 $x = x_1 e_1 + x_2 e_2 + \cdots + x_n e_n$ 称为带有 n 个任意实数 $x_1, x_2, \cdots, x_n$ 的高阶复数系。如果给出两个这样的数,一个是上面定义的 x,还有

$$y = y_1 e_1 + y_2 e_2 + \cdots + y_n e_n,$$

那么几乎是显而易见地，当且仅当各个单位数的系数（即该数的诸"分量"）一一相等时，

$$x_1 = y_1, x_2 = y_2, \cdots, x_n = y_n,$$

我们才称这两个数相等。其加减运算简单地归纳为其中系数的加减运算

$$x \pm y = (x_1 \pm y_1) e_1 + (x_2 \pm y_2) e_2 + \cdots + (x_n \pm y_n) e_n,$$

这也同样地明显。

就乘法的情况来说，事情就比较困难，也比较有趣了。首先我们从字母相乘的一般规则谈起，即把 x 中的每一个 i 项乘上 y 中的每一个 k 项（$i,k=1,2,\cdots,n$）。由此给出

$$x \cdot y = \sum_{(i,k=1,2,\cdots,n)} x_i y_k e_i e_k。$$

为了使这个式子成为我们所说的数系中的一个数，必须有一个规则能把乘积 $e_i \cdot e_k$ 表示为此系中的复数，即表示为单位数的线性组合，因而必须有 n^2 个方程如下：

$$e_i e_k = \sum_{(l=1,\cdots,n)} c_{ikl} \cdot e_l \quad (i,k=1,\cdots,n)。$$

这样就可以说，数

$$x \cdot y = \sum_{(l=1,\cdots,n)} \left\{ \sum_{(i,k=1,\cdots,n)} x_i y_k c_{ikl} \right\} e_l$$

将永远属于我们所说的复数系统。各个特定的复数系统，都是由确定这个乘法规则的方法，即根据系数 c_{ikl} 的表来刻画。

如果把除法定义为乘法之逆运算，那么在这样的一般定义之下，就会发现除法并不一定是唯一可能的，即使除数不等于零。因为要

确定 $x \cdot y = z$ 中的 y，就须对 n 个未知的 $y_1, \cdots, y_n$ 解 n 个线性方程 $\sum_{(i,k)} x_i y_k C_{ikl} = z_l$；如果行列式正好是等于零，那么结果或者无解，或者有无限多个解。而且所有的 z_l 可能是 0，即使并非所有的 x_i 或所有的 y_k 等于零，即两个数的乘积可以等于 0 而因子却都不等于 0。只有巧妙地特别选择系数 C_{ikl}，才能使之与通常的数的行为一致。确实，仔细研究一下就可以了解，当 $n > 2$ 时，为了达到这一点，我们必须牺牲某一个运算规则。在这种情况下，我们选择一个看来不那么重要的规则，作为不能被满足的规则。

在作了这些一般性的说明以后，我们以四元数作为一个例子来详细加以讨论。因为四元数在物理和数学中皆有应用，所以它是最重要的高阶复数系统。正如术语名称所表示的，它是四项数($n = 4$)；它包括三维向量作为一个子类，三维向量今天已得到普遍了解，有时在中学里也加以讨论。

在我们用来构造四元数的 4 个单位数中，我们将选实数单位 1 作为第一个(像普通复数的情况一样)。其他 3 个单位像哈密顿一样通常记作 i,j,k，所以四元数一般记作

$$p = d + ia + jb + kc,$$

其中 a,b,c,d 是作为四元数系数的实参数。它的第一个分量，即乘以 1 的分量，对应于一般复数的实数部分，我们称之为四元数的“标量部分”，把其他 3 项的组合 $ai + bj + ck$ 称为“向量部分”。

四元数的加法可以从前述一般原则推出。我将对此提出一个显而易见的几何解释，这个解释来自你们已熟悉的对向量的解释。想象有一线段对应于 p 的向量部分，它在坐标轴上的投影为 a,b,c，再想象其上有一个等于标量部分的重量。于是 p 和 $p' = d' + ia' + jb' + kc'$ 相加，首先根据熟知的向量相加的平行四边形法则，作出两

个向量的合向量(图 4.2),再在其上加一个重量等于原来两重量之和,这样做实际上就表示了四元数

$$p+p'=(d+d')+\mathrm{i}(a+a')+\mathrm{j}(b+b')+\mathrm{k}(c+c')。\qquad(1)$$

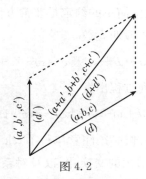

图 4.2

当转到乘法的时候就第一次接触到四元数的特殊性质了。正如一般情况下所见到的那样,这些性质必包含在有关单位数乘积的约定中。首先我要提出 16 个四元数,按哈密顿规定,它们是那 4 个单位两两相乘的乘积。如符号所示,我们把第一个单位数 1 当作实数 1 来运算,所以

$$1^2=1, \mathrm{i}\cdot 1=1\cdot\mathrm{i}=\mathrm{i},$$
$$\mathrm{j}\cdot 1=1\cdot\mathrm{j}=\mathrm{j}, \mathrm{k}\cdot 1=1\cdot\mathrm{k}=\mathrm{k}。\qquad(2\mathrm{a})$$

然后我们规定,其他单位数的平方均为−1,这就是本质上新的东西

$$\mathrm{i}^2=\mathrm{j}^2=\mathrm{k}^2=-1。\qquad(2\mathrm{b})$$

对于其二元乘积则规定

$$\mathrm{jk}=+\mathrm{i}, \mathrm{ki}=+\mathrm{j}, \mathrm{ij}=+\mathrm{k},\qquad(2\mathrm{c})$$

而对于因子的换位则规定

$$\mathrm{kj}=-\mathrm{i}, \mathrm{ik}=-\mathrm{j}, \mathrm{ji}=-\mathrm{k}。\qquad(2\mathrm{d})$$

这里我们看到一个令人惊讶的情况:不服从乘法的交换律。这是四

元数的不便之点,但我们必须接受它,才能保持除法的唯一性,并使仅当因子之一为零时乘积才为零的定理成立。我们立刻可以看到,不仅这个定理成立,而且一切加法和乘法法则除了一个例外,都仍然成立。换一句话说,这些简单的约定是非常方便的权宜办法。

我们先作出两个一般四元数

$$p = d + ia + jb + kc \text{ 及 } q = w + ix + jy + kz$$

的乘积。让我们从下列方程出发

$$q' = p \cdot q = (d + ia + jb + kc) \cdot (w + ix + jy + kz),$$

并且逐项相乘。乘的时候必须注意单位 i, j, k 的顺序。我们必须遵循对系数 a, b, c, d 的乘积的交换律,以及对系数和单位 1 乘积的交换律。必须根据乘法表代入单位的乘积,然后再合并有相同单位的同类项。于是我们有

$$
\left.
\begin{aligned}
q' = p \cdot q = w' + ix' + jy' + kz' &= (dw - ax - by - cz) \\
&+ i(aw + dx \underline{+ bz - cy}) \\
&+ j(bw + dy \underline{+ cx - az}) \\
&+ k(cw + dz \underline{+ ay - bx}).
\end{aligned}
\right\} \tag{3}
$$

于是,四元数乘积的分量,就简单地确定为两个因式分量的双线性组合。如果倒置因数的顺序,那么画有下划线的 6 项就会改变符号,因此 $q \cdot p$ 一般不同于 $p \cdot q$,而且区别也不像单位的乘积那样只是符号的改变。虽然交换律对乘法不成立,但分配律和结合律仍然成立。因为如果形式上相乘而不代以单位数的乘积,一方面定 $p(q + q_1)$,另一方面定 $pq + pq_1$,那么必然得到相同的结果,以后用乘法表代入乘积也不会有变化。再进一步说,如果结合律对于单位数相乘成立的话,那么对于一般四元数也成立。

但是正如下例所表明的,从乘法表立刻得出

$$(ij)k=i(jk)。$$

实际上,我们有

$$(ij)k=k \cdot k=-1,$$

及

$$i(jk)=i \cdot i=-1。$$

下面来讨论除法。我们只需表明,对于每一个四元数 $p=d+ia+jb+kc$,存在着另一个确定的四元数 q,使

$$p \cdot q=1。$$

我们可以把 q 记作 $\frac{1}{p}$。正如我们下面所表明的,一般的除法可以容易地划归为这个特例。为了确定 q,让我们在方程(3)中设

$$q'=1=1+0 \cdot i+0 \cdot j+0 \cdot k,$$

使系数分别相等,对于 q 中的未知系数 x,y,z,w,求得下列 4 个方程

$$dw-ax-by-cz=1,$$
$$aw+dx-cy+bz=0,$$
$$bw+cx+dy-az=0,$$
$$cw-bx+ay+dz=0。$$

正如大家所熟知的,这样一组方程的可解性取决于它的行列式,而这个行列式是斜对称行列式,其中主对角线的一切元素相同,而关于对角线成对称位置的各对元素,绝对值都相等而符号相反。根据行列式理论,这样的行列式是很容易计算的。我们得

$$\begin{vmatrix} d & -a & -b & -c \\ a & d & -c & b \\ b & c & d & -a \\ c & -b & a & d \end{vmatrix} = (a^2+b^2+c^2+d^2)^2。$$

通过直接计算,这个结果不难证实。哈密顿的约定真正漂亮的地方,就是这个结果,即这个行列式是 p 的 4 个系数平方和之乘方。因而由此得出,除非 $a=b=c=d=0$,这个行列式永远不同于 0。除了这个不言而喻的例外($p=0$),上述方程组都有唯一解,所以非 0 四元数的倒数是唯一确定的。

量

$$T=\sqrt{a^2+b^2+c^2+d^2}$$

在这个理论中起着重要作用,称为 p 的张量[①]。不难证明,上述方程组的唯一解是

$$x=-\frac{a}{T^2},y=-\frac{b}{T^2},z=-\frac{c}{T^2},w=\frac{d}{T^2},$$

从而最后结果为

$$\frac{1}{p}=\frac{1}{d+\mathrm{i}a+\mathrm{j}b+\mathrm{k}c}=\frac{d-\mathrm{i}a-\mathrm{j}b-\mathrm{k}c}{a^2+b^2+c^2+d^2}。$$

如果我们像在普通复数中一样引入 p 的共轭值:

$$\overline{p}=d-\mathrm{i}a-\mathrm{j}b-\mathrm{k}c,$$

那么我们可以把上面的公式记作

$$\frac{1}{p}=\frac{\overline{p}}{T^2},$$

或

$$p \cdot \overline{p}=T^2=a^2+b^2+c^2+d^2。$$

这些公式是普通复数的某些性质的直接推广。既然 p 也是共轭于 $\overline{p}$

---

①   作者在此处对"张量"一词的使用,不同于一般意义,详见本书第二卷第二十章 20.4。——中译者

的数,则也可得出

$$\bar{p} \cdot p = T^2,$$

所以在这一个特例中交换律成立。

现在除法的一般问题也就可以解决了。因为方程

$$p \cdot q = q'$$

如用 $\dfrac{1}{p}$ 来乘,得

$$q = \frac{1}{p} \cdot q' = \frac{\bar{p}}{T^2} \cdot q',$$

而改变因子的顺序所得到的方程

$$q \cdot p = q'$$

的解,则是

$$q = q' \cdot \frac{1}{p} = q' \cdot \frac{\bar{p}}{T^2}。$$

这个解一般不同于前一个解。

现在我们必须问:对这些四元数的运算及其运算法有没有几何解释,使它们出现得很自然? 为了作出回答,我们从两个因数都可以简化为简单向量的特例出发,即从标量部分 w, d 为零的特例出发。因而用于乘法的公式(3)变成

$$
\begin{aligned}
q' = p \cdot q &= (\mathrm{i}a + \mathrm{j}b + \mathrm{k}c)(\mathrm{i}x + \mathrm{j}y + \mathrm{k}z) \\
&= -(ax + by + cz) + \mathrm{i}(bz - cy) + \mathrm{j}(cx - az) \\
&\quad + \mathrm{k}(ay - bx),
\end{aligned}
$$

即当两个四元数各简化为一个向量时,它们的乘积由一个标量部分和一个向量部分构成。这两个部分就不难同现在使用的各种向量乘

法联系起来。向量运算的概念比四元数运算用的广得多,应追溯到格拉斯曼。但"向量"这个词是英语中来的。与上述乘积相关联的有两种向量的乘法:其一,现在多半称作内积(或标量积)$ax+by+cz$(即除符号以外为上述四元数乘积的标量部分);其二称为外积(或向量积)$i(bz-cy)+j(cx-az)+k(ay-bx)$(即四元数乘积的向量部分)。下面我们分别对每个部分作出几何解释。

让我们用从原点 O 出发的两条线段表示两个向量 (a,b,c) 及 (x,y,z)(图 4.3)。它们相应地以 (a,b,c) 及 (x,y,z) 作为终点,具有长度 $l=\sqrt{a^2+b^2+c^2}$ 及 $l'=\sqrt{x^2+y^2+z^2}$。如果 φ 是这两线段之间的角,那么众所周知,无须我在这里再多讲,由解析几何公式,其内积为

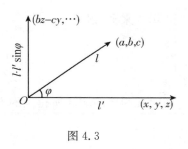

图 4.3

$$ax+by+cz=l\cdot l'\cdot\cos\varphi;$$

其外积本身为一向量,这个向量很容易看出垂直于 l 及 l' 所在的平面,具有长度 $l\cdot l'\cdot\sin\varphi$。

现在最重要的是确定外积向量的指向,即向着 l 及 l' 所在平面上的哪一侧画出这个向量。根据所选择的坐标系,这个指向是不同的。正如你们所知道的,可以选择不是全等的两个直角坐标系,即将 y 轴及 z 轴固定,倒转 x 轴的指向才能互相叠合的直角坐标系。[①] 这样,两个坐标系就互为对称,如图 4.4 中的右手和左手。关于两者之间的区别,可记住以下规则:在一个坐标系中,x,y,z 轴相当于右手

———————

① 英译文作倒转 x 轴也不能叠合,是不对的。——审订者

向前伸着的拇指、食指、中指;在另一个坐标系中,相当于左手向前伸着的拇指、食指、中指。在文献中,这两个坐标系搞得很乱,因为各个国家、各个行业、各个作者,甚至同一个作者习惯都不同。现在让我们来看一个最简单的例子,其中 $p=\mathrm{i}$,$q=\mathrm{j}$,令其为 x 轴和 y 轴上画出的单位长度。既然 $\mathrm{i}\cdot\mathrm{j}=\mathrm{k}$,则向量的外积为 z 轴上画出的单位长度(图 4.5)。现在可以把 i 和 j 连续地转换为两个任意向量 p 和 q,于是 k 不经过零而连续地转换为 $p\cdot q$ 的向量部分。因而第一个向量、第二个向量及向量乘积之间的相对关系,相当于右手(图 4.4 上)或左手(图 4.4 下)坐标系中的 x 轴、y 轴、z 轴[1],因所选择的坐标系而异(德国的习惯如图 4.5 所示)。

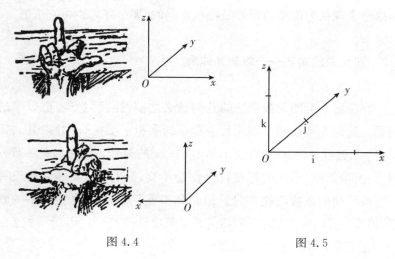

图 4.4   图 4.5

最后,我想对争论很多的向量分析记号问题补充几句话。用于向量运算的符号很多很多,各不相同,至今不能提出一个能被普遍接

---

[1] 用图 4.4 说明问题似更为恰当,英译本用图 4.5(右手)、图 4.3(左手)。——编者

受的记号。为此,1903 年在卡塞尔举行的自然科学家大会上,建立
了一个委员会。但是委员会成员之间甚至不能互相完全了解。尽管
他们的用心都是好的,但是各个成员都不肯完全俯就他人的意见,以
致最后又搞出了三四个新的记号! 我在这些事情上的经验使我倾向
于认为,只有在重大的物质利益的要求下才能达成一致意见。例如
电工学上的伏特、安培、欧姆之类统一的度量单位,是到了 1881 年才
被一致采纳的,后来又以公共立法的形式固定下来。究其原因,就是
由于有了那种压力,因为工业上迫切需要那种统一作为一切计算的
基础。但是向量运算的背后却不存在那种强烈的物质利益,至少目
前还是这样,因而我们只好让数学家各抱一个他认为最方便的记号,
如果他主观认为他用的符号是唯一正确的,那么好坏也由它去吧。

4.3　四元数的乘法——旋转和伸展

　　在考虑一般四元数乘法的几何意义之前,让我们先考虑以下的
问题。我们来考虑两个四元数 p 和 q 的乘积 $q'=p \cdot q$,并以其共轭
$\bar{p}$ 和 $\bar{q}$ 来替代 p 和 q,即改变 a,b,c,x,y,z 的符号。因而如上一节方
程(3)所给出的,乘积的标量部分保持不变,只有 i,j,k 的那些没有
下划线的项的系数改变符号。但是如果我们颠倒因数 $\bar{p}$ 和 $\bar{q}$ 的顺
序,那么 i,j,k 的下方有下划线的系数就会改变符号。因而乘积 $\overline{q'}=$
$\bar{q} \cdot \bar{p}$ 正好是原乘积 q' 的共轭,得

$$q'=p \cdot q, \overline{q'}=\bar{q} \cdot \bar{p},$$

其中 $\overline{q'}$ 是 q' 的共轭。把这两个方程相乘,得

$$q' \cdot \overline{q'}=p \cdot q \cdot \bar{q} \cdot \bar{p}。$$

在这个方程中,因数的顺序是重要的,因为交换律不成立。不过可以

应用结合律，记作

$$q' \cdot \overline{q'} = p \cdot (q \cdot \overline{q}) \cdot \overline{p}。$$

因按上一节方程得

$$q \cdot \overline{q} = x^2 + y^2 + z^2 + w^2,$$

故可记作

$$w'^2 + x'^2 + y'^2 + z'^2 = p(w^2 + x^2 + y^2 + z^2)\overline{p}。$$

右边中间的因数是一个标量，而对于四元数乘以标量交换律成立，由于 $M \cdot p = Md + \mathrm{i}(Ma) + \mathrm{j}(Mb) + \mathrm{k}(Mc) = pM$，因而有

$$w'^2 + x'^2 + y'^2 + z'^2 = p\,\overline{p}(w^2 + x^2 + y^2 + z^2)。$$

又因 $p \cdot \overline{p}$ 是 p 的张量的平方，我们有

$$\begin{aligned} & w'^2 + x'^2 + y'^2 + z'^2 \\ & = (d^2 + a^2 + b^2 + c^2)(w^2 + x^2 + y^2 + z^2), \end{aligned} \qquad (\text{I})$$

即两个四元数乘积的张量等于其因数张量的乘积[①]。这个公式也可以从上一节给出的乘积公式中取 w', x', y', z' 的值通过直接运算求得。

现在我们把一个四元数表示为连接四维空间的原点和点 (x, y, z, w) 的一个线段，方式与三维空间的向量表示完全相同。我当大学生的时候利用四维空间时是感到惴惴不安的，因为当时习惯如此，现在不再必要了。你们大家都完全清楚其中没有玄学的意义，因为高维空间不过是一种方便的数学表示，使我们能利用与真实空间表示

---

① 这个公式的一切要点，见拉格朗日（L. Lagrange）的著作。

的相类似的术语罢了。如果我们把 p 看作是一个常数,即把 a,b,c,d 看作是常数,那么四元数方程

$$q' = p \cdot q$$

就表示四维空间点(x,y,z,w)到另一点(x',y',z',w')的某一线性变换,因为这个方程使每一个四维向量 q 线性地变为另一个向量 q'。这个变换的显式方程,即作为 x,y,z,w 线性函数的 x',y',z',w' 的表示式,可以从与前一节乘积公式(3)比较系数而求得。张量方程(Ⅰ)表明,任一点与原点的距离$\sqrt{x^2+y^2+z^2+w^2}$,对于空间上的一切点,都是乘以相同的常数因子 $T=\sqrt{a^2+b^2+c^2+d^2}$。最后,根据前一节所述的行列式的计算结果,这种线性变换的行列式显然是正确的。

三维空间的解析几何说明,如果坐标 x,y,z 的线性变换是正交的(即如果它把式 $x^2+y^2+z^2$ 仍变为本身),并且如果变换的行列式是正的,那么变换所表示的是围绕原点的旋转。反过来,任何旋转都可以用这种方式求得。但是如果线性变换把 $x^2+y^2+z^2$ 变成乘以常数因子 T^2 的 x',y',z' 的类似的式子,如果行列式是正的,那么变换所表示的就不但是围绕原点的旋转,而且附加一个关于原点按比例 T 所作的伸展,或简单地称为旋转与伸展。

刚才提到的三维空间的情况,可以推广到四维空间。我们这种四维空间的变换,在完全相同的意义下表示绕原点的旋转及伸展。不过很容易看出,在这种情况下所求得的,不是最一般的绕原点的旋转和伸展,因为这个变换只包含 4 个任意常数,即 p 的系数 a,b,c,d。但我们马上要说明,围绕四维空间 R_4 原点的最一般的旋转和伸展,包含 7 个任意常数。的确,为了使一般线性变换成为旋转和伸展,必须有

$$x'^2+y'^2+z'^2+w'^2=T^2(x^2+y^2+z^2+w^2)。$$

如果我们用 x,y,z,w 的线性整函数来代替 x',y',z',w',那么就得到一个具有 4 个变量的二次型,其中含有 $\frac{4\times5}{2}=10$ 项。使系数相等的结果,得 10 个方程式。由于 T 仍然是任意的,所以 16 个系数中只有 9 个方程,剩下 7 个任意常数。

值得指出的是,尽管如此,最一般的旋转和伸展仍可以通过四元数的乘法求得。令 $\pi=\delta+i\alpha+j\beta+k\gamma$ 为另一个常四元数。这样就可以像刚才一样证明,与前一个变换仅只顺序不同的变换 $q'=q\cdot\pi$,可表示 R_4 的一个旋转和伸展。因而复合变换

$$q'=p\cdot q\cdot\pi$$
$$=(d+ia+jb+kc)\cdot q\cdot(\delta+i\alpha+j\beta+k\gamma) \qquad (\text{II})$$

也表示一旋转和伸展。这一变换仅包含 7 个(不是 8 个)任意常数。因为如果把 a,b,c,d 乘以任何实数,把 $\alpha,\beta,\gamma,\delta$ 除以同样的数,那么这个变换仍然不变。因而这个组合变换很可能表示着四维空间的最一般旋转和伸展。凯莱(Cayley)证明了这个漂亮的结果确实是对的。我只想提一下这个历史事实,以免讲得太琐碎。这个公式出现在 1854 年凯莱所写的文章《二阶曲面到自身的等画自变换》以及他的其他某些文章中。

凯莱的这个公式有一个很大的好处,就是能使我们立刻理解两个旋转和伸展的组合。例如,若根据下列方程给出第二个旋转和伸展

$$q''=w''+ix''+jy''+kz''=p'\cdot q'\cdot\pi',$$

其中 p' 和 π' 是已知的新的四元数,则根据(II)得

$$q'' = p' \cdot (p \cdot q \cdot \pi) \cdot \pi' 。$$

由此据结合律,得

$$q'' = (p' \cdot p) \cdot q \cdot (\pi \cdot \pi') ,$$

或

$$q'' = \gamma \cdot q \cdot \rho ,$$

其中 $\gamma = p' \cdot p$ 和 $\rho = \pi \cdot \pi'$ 是新给定的四元数。因而得一旋转和伸展式,这个式子正像过去的形式一样把 q 转换为 q''。我们看到,四元数乘积中 q 的前后乘数分别为单独的变换中 q 的对应乘数的乘积,而诸因数的顺序必须如公式所示。

这种四维表示可能看来不够令人满意,可能会希望得出一个可以用通常的三维空间来表示的东西。所以,我们将证明可以利用刚才给出的公式的一个特例,为类似的三维运算求得类似的公式。确实,四元数乘法对于一般物理和力学的重要性,正是建立在这些公式的基础上的。我说"对于一般物理和力学",是因为我不想在这里阐述前述公式可以不加修正地应用于这些学科的推广。那些推广比你们所能想象的更直接。与相对性原理相联系的电动力学的新发展,在本质上不外乎是旋转和伸展在四维空间中的合乎逻辑的应用结果。这些概念最近已由闵可夫斯基提出和推广。[①]

我们还是保持在三维空间的范围内。在三维空间中,旋转和伸展把点 (x, y, z) 变换为点 (x', y', z'),致使

$$x'^2 + y'^2 + z'^2 = M^2 (x^2 + y^2 + z^2) ,$$

---

① 自此处写成后,上述狭义相对论领域已发表了大量的文章。这里请允许我提一下我的一次讲演:"Über die geometrische Grundlagen der Lorentzgruppe",刊于 *Jahresbericht der deustchen Mathematiker-Vereinigung*,第 19 卷,第 299 页,1910 年,重印于克莱因 *Gesammelte mathematische Abhandlungen*,第 1 卷,第 533 页。

其中 M 表示每一长度伸展的比。由于从 (x, y, z) 到 (x', y', z') 的一般线性变换包含 9 个系数,上述方程的左边在代入 x', y', z' 值后成为 x, y, z 的二次型,其中包含 6 项,因此将上述方程中的系数加以比较,得出 6 个方程。如果假设 M 值为任意的,那么就减少到 5 个方程。而在线性变换中原有的 9 个系数,因为要服从于这 5 个条件,所以减少到只有 4 个是任意常数(对照前几页所述)。如果这样的线性变换有一个正行列式,那么如前几页所示,它所表示的是绕原点的空间旋转,同时以 $\frac{1}{M}$ 之比伸展。如果行列式是负的,那么变换所表示的是旋转和伸展与一个反射相复合,例如,由方程 $x = -x'$, $y = -y'$, $z = -z'$ 所定义的就是一个反射。此外可以证明,变换的行列式必取 $\pm M^3$ 两值之一。

为了用四元数来表示这些关系,让我们首先把四元变量 q 和 q' 退化为其向量部分

$$q' = \mathrm{i}x' + \mathrm{j}y' + \mathrm{k}z', \quad q = \mathrm{i}x + \mathrm{j}y + \mathrm{k}z。$$

我们把这些看作是连接原点和变换后点的位置的三维向量。我们现在要证明三维空间的一般旋转和伸展仍由公式(Ⅱ)给出,但其中 p 和 π 具有共轭值,即 $q' = p \cdot q \cdot \bar{p}$,或记为展开形式

$$\mathrm{i}x' + \mathrm{j}y' + \mathrm{k}z'$$
$$= (d + \mathrm{i}a + \mathrm{j}b + \mathrm{k}c)(\mathrm{i}x + \mathrm{j}y + \mathrm{k}z)(d - \mathrm{i}a - \mathrm{j}b - \mathrm{k}c)。 \tag{1}$$

为了证明这一点,我们必须首先说明,右边乘积的标量部分等于零,即 q' 确为向量。要做到这一点,先按四元数的乘法法则将 p, q 相乘,得

$$q' = [-ax - by - cz + \mathrm{i}(dx + bz - cy) + \mathrm{j}(dy + cx - az)$$
$$+ \mathrm{k}(dz + ay - bx)] \cdot (d - \mathrm{i}a - \mathrm{j}b - \mathrm{k}c)。$$

再乘另一四元数,实际计算得 q' 的标量部分为零,而对向量部分的各

分量得出表达式

$$\begin{cases} x'=(d^2+a^2-b^2-c^2)x+2(ab-cd)y+2(ac+bd)z, \\ y'=2(ba+cd)x+(d^2+b^2-c^2-a^2)y+2(bc-ad)z, \\ x'=2(ca-bd)x+2(cb+ad)y+(d^2+c^2-a^2-b^2)z。 \end{cases} \quad (2)$$

这些公式实际上代表着一个旋转和伸展,如果把(1)写作张量方程,这就很明显了。这个张量方程根据公式(Ⅰ)为

$$x'^2+y'^2+z'^2=(d^2+a^2+b^2+c^2)(x^2+y^2+z^2)(d^2+a^2+b^2+c^2),$$

或

$$x'^2+y'^2+z'^2=T^4(x^2+y^2+z^2),$$

其中 $T=\sqrt{d^2+a^2+b^2+c^2}$ 表示 p 的张量。因此,如果行列式为正,那么这个变换正是一个旋转和伸展(见前),否则就是与反射相复合的变换。无论在哪一种情况下,伸展比都是 $M=T^2$。如前面所指出的,在两个值 $\pm M^3=\pm T^6$ 中,行列式必取其一。如果我们考虑对应于同一张量值 T(显然必须不等于零)的参数 a,b,c,d 的一切可能值,考虑与这样的参数相对应的变换,那么就看到,如果对于 $a,b,c,$ d 的任何单独一组值,行列式之值为 $+T^6$ 的话,则此行列式恒取值 T^6;因为这个行列式是 a,b,c,d 的连续函数,因而它不可能不取中间值而突然由 $+T^6$ 变成 $-T^6$。使行列式为正的一组值是 $a=b=c=0,d=T$,因为据(2),a,b,c,d 这些值的行列式值为

$$\begin{vmatrix} d^2 & 0 & 0 \\ 0 & d^2 & 0 \\ 0 & 0 & d^2 \end{vmatrix} = d^6 = +T^6。$$

由此可见符号恒为正,实际上(1)式总表示一个旋转和伸展。所以不难写出把反射同旋转和伸展结合起来的变换,因为只需要把前一变换同反射 $x'=-x,y'=-y,z'=-z$ 结合起来就行了,它等价于四

元数方程 $\overrightarrow{q'}=p\cdot q\cdot\bar{p}$。

我们现在要证明,反过来,每一个旋转和伸展可以记作形式(1),或记作等价的形式(2)。首先,如前所述,这个公式包含了一般情况所必须具有的 4 个任意常数。我们可以通过对这 4 个常数的适当选择,以实际求得任何所要求的伸展比值 $M=T^2$,任何所要求的旋转轴的位置,以及任何所要求的旋转角。令 ξ,η,ζ 表示旋转轴的方向余弦,令 ω 表示旋转角。当然,我们有众所周知的关系

$$\xi^2+\eta^2+\zeta^2=1。 \tag{3}$$

现在要证明 a,b,c,d 系由方程(4)给出

$$\begin{cases} d=T\cdot\cos\dfrac{\omega}{2}, \\ a=T\cdot\xi\cdot\sin\dfrac{\omega}{2},b=T\cdot\eta\cdot\sin\dfrac{\omega}{2},c=T\cdot\zeta\cdot\sin\dfrac{\omega}{2}。 \end{cases} \tag{4}$$

根据(3)式,方程(4)显然满足条件

$$d^2+a^2+b^2+c^2=T^2。$$

在这些关系得到证明以后,显然可以对 T,ξ,η,ζ,ω 的任何给定值求得 a,b,c,d 的正确值。

为了证明关系(4),让我们首先指出,如果给定 a,b,c,d 那么就确定了量 ω,ξ,η,ζ,使(3)式得到满足。因为 T 是四元数 $p=d+\mathrm{i}a+\mathrm{j}b+\mathrm{k}c$ 的张量,所以对方程(4)平方相加,得

$$1=\cos^2\frac{\omega}{2}+\sin^2\frac{\omega}{2}(\xi^2+\eta^2+\zeta^2)。$$

因而(3)式成立。由此得出,ξ,η,ζ 完全由

$$a:b:c=\xi:\eta:\zeta \tag{4'}$$

确定,这是直接从关系(4)来的。这些方程表明点 (a,b,c) 处于变换的旋转轴上。这个事实很容易验证,令(2)中 $x=a,y=b,z=c$,即得

$$x' = (d^2 + a^2 + b^2 + c^2)a = T^2 \cdot a,$$
$$y' = (d^2 + a^2 + b^2 + c^2)b = T^2 \cdot b,$$
$$z' = (d^2 + a^2 + b^2 + c^2)c = T^2 \cdot c,$$

即点 (a,b,c) 仍然在通过原点的同一条射线上,说明它是旋转轴上的一点。还有待证明的只是由方程(4)所定义的角真正是旋转角。这个证明需要很长的讨论,不过我可以避免它,只消指出,当 $T=1$ 时的变换(2)就是欧拉对于绕一轴旋转 ω 角所给出的变换,此轴的方向余弦为 ξ, η, ζ。

最后,如果把方程(4)给出的值代入方程(1),则对于绕方向余弦为 ξ, η, ζ 的轴所作的转动角 ω 的旋转,再复合一个比为 T^2 的伸展,得出非常简便的用四元数表示的方程,即为

$$\mathrm{i}x' + \mathrm{j}y' + \mathrm{k}z' = T^2 \left\{ \cos\frac{\omega}{2} + \sin\frac{\omega}{2}(\mathrm{i}\xi + \mathrm{j}\eta + \mathrm{k}\zeta) \right\}$$
$$\cdot \{\mathrm{i}x + \mathrm{j}y + \mathrm{k}z\} \cdot \left\{ \cos\frac{\omega}{2} - \sin\frac{\omega}{2}(\mathrm{i}\xi + \mathrm{j}\eta + \mathrm{k}\zeta) \right\}. \tag{5}$$

这个公式是欧拉旋转公式的一个很容易记忆的形式:向量 $\mathrm{i}x + \mathrm{j}y + \mathrm{k}z$ 前后的乘数相应地为两个共轭的四元数,其张量为单位张量(称为 versor,意为"旋转量",而与张量相对照,后者表示"伸张的量"),然后将整个结果乘以伸展比的标量因子。

下面将要表明,把这些公式进一步特殊化到二维空间时,它们就成为通过两个复数相乘来表示 x-y 平面上的旋转和伸展的著名公式。为此目的,让我们选择旋转轴为 x 轴($\xi = \eta = 0, \zeta = 1$)。因而对于 $z = z' = 0$,公式(5)可以记作

$$\mathrm{i}x' + \mathrm{j}y' = T^2 \left(\cos\frac{\omega}{2} + \mathrm{k}\sin\frac{\omega}{2} \right)(\mathrm{i}x + \mathrm{j}y)\left(\cos\frac{\omega}{2} - \mathrm{k}\sin\frac{\omega}{2} \right),$$

或者,充分注意单位之间相乘的法则,记作

$$\mathrm{i}x' + \mathrm{j}y'$$

$$= T^2 \left\{ \cos \frac{\omega}{2}(\mathrm{i}x + \mathrm{j}y) + \sin \frac{\omega}{2}(\mathrm{j}x - \mathrm{i}y) \right\} \left\{ \cos \frac{\omega}{2} - \mathrm{k} \sin \frac{\omega}{2} \right\}$$

$$= T^2 \left\{ \cos^2 \frac{\omega}{2}(\mathrm{i}x + \mathrm{j}y) + 2 \sin \frac{\omega}{2} \cos \frac{\omega}{2}(\mathrm{j}x - \mathrm{i}y) - \sin^2 \frac{\omega}{2}(\mathrm{i}x + \mathrm{j}y) \right\}$$

$$= T^2 \left\{ (\mathrm{i}x + \mathrm{j}y) \cos \omega + (\mathrm{j}x - \mathrm{i}y) \sin \omega \right\}$$

$$= T^2 (\cos \omega + \mathrm{k} \sin \omega)(\mathrm{i}x + \mathrm{j}y)。$$

如果两边从右侧乘以因子$(-\mathrm{i})$，即得

$$x' + \mathrm{k}y' = T^2 (\cos \omega + \mathrm{k} \sin \omega)(x + \mathrm{k}y)。$$

这就是两个普通复数相乘的法则，只不过这里用字母 k 代替平常的 i 来记虚数单位 $\sqrt{-1}$，可以解释为转动角 ω 的旋转，附加上比为 T^2 的一个伸展。

让我们回过头来谈三维空间，并修正公式(1)，使它来表示没有伸展的纯粹的旋转。为此必须以 $x' \cdot T^2, y' \cdot T^2, z' \cdot T^2$ 来代替 x', y', z'，即以 $q' \cdot T^2$ 来代替 q'。注意 $p^{-1} = \dfrac{1}{p} = \dfrac{\bar{p}}{T^2}$，可记纯粹旋转的公式为

$$\mathrm{i}x' + \mathrm{j}y' + \mathrm{k}z' = p \cdot (\mathrm{i}x + \mathrm{j}y + \mathrm{k}z) \cdot p^{-1}。 \qquad (6)$$

不失一般性可假设 p 是一个四元数，其张量为单位张量，即

$$p = \cos \frac{\omega}{2} + \sin \frac{\omega}{2}(\mathrm{i}\xi + \mathrm{j}\eta + \mathrm{k}\zeta)，\text{其中 } \xi^2 + \eta^2 + \zeta^2 = 1。$$

由此可见，如果取 T 为单位张量，那么(6)式可由(5)式得来。凯莱在 1845 年第一次提出的公式，就是如此。[①]

我们可以用一个特别简单的形式来表示两个旋转的复合，就像上面对四维空间所作的表示一样。给出第二次旋转

_____

① 《论与四元数有关的若干结果》，见其《数学全集》第 1 卷，第 123 页，1889 年。根据凯莱自己说(第 1 卷，第 586 页)，哈密顿已于此前独立地发现了同一公式。

$$i x'' + j y'' + k z'' = p'(i x' + j y' + k z') p'^{-1},$$

其中

$$p' = \cos \frac{\omega'}{2} + \sin \frac{\omega'}{2}(i \xi' + j \eta' + k \zeta'),$$

旋转轴的方向余弦为 ξ', η', ζ',旋转角为 ω',可把最终的旋转变为以下方程

$$i x'' + j y'' + k z'' = p' \cdot p \cdot (i x + j y + k z) \cdot p^{-1} \cdot p'^{-1}。$$

因此对于最终的旋转,由下列方程给出旋转轴的方向余弦 ξ'', η'', ζ'' 及旋转角 ω'',

$$p'' = \cos \frac{\omega''}{2} + \sin \frac{\omega''}{2}(i \xi'' + j \eta'' + k \zeta'') = p' \cdot p。$$

因而对绕原点的两次旋转的复合得出了一个简便的式子。相对而言,表示最终旋转的通常的公式就显得相当复杂。由于任何四元数可以表示为一个实数(其张量)和旋转量的乘积,因此也对四元数的乘法作出了一个简单的几何解释,即把它解释为旋转的复合。因此,四元数乘法的不可交换性,与众所周知的绕原点的两个旋转的次序不可交换性的事实相对应。

如果你们想研究四元数表示和应用的历史发展情况,我建议你们去读凯莱本人写的一个极有价值的关于动力学的报告:《关于动力学中若干特殊问题解的进展报告》(1862 年英国科学发展协会报告,印于《凯莱数学全集》,第 4 卷,自第 552 页起,1891 年,剑桥)。

最后我想对四元数的价值和研究情况谈几点一般的意见,作为结束。为此目的,应该把一般四元数运算和简单的四元数乘法法则加以区别。从前面的讨论中可以充分看出,至少后者可以肯定有很大的应用价值。另一方面,像哈密顿构想的那样一般的四元数运算,涉及四元数的加、乘、除运算,其运算步骤实在已达到了任意多的程

度。哈密顿就是这样来研究四元数的代数的,由于他也研究了无限过程,因此他可以说已创立了四元数函数理论。又由于交换律对它不成立,因此这种理论的面貌与通常的复变理论完全不同。公平地说,哈密顿的这些一般的、影响深远的思想还没有得到充分论证,因为还没有找到四元数和其他数学分支之间必不可少的关系与相互依赖性,也没有得到很重大的应用。因此一般四元数理论并没有引起普遍的兴趣。

但是在数学中和在其他人间事务中一样,有观点冷静而客观的人,也总有形成令人惋惜的个人偏见的人。所以四元数理论也有热情的支持者和激烈的反对者。支持者主要在英美,他们在 1907 年成立了"四元数研究促进会",后来留美的日本数学家木村(Kimura)又把这个组织建成了一个完全国际化的机构。有一段时间,罗伯特·鲍尔(Rebort Ball)爵士担任了这个机构的主席。他们预料通过对四元数的深入研究有可能使数学得到巨大发展。另一方面,也有人对四元数理论一句话也听不进,甚至将四元数乘法这个很有用的概念也拒之门外。据这类人的观点,四元数的一切运算顶多是对 4 个分量的运算,单位元数和乘法表在他们看来是多此一举。在这两个极端之间也有许多人认为,我们应该仔细区别标量和向量。

4.4 中学复数教学

现在我要抛下四元数的理论,在这一章的结尾谈谈四元数概念在中学课程中的地位。没有人会想要在中学里讲四元数,但一般的复数如 $x+iy$ 却总是要提出来讨论的。我在这里与其长篇大论地对你们讲应该怎么教,不如利用不同时期出的 3 本书告诉你们这种教法的沿革,这样也许更有趣些。

我首先向你们提出 18 世纪下半叶在哥廷根大学占有领导地位的克斯特纳(Kästner)写的一本书。那时大学里学的还是 19 世纪 30 年代下放到中学里的那些初等数学内容。相应地,克斯特纳讲的也是初等数学,来听课的人中有大量非数学专业的学生。他那些讲稿的主要材料来自他写的那本书,书名为《数学初步》(*Mathematische Anfangsgründe*)①。这里使我们感兴趣的是第三部第二节的"有限量分析初步"("Anfangsgründe der Analysis endlicher Größen")。该书从第 20 页开始讲解虚量,讲法大致如下:"无论是谁,若要求否定量"(当时称"否定量"而不称"负量")的偶次方根,就是缘木求鱼,因为没有一个"否定量"会是那样的幂。的确,这是很正确的。但是该书第 34 页上又说"这样的根称为不可能的根或虚根",接着不作很多求证,就暗暗地把虚根当作普通的数一样演算起来,尽管刚刚说过不存在虚根。这等于说,子虚乌有的东西加上一个名称就突然好像变成可用的东西一样。你们可以在这里看到莱布尼茨观点的反映,因为根据莱布尼茨的观点,虚数事实上是很可笑的,但尽管如此,却以某种不可理解的方式导出了有用的结果。

克斯特纳还是一个笔法生动的人,他创造了不少妙语警句,在数学文献中占有相当的地位。现在只举一个例子。在上述一书的引言中,他仔细讲了"代数"(algebra)的词源。确实,从词冠"al"来看,此词来自阿拉伯语。据克斯特纳说,代数学家就是化分数为整数者,即处理有理函数并将其简化为公分母的人等。据说最初"algebra"指的是接骨医生的手术,堂·吉诃德就去找"algebraist"接过肋骨,于是克斯特纳便引用了堂·吉诃德这样的话。当然我不敢断定塞万提斯是否真的采用过这种说法,或许这仅仅是讽刺文字,也未可知。

---

① 第三版,哥廷根,1794 年。

我向你们提出的第二本书是近一些的著作,是几十年前柏林教授 M. 奥姆(M. Ohm)的书:《建立一致性数学系统的一个尝试》(*Versuch eines vollständig konsequenten Systems der Mathematik*)[①]。这本书有一段时间曾被广泛采用,其目的与克斯特纳相同。但奥姆更接近现代的观点,他明确地谈到了数系的扩张原则。例如,他说正像负数一样,$\sqrt{-1}$必须作为一个新的东西加于实数。但是这本书甚至缺乏几何说明,因为它发表在柯西(A. Cauchy)的划时代著作之前(1831 年)。

最后,在许许多多现代中学课本中,我提出一本广泛采用的书:《巴尔代习题汇编》(*Bardeys Aufgabensammlung*)[②]。在这本书里,扩张原则占据显著地位,并在适当的时候说明了几何解释。这可以看作今天中学教学的一般立场,尽管在个别地方还停留在早先的发展水平上。这本书所采取的观点,据我看来,已化成最适合中学的教学处理。如果不想用系统发展的叙述而使学生感到厌烦,当然也不进行抽象的逻辑解释,那么我们就应当把复数解释为所熟悉的数的概念的扩张,避免任何神秘感。首要的是应当使学生立刻对复平面上的几何作图说明形成习惯!

本教程中用于讲解算术问题的第一个主要部分,就以此结束。在对代数和分析进行类似的讨论之前,我想插入一大段关于历史问题的附录,以便对目前的一般教法以及拟予改进之处增加新的认识。

---

① 9 卷本,柏林,1828 年。第 1 卷:《算术与代数》,第 276 页。

② 并可参阅此书的修订本,W. 利茨曼(Lietzmann)及 P. 齐尔克(P. Zülke)修订,莱比锡,托伊布纳出版社。还可参阅 H. 法恩(H. Fine)著《代数中的数系》以及《大学代数》,分别由希思(Heath)出版公司及吉恩出版公司出版。

附：关于数学的现代发展及一般结构

让我先指出，在至今为止的数学发展史上，可以清楚地看出两个不同的发展过程，这两个过程时而互换位置，时而并行不悖，时而又终于合流。我心里知道有这种区分，但很难用生动的语言来表达，因为当前没有一种区分是恰到好处的。不过如果我告诉你们，人们将怎样按这两个发展过程去编写分析系统的初等部分，通过这个具体例子，你们就能明白我的意思。

按第一个过程来编，简称进程 A，就会编出这样一个系统，这是时下中学初等数学课本中最普遍的做法，其系统如下：

（1）开头是方程的形式理论，即用有理整函数进行运算，并且处理用根式可以解出的代数方程。

（2）系统研究幂运算及其逆运算的概念，就会得出对数（已证明对数在数值运算中非常有用）。

（3）到此为止，我们是把分析和几何完全隔开来看的，但现在就要引进几何概念，给出第二类超越函数即三角函数的定义，它的进一步的理论构成了一门新的独立课程。

（4）接着就是所谓代数分析，讲授最简单的函数展开成无穷级数。还考虑一般二项式、对数函数及其逆函数即指数函数，连同三角函数一并考虑。无穷级数及其运算的一般理论同样放在这里。也就在这里出现初等超越函数之间的令人惊讶的关系，特别是著名的欧

拉公式

$$\mathrm{e}^{\mathrm{i}x}=\cos x+\mathrm{i}\sin x。$$

这类关系之所以显得更令人惊讶，是因为其中出现的函数最初是在完全不相关的领域里定义的。

（5）继中学的这个结构之后，与之相同的发展就是学习魏尔斯特拉斯复变函数理论，它以幂级数的性质作为起点。

下面就让我们反其道而行之，非常简略地按数学的第二个发展过程来讲，我把这个过程简称为进程 B。它的中心思想是解析几何思想，探索数的观念与空间观念的结合。

（1）我们从最简单的函数、多项式及一元有理函数的图像表示开始。由此得出的曲线与坐标轴的交点就是多项式的零点，自然而然地引导到方程的近似数值解。

（2）曲线的几何图像自然而然地给微商和积分这两个概念提供了直观背景：曲线的斜率引进前者，曲线与 x 轴围成的面积导致后者。

（3）积分过程（或就其本义来说是求面积过程），当其结果不能用有理函数及代数函数显式表示时，就会产生新的函数，所以这种新函数的引入是极其自然而前后统一的。例如，求双曲线面积过程，就定义了对数

$$\int_{1}^{x}\frac{\mathrm{d}x}{x}=\log x；$$

而求圆面积过程可以很容易地归结为积分

$$\int_{0}^{x}\frac{\mathrm{d}x}{\sqrt{1-x^{2}}}=\arcsin x，$$

即归结为反三角函数。你们知道，循此思路，前进一步就引入一类新

的函数,特别是椭圆函数。

(4)通过一个统一的原理即泰勒定理探讨函数的无穷幂级数的展开式。

(5)将这个方法再向前推进,就得出柯西-黎曼的复变解析函数理论。它的基础是柯西-黎曼微分方程及柯西积分定理。如果我们想把根据以上的概括所得出的结果说得更确定一些,我们可以说,进程 A 是建立在把一门学科进行分解的概念上的,即把一个整体分成一系列互相独立的部分,使各部分独立发展。尽量少借助于其他部分的知识,尽可能避免引入相邻领域的概念。进程 A 的理想是把各个局部领域的知识结晶为一个逻辑封闭系统。相反,进程 B 把主要重点放在各局部领域的有机结合上,放在各个局部的互相促进上,因而宁可采用统一的观点来理解好几个领域的方法。进程 B 的支持者的理想是把数学科学的总和理解为一个巨大的相互联系的整体。

人们不免要问这两个方法哪一个更有效?对于没有特殊的数学抽象天赋的学生,哪一种方法更好?要清楚地认识这一点,只要想一下函数 e^x 和 $\sin x$ 的例子。下面我们就从这些例子出发来谈函数 e^x 和 $\sin x$,在这方面以后还有许多可谈的内容。根据进程 A,这两个函数的出现是完全不相干的,不幸的是中学里几乎全是照此办理的。引入 e^x 或对数是为了数值计算的方便,但 $\sin x$ 却出现在三角形的几何讨论之中。这样怎么能使人理解两者之间存在的如此简单的关系呢?尤其是因为两者一再出现的领域或与数值计算技术毫不相干,或与几何毫不相干,而是各有其趣,作为所讨论领域的规律的自然表现,这怎么能使人理解其相互关系呢?应用到 e^x 上的规律,有复利律或有机增长律,而一涉及振动问题就少不了用到 $\sin x$。从这些名称和情况就可以看出,两者的应用范围相去甚远!在进程 B 中,其中联系是以很容易理解的方式出现的,并与这些函数的意义相一致,这一点是从一开始就加以强调的。事实上,函数 e^x 和 $\sin x$ 在这里是同出一源的,是从求简单曲线的面积产生的,由此很快就把人们引到最简单的微分方程

$$\frac{\mathrm{d}e^x}{\mathrm{d}x}=e^x,\frac{\mathrm{d}^2\sin x}{\mathrm{d}x^2}=-\sin x.$$

这两个相应的微分方程当然是上述一切应用的基础,后面我们就可以看到这一点。

　　为了完整地理解数学的发展,我们还必须考虑到进程 C,它与进程 A,B 或者平行发展,或者含于其中,而且往往起到重要的作用。它涉及一种叫作"算法"的方法(algorithm,是一个阿拉伯数学家名字的改写)。一切有次序的形式运算归根结底都是一种算法。特别来说,字母运算是一种算法。我们一再强调,算法在科学发展过程中一直起着极为重要的作用。它作为半独立的力量,由公式本身规律推动其前进,并不取决于数学家的意图和认识,甚至往往相反。在无穷小分析初创时期,正如我们以后将看到的,算法往往强行推出新概念和新运算,后来才被人们所公认。甚至在数学发展水平到了很高的阶段时,算法研究还能起到很有效的作用,而且事实上也是如此,所以我们有理由称其为数学发展的基干。如果我们对这些情况不屑一顾,不过当作一些"形式上的"发展,像今天有时所作的那样,那就一定会完全抹杀历史。

　　现在让我通过数学的历史更仔细地探讨一下这些不同发展方向的对比,当然我只限于叙述最重要的发展特点。进程 A 和进程 B 之间的根本差别,将放到整个数学范围内来看,这样可以比前面看得更清楚一些,因为前面我们的思想只集中在分析上。

　　我们发现,在古希腊,纯数学和应用数学是截然分开的,这可以追溯到柏拉图和亚里士多德。首先,无人不知的欧几里得几何结构

属于纯数学的范围。在应用领域,古希腊人特别发展了一种所谓一般数的数值计算法。说实在的,一般数在当时并不受到重视,这种偏见至今仍很严重,当然主要在那些不会进行数值计算的人。若说对一般数还有一点重视,可能由于它的发展结合三角和实际测量的需要,不过测量学之类在某些人看来还是不够高尚的。尽管如此,一般数的地位在人们眼里还是多少有了提高,可能是由于它在天文学中的应用,而天文学虽然同测量学有关,总是被认为是最高尚的学术之一。这几句话就可以使你们明白,希腊人的科学研究是有明确的分野的,各有严格的逻辑界限,完全是按进程 A 发展的。不过话又说回来,希腊人对于进程 B 范围内的思想见解也不是一无所知的,这些思想见解可能曾给他们以启发,或曾当作他们科学发现的最初依据,尽管在他们看来这些见解的最终表述,离不了进程 A 的形式。最近发现的阿基米德手稿①,就非常明确地表明了这种情况。在那份手稿中,阿基米德通过力学研究进行了体积计算,他的计算方式是完全现代化的,看起来很顺眼,同严格的欧几里得系统截然不同。

除了希腊人外,特别值得一提的是印度人,他们在古代,扮演了我们现代记数系统创造者的角色,而后来阿拉伯人又成了这种记数系统的传播者。首先用字母进行运算的也是印度人。这些进展显然属于进程 C 发展的范围,是一个算法发展过程。

谈到现代的情况,我们首先可以把数学的文艺复兴时代推到1500 年左右,那一时期出现了整整一系列的伟大发现。作为一个例子,我要提到三次方程的形式解(卡尔达诺公式),收在卡尔达诺所著1545 年出版于纽伦堡的《大术》(Ars Magna)一书中。这是一本意义非常重大的著作,包含着现代代数的萌芽,远远超出了古代数学的

---

① 见《阿基米德文集》,剑桥大学出版社。

框架。不过说真的，这个著作不是卡尔达诺本人的著作，据说不仅他的著名的公式，而且其他内容，都取自他人。

1550 年以后，三角计算占据了显著地位。第一部伟大的三角表的出现，是为了适应天文学的需要。谈到天文学，我只要提一下哥白尼的名字就可以了。大约从 1600 年以后，对数的发明又成了这一发展的继续。苏格兰人纳皮尔编了第一部对数表，实际上只包含三角函数的对数。由此我们可以看出，这 100 年间数学发展的道路是与进程 A 相对应的。

现在我们讲到了 17 世纪，并真正进入了现代，这时进程 B 清晰地占据了主导地位。1637 年出现了笛卡尔的《解析几何》，建立了数和空间之间的联系，为以后一切发展提供了基础。这本书后来有一本重印本，使我们读起来方便易懂。紧接着就接触到 17 世纪的两大问题——切线问题和求积问题，换言之，即微积分问题。就微积分的本来意义来说，当时所缺的知识就是还不知道这两个问题是密切相关的，是互为逆运算的。后来认识到了这个事实，这是 17 世纪末才取得的一个主要的伟大进展。

但是在此之前，在 17 世纪过程中，无穷级数，特别是幂级数的理论已经出现了，当然还不成其为今天代数分析的意义上的独立学科，而是同求积问题非常密切地结合着的。这个理论的开创人是尼古拉斯·墨卡托（Nicolaus Mercator，1620—1687 年，这是德国名字"考夫曼"的拉丁叫法，不是发明墨卡托投影的那个墨卡托）。他思想敏锐，通过除法，把分式 $\frac{1}{1+x}$ 变换成级数，然后对所得的级数逐项积分，以便求出 $\log(1+x)$ 的级数展开：

$$\log(1+x)=\int_0^x \frac{\mathrm{d}x}{1+x}=\int_0^x (1-x+x^2-x^3+\cdots)\mathrm{d}x$$

$$= x - \frac{x^2}{2} + \frac{x^3}{3} - \frac{x^4}{4} + \cdots。$$

这就是他的计算程序的实质,当然他还没有用我们这种简单的符号,

如 $\int$,$\mathrm{d}x$,$\cdots$,而是用了笨拙得多的表示式。在 17 世纪 60 年代,牛顿

(1643—1727)接手做了下去,把这个计算用到了他以前建立的一般

二项式的级数上。在这个过程中,他用类比法得出了结论,即把结论

放在已知最简单的例子的基础上,而没有严格的证明,也不知道级数

展开得以成立的范围。这里我们又看到了算法过程(进程 C)的作

用。牛顿把二项式级数应用于 $\dfrac{1}{\sqrt{1-x^2}} = (1-x^2)^{-\frac{1}{2}}$,并利用墨卡托

的计算过程,得出了对于 $\displaystyle\int_0^x \frac{\mathrm{d}x}{\sqrt{1-x^2}} = \arcsin x$ 的级数。他对这个级

数以及 $\log x$ 的级数进行了非常巧妙的反演,求得了 $\sin x$ 和 e^x 的级

数。后来布鲁克・泰勒(Brook Taylor, 1685—1731)在 1715 年发表

了《函数展开为幂级数的一般原理》,为这一系列数学发现作了总结。

　　前面已指出,17 世纪末无穷小演算的起源,归功于 G. W. 莱布

尼茨(1646—1716)和牛顿。牛顿的基本观念是流动的概念,变量 x,

y 都被看作为时间 t 的函数 $\varphi(t)$,$\psi(t)$,随时间"流动"而流动。牛顿

相应地称之为变流,并把我们所称的微分系数的 $\dot{x}$,$\dot{y}$ 命名为流数。

你们看,这里的一切都是牢牢地建立在直觉的基础上的。

　　莱布尼茨的表达形式也是这样,他的第一部著作出版于 1684

年。他自己宣布说,他的最伟大的发现就是"一切自然现象中的连续

性原理",是这样的一句话"Nature non facit saltum"(自然从不飞

跃)。他把数学的发展建立在这个概念上,这又是进程 B 的另一个

例子。但是进程 C 算法的影响对于莱布尼茨也十分强烈。他给我

们提供了在算法上很有价值的符号 $\dfrac{\mathrm{d}y}{\mathrm{d}x}$ 和 $\displaystyle\int f(x)\mathrm{d}x$。

　　从这个概念中可以看出，总的来说，17 世纪的伟大发现是属于进程 B 的发展范围。

　　到了 18 世纪，这个发现时期起先继续朝同一个方向发展。这里要提到的最杰出的人物是欧拉（1707—1783）和拉格朗日（1736—1813）。在这个时期，最广义的微分方程理论（包括变分法）得到了发展，解析几何和分析力学也发展了。到处都有可喜的进展，就像在地理学方面一样，在发现美洲后，走遍了一些新的国家，并从各个方向进行了探测。但是当时还没有精密测量的概念，所以起先人们对于新地方的位置观念是完全错误的（哥伦布起先以为他到了东亚！）。在新征服的数学领域内也正是这样，人们所掌握的无穷小演算，起先离可靠的逻辑指导方向还很远。人们甚至对于无穷小演算与他所熟悉的老领域的关系抱有错觉，认为对无穷小演算无法进行逻辑分析，把它看成是某种神秘的东西。

　　当时理论所凭借的依据是多么的不可靠，这个情况到了打算编新的课本，清晰地介绍新的科目时就暴露了出来。那时明确了，按进程 B 去做再也不合适了，首先认识到这一点的就是欧拉。说实在的，他对于无穷小演算是没有严重怀疑的，但他觉得对初学者造成的困难和畏难情绪太多了。从这种教学法的角度来看，他以为最好有一个选修课程，如他在他所编的课本《无穷分析引论》（*Introductio in analysin infinitorum*，1748 年）所提供的那样。这个课程就是我们今天所说的代数分析。连带着，他特别把无穷级数和其他无穷过程理论包括了进去，这个理论后来又被他当作构造无穷小演算的一个基础。

　　差不多 50 年后，到了 1797 年，拉格朗日在《解析函数理论》（*Théorie des fonctions analytiques*）中采取的态度就激进得多了。他对当时的无穷小演算基础抱有严重怀疑，非要把当时的无穷小演算当作一般的知识学科完全放弃,而仅视之为一堆应用于某些函数特例的形式法则,这样才能使他心安。确实,他仅只考虑那种可以用幂级数表示的函数

$$f(x)=a_0+a_1x+a_2x^2+a_3x^3+\cdots。$$

他把这些函数称为解析函数,意指在分析中出现的、可加以合理应用的函数。然后对于函数 $f(x)$ 的微商,通过第二个幂级数纯形式地下了定义,正如我们以后会看到的那样。这样,微分和积分所研究的,就是幂级数的相互关系。仅限于形式考虑的这种观点,当然暂时排除了许多困难。

正如你们所看到的,欧拉造成的转折,尤其是拉格朗日的全部方法,严格地属于进程 A 方向的发展,因为直观的发展被严格的、封闭的推理系统所代替了。他们这两个人对中学数学教学一直有深刻的影响,今天学校里不学习微积分本身,而学习无穷级数或根据待定系数方法通过幂级数来解方程,就表现出欧拉一书和拉格朗日思想对后代的影响。

现在我们来谈 19 世纪的情况,主要是通过"收敛性的判定"使高等数学分析有了一个比较可靠的基础。关于收敛性,在此以前也曾考虑过,不过考虑得很少。18 世纪是人们对收敛和发散蒙眬不分的"乐陶陶"的时期。甚至在欧拉的《引论》中,发散和收敛级数也相安无事地并列出现。但是在新的世纪开始的时候,高斯(1777—1855)和阿贝尔(N. Abel,1802—1829)对收敛性作了第一批严格的研究;在 19 世纪 20 年代,柯西(1789—1857)又在他的讲演和著作中为现代意义的无穷小演算奠定了第一个严格的基础。他不仅像前人有时所做的那样,相应地用有限商与有限和作为微商及积分的精确定义,而且通过中值定理第一次为无穷小演算建立了逻辑上相容的结构。这一点,我们以后还要回过来充分介绍。上述这些理论也具有进程

A 的性质，因为它们同其他知识部分隔开，并以逻辑的系统方式研究微积分。虽然这些理论有了彻底的改变，驱散了对于微积分的旧偏见，但对中学教学没有影响。

对于 19 世纪的进一步发展情况，现在只有一个地方还要加以强调。首先我要谈到进程 B 方向的若干进展，即根据柯西和黎曼理论，与复变函数论一起出现了现代几何和数学物理。首先从事这三大领域研究的带头人物都是法国人。这里也附带说一下数学表述的风格。在欧几里得几何中，一切问题都根据"假设，结论，证明"这几个步骤，有时还加上"讨论"，确定问题得以成立的界限。这种观念是很普遍的，认为数学叙述每次总是这 4 步。但是恰好在 19 世纪，兴起了一种新的数学表述的艺术，特别是在法国数学家中。他们的这种手法可以称为艺术性推导手法。如蒙日（Monge）的著作，或最近出的一本书——皮卡（Picard）的《数学分析》，读起来都好像是一本写得很好的精彩的小说。这类风格适合进程 B 方法的需要，而欧几里得式的叙述方法实质上应列入进程 A 方法。

在这些方面取得突出成就的德国人中，我要提出雅可比（Jacobi，1804—1851）、黎曼（1826—1866）以及稍后一点的克莱布什（1833—1872），还有挪威人李（Lie，1842—1899）。这些人本质上都是走进程 B 的方向，不过他们偶尔也表现出算法方式的痕迹。

19 世纪中叶以后，进程 A 思想方法又因魏尔斯特拉斯（1815—1897）的出现而占据显著地位。他从 1856 年起开始在柏林从事教学。我已经拿魏尔斯特拉斯《函数论》作为进程 A 方法的一个例子。新近关于几何公理的研究，同样属于进程 A。完全是属于欧几里得方向的研究，在叙述方式上也很接近。

关于历史简介，就讲到这里为止。这里只能间接提到的许多观点，以后还可以更充分地加以讨论。总之，我们可以说，在过去几世纪的数学史上,上述两种主要研究方法都有重要地位,其中每一种方法——有时是两种方法交替地——都使数学这门科学取得了重大的进展。可以肯定,只要不忽视其中任一个方法,数学一定会始终如一地朝着这些方向发展,希望每一个数学家按最吸引自己的方向进行研究。

不过正如我已经指出的,中学的数学教学早已受到进程 A 方法的片面控制。因此,数学教学改革每走一步,都必须更多强调进程 B 方法。就这一方面来说,我首先想到引入直观启发的教学方法,更注重空间观念本身,特别是函数观念,使空间观念和数的观念融合起来! 我的目的是通过这些讲座促成这种趋势,尤其是因为我们惯常参考的初等数学书,如韦伯和韦尔施泰因、特罗夫克、M. 西蒙的书,几乎毫无例外地代表进程 A 的方法。在引论中,我已提请你们注意这种片面性。

好了,先生们,这些插话已经够了,下面就让我们讲本课程的下一个分支。

第二部分　代　数

我先提几本代数教科书，以便向你们稍微介绍一下丰富的代数文献。首先要提出塞雷（Serret）的《代数教程》[1]，这本书过去在德国用得很多，具有很多优点。但现在我们已经有了两本广泛采用的伟大的德国教科书：H. 韦伯著《代数教科书》[2]及 E. 内托（E. Netto）著《代数课本》[3]。这两本书都是两卷本，极其完整地处理了代数学中最难的部分，并且对于广泛的专门研究也非常适用。我个人觉得，这两本书对于未来教师的一般需要来说过于详尽，也太贵了一点。比较适用的是 G. 鲍尔（G. Bauer）著《代数课本》[4]，这本书使用方便，极少超出教师应该掌握的范围。就实用方面来说，对方程的数值解，这本书还可以 C. 龙格（C. Runge）著的小册子《实用数学分析》[5]作补充，因此我也郑重推荐龙格的这本书。

现在转到比较窄的主题，请允许我说明一下，这里由于篇幅所限，我不能对代数作系统的介绍，只能侧重某一方面作有选择的讲解。如果我着重去讲那些不幸被其他著作忽略的，然而有助于理解中学教学的部分，那真是再好也没有了。我的关于代数的全部讲法集中于一点，即方程图解法或一般地可称为几何直觉法的应用。单单这个领域就可以成为代数学中的一大章，它涉及许多问题。但即使这一部分也显然只能选出最重要和最有趣的东西来讲；不过在这

---

[1]　塞雷著，1866 年巴黎第三版（1910 年第六版）。

[2]　1898 年/1899 年不伦瑞克第二版（1924 年 R. 弗里克［R. Fricke］重新修订，第 1 卷）。

[3]　内托，1896 年/1899 年莱比锡版。同时参阅克里斯托尔（Chrystal）《代数教科书》（两卷本），麦克米伦出版公司版，以及 M. 博歇（M. Bôcher）著《高等代数引论》，麦克米伦公司出版。

[4]　鲍尔著，1910 年莱比锡第二版。并参阅 E. 内托著《初等代数》（1913 年莱比锡第二版），以及 H. 韦伯《代数教科书》，小卷本，1921 年不伦瑞克第二次印刷。还可以参阅 H. 法恩著《大学代数》，霍尔（Hall）及奈特（Knight）著《高等代数》，麦克米伦出版公司版。

[5]　龙格著，1921 年莱比锡第二版。并参阅 H. 桑登（H. v. Sanden）《实用数学分析》，达顿有限公司版。

样做的时候，我们将把各个相隔非常远的领域有机地组织起来，所以我们是按进程 B 的精神来研究数学的。第一步将处理实未知数方程，以便随后考虑复量。

第五章　含实未知数的实方程

5.1　含一个参数的方程

我们从一个可以用几何方式处理的很简单的例子说起,这个例子就是未知数为 x 的实代数方程

$$f(x,\lambda)=0,$$

其中出现一个参数 λ。如果用第二个变量 y 代替 λ,把

$$f(x,y)=0$$

当作 x-y 平面上的一条曲线(图 5.1),那么就能以最简单的方式得到一个几何表示:这条曲线与平行于 x 轴的直线 $y=\lambda$ 的交点,就是方程 $f(x,y)=0$ 的实根。当我们大致画出这条曲线(如果 f 不太复杂就很容易画),再让平行线随 λ 的变化而改变位置,我们就能一眼看出实根数目的变化。当 f 关于 λ 是线性关系时,亦即对于方程

$$\varphi(x)-\lambda\psi(x)=0,$$

这种方法就特别有效。

如果 φ 和 ψ 是有理的,那么曲线 $y=\dfrac{\varphi(x)}{\psi(x)}$ 也同样会是有理的,而且也很容易画出来。在这些情况下,往往可以很方

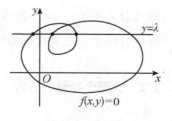

图 5.1

便地利用这个方法来近似计算方程的根。

作为一个例子,请考虑下述二次方程

$$x^2+ax-\lambda=0 \text{。}$$

曲线 $y=x^2+ax$ 是一条抛物线。立即可以看出,当 λ 取什么值时,因抛物线与平行线相交于两点、相切于一点或不相交而使方程的实根个数相应地为 2,1 或 0(图 5.2)。我觉得,对中学高年级学生介绍这种简单而又一目了然的作图法是很适当的。

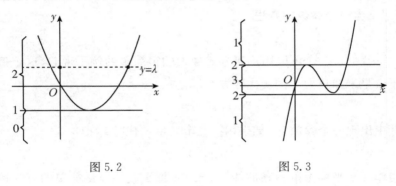

图 5.2   图 5.3

作为第二个例子,让我们取一个三次方程

$$x^3+ax^2+bx-\lambda=0,$$

从中得出三次抛物线 $y=x^3+ax^2+bx$,其形状随 a,b 值的不同而不同。在图 5.3 中,假定 $x^2+ax+b=0$ 有两个实根。容易看出,平行线可分成两组,一组与曲线交于一点,另一组与曲线交于 3 点。这里可以有两个产生双重根的极限位置。

5.2   含两个参数的方程

当一个方程内出现几个参数时,假如出现两个,用作图方式来处理这类问题就需要更多的技巧,但所得的结果却更广泛、更有趣。下面以两个参数 λ,μ 线性地出现的情况为限,记 t 为方程中的未知数,问题为确定方程

$$\varphi(t)+\lambda\chi(t)+\mu\psi(t)=0 \qquad (1)$$

的实数根,其中 φ,χ 和 ψ 是 t 的多项式。

如果 x,y 是通常的点的直角坐标,则 x-y 平面上的每一条直线将由方程

$$y+ux+v=0 \qquad (2)$$

给出。我们称 u,v 为直线坐标。这样,$-u$ 就是该直线与 x 轴夹角的正切,而 $-v$ 就是在 y 轴上的截距(图 5.4)。请把点和线看作同等重要,并对点坐标与线坐标给予同样的注意。这一点以后会非常重要。因此可以说,方程 $y+ux+v=0$ 指出了线 (u,v) 和点 (x,y) 的联结位置,即此点在该直线上,而直线通过该点。

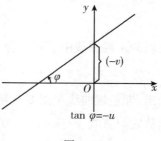

$$\tan\varphi=-u$$

图 5.4

为了用几何方式来解释方程(1),请把方程(1)与方程(2)看成是等同的。可以采取两个根本不同的方式达到此目的。下面就分别加以考虑。

1. 考虑方程

$$y=\frac{\varphi(t)}{\psi(t)}, \quad x=\frac{\chi(t)}{\psi(t)}, \qquad (3a)$$

$$u=\lambda, \quad v=\mu。 \qquad (3b)$$

如果 t 是参变量,则方程(3a)表示 x-y 平面上的一条确定的有理曲线,称为方程(1)的正规曲线。因为曲线上的每一点对应于 t 的一个确定值,据此即可以在曲线上确定某个 t 值的刻度。通过方程(3a),

可以按需要而计算出任意多的点,因而就可以把正规曲线的刻度按所希望的精确性画出来,例如在毫米纸上画出来。对 λ 和 μ 的每一对确定的数值,方程(3b)表示平面上的一条直线。由前述可知,方程(1)表明正规曲线上的点 t 位于这条直线上。因此,如果找出正规曲线与这条直线的一切实交点,读出这些实交点在曲线刻度上的参数值,就可以得出方程(1)的一切实根。正规曲线总由方程(1)的形式一次就确定下来,而不管参数 λ,μ 可能取什么样的特殊值。对于具有确定值的 λ,μ 的每一个方程,都有一条表示它的由上述方法确定的直线,使得平面上的一切直线一般地说都起到前节所仅用到的水平直线那样的作用。

作为一个例子,取二次方程

$$t^2+\lambda t+\mu=0,$$

这里的正规曲线由下列方程

$$y=t^2,\quad x=t\quad \text{或}\quad y=x^2$$

给出,即正规曲线是图 5.5 所示的具有所标刻度的抛物线。可以立刻从它与直线 $y+\lambda x+\mu=0$ 的交点读出方程的实根。图 5.5 还表明,方程 $t^2-t-1=0$ 的两个根相应地处在 $\frac{3}{2}$ 和 2 及 $-\frac{1}{2}$ 和 -1 之间。这个方法与前节的方法相比,其主要优点是,如果利用平面上的一切直线的话,则用同样的抛物线就能解出所有二次方程。因此,如果想求许多二次方程的近似解,就可以非常有效地利用这个方法。

一切三次方程也可用类似的方法处理。通过线性变换,可将其化为简化

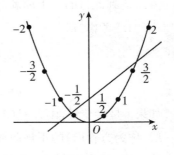

图 5.5

形式：

$$t^3 + \lambda t + \mu = 0。$$

这里的正规曲线是立方抛物线

$$y = t^3, x = t \quad \text{或 } y = x^3,$$

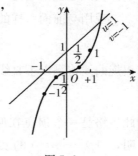

如图 5.6 所示。这个方法我觉得也可以
在中学里用，学生一定会从画那样的曲线
中得到乐趣。

2. 解释方程（1）的第二个方法是从
第一个方法中得出的，它应用对偶原理，
即让点坐标和线坐标互换位置。为此，让
我们把方程（2）中各项的次序颠倒一下，
记为

图 5.6

$$v + xu + y = 0,$$

并置

$$v = \frac{\varphi(t)}{\psi(t)}, \quad u = \frac{\chi(t)}{\psi(t)} \tag{4a}$$

$$x = \lambda, \quad y = \mu, \tag{4b}$$

使之从形式上与方程（1）等同。

如果取 t 为参数，则方程（4a）就表示包络一条确定曲线的直线
族，据新的解释，它们包络了方程（1）的正规曲线。这条正规曲线是
有理类曲线，因为它在线坐标上用一个参数的有理函数表示。每一
条切线以及相应的切点，都由一个确定的 t 值来决定，从而再一次得
到正规曲线上的刻度。据方程（4a），画出足够多的切线，就可以把曲
线和刻度都按所要求的精确度画出来。借助于方程（4b），每一对参
数 λ, μ，可确定 x-y 平面上一点。据方程（1），正规曲线（4a）上对应 t
的切线必定通过此点。因此，读出正规曲线上通过点 $x = \lambda, y = \mu$ 的

所有切线所对应的参数值 t,即可求得方程(1)的所有实根。和前面一样,正规曲线全由方程(1)的形式所确定。对于参数 λ,μ 的给定值,这种形式的每一个方程,都由平面上的某一点表示,或由其相对于曲线的位置来确定。

现用与前面一样的例子来说明。对应于二次方程

$$t^2+\lambda t+\mu=0,$$

正规曲线将是以下直线族的包络:

$$v=t^2,\quad u=t。$$

此包络是一个顶点在原点的抛物线。作在细横格纸上的图立刻表明,$t^2+\lambda t+\mu=0$ 的实根就是由点 λ,μ 至抛物线的切线的参数 t（图 5.7）。

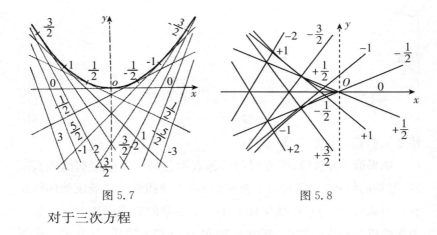

图 5.7　　　　　　　　　　图 5.8

对于三次方程

$$t^3+\lambda t+\mu=0,$$

正规曲线

$$v=t^3,\quad u=t$$

为在原点有一个尖点的第三类曲线,如图 5.8 所示。

这个方法也可以换一个略微不同的方式来说明。如果考虑所谓三项方程

$$t^m + \lambda t^n + \mu = 0,$$

那么就可以借助于下列参数方程

$$f(t) = t^m + xt^n + y = 0$$

来表示正规曲线的切线族。要想求出正规曲线的直角坐标方程,可以像通常那样,从最后一个方程和对 t 求导数而得方程

$$f'(t) = mt^{m-1} + nxt^{n-1} = 0$$

之间消去参数 t。因为作为一族直线的包络的正规曲线,是各条直线与相邻直线(分别对应于 t 和 $t + \mathrm{d}t$)的交点的轨迹。如果不消去 t,把 x 和 y 表示为 t 的函数,则得

$$x = -\frac{m}{n} t^{m-n}, \quad y = \frac{m-n}{n} t^m, \tag{5a}$$

这就是正规曲线的点方程。

上面选用了二次方程和三次方程作为例子,按此途径相应地求得这些方程的正规曲线为

$$x = -2t, \quad y = t^2,$$
$$x = -3t^2, \quad y = 2t^3.$$

这些曲线就是图 5.7 和图 5.8 所画的曲线。

要强调一下,实际应用这个方法的是 C. 龙格,他在讲稿和练习中都曾用这个方法,并证明了这个方法对实际解方程特别适用。这些作图方法,可以在中学教学中任选一种来用,用起来都有好处。

如果把已提出的两种方法互相比较一下,就会发现第二种方法有明显的优点,至少符合一个确定的、非常重要的目的,即可以把一切有给定个数的实根的、确定类型的方程形象地表示出来,因为根据

第一种方法一切方程是用一组直线来表示的;而根据第二种方法,却是用点的区域来表示的。由于几何直觉,或者说根据习惯,第二种方法本质上要比第一种方法更容易掌握一些。

　　下面我马上就要通过二次方程的例子来说明按这种解释可得出怎样的结果(图 5.9)。从抛物线外侧的各点到曲线,可作两条切线;而从抛物线内侧各点,不能作任何切线。因此,这两个区域相应地表示带有两个根的方程和不带根的方程族。对在抛物线上的各点,仅存在一条单一的切线,但可以计算两次,因而正规曲线本身在一般情况下就是那些点的轨迹,其坐标 λ, μ 可产生两个等根的方程,可称此轨迹为判别曲线。

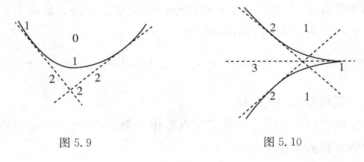

图 5.9　　　　　　　　　　　　图 5.10

　　在三次方程的情况下,我们可以看到,从正规曲线尖角内的点到曲线,可以作三条切线。对于中线上的点,这是显而易见的,因为具有对称关系。而当点连续变化时,如果不穿过曲线,其切线数不可能改变。如果点 (x, y) 移到曲线上,则两条切线相重合。如果点移到曲线尖角的外侧,则两切线皆变为虚切线,只剩下一条实切线。因此,正规曲线尖角内的区域所表示的,是含有 3 个不同实根的全部三次方程;角外的区域所表示的,是只含有一个实根的方程;而对应于曲线上各点的,是含有一个单实根及一个二重实根的方程。最后,有一条三重切线穿过尖点,对应于含有一个三重根的方程 $t^3 = 0$。只要看一下图 5.10 就可以明白了。

如果按代数中的习惯,对根加上确定的限制,特别是,如果想求给定区间 $t_1 \leqslant t \leqslant t_2$ 内的一切实根时,那么图 5.9 和图 5.10 就更加有趣,能说明更多的问题。如你们所知,斯图姆(Sturm)定理给出了这个问题的一般解答。不过我们可以轻而易举地把图画完,就使这个一般问题得到一个令人满意的图像解答。为此目的,只消在正规曲线上作出由参数值 t_1, t_2 所决定的切线,并考虑平面上由这些切线所造成的分割情况。

为了把这些想法运用到二次方程上去,必须确定与 t_1 和 t_2 之间的抛物线弧相切的切线数。从抛物线这段弧与上述两条切线围成的三角形内的每一点,显然有两条切线通过(图 5.11)。如果此点跨过任一切线 t_1, t_2,那么两切线之一就会切于 (t_1, t_2) 弧以外的抛物线,它对我们就没有意义了。抛物线分别和切线 t_1, t_2 为界的两个月牙形区域以外的点的切线,将只与弧 (t_1, t_2) 以外的抛物线相切;过抛物线内侧的点,则完全没有实切线。因此,对应于 $t \leqslant t_1$ 和 $t \geqslant t_2$ 的两个抛物线弧,对于我们想作的分割平面是没有意义的。这样就只剩下图中以实线标出的那样线,这些线以及画在它们上面的数字,使我们一看就可以对二次方程的全体在 t_1 和 t_2 之间有两个、一个或没有实根得到准确的答案。

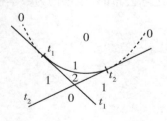

图 5.11

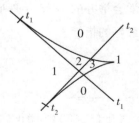

图 5.12

可以按类似的方法处理三次方程(图 5.12)。举例来说,取 $t_1 >$ $0, t_2 < 0$。作相应于这些参数值的切线,并且观察由这些切线及处于 t_1 和 t_2 之间的正规曲线的弧所造成的平面分割。通过尖点处四角形区域中的每一点,有三条实切线在 t_1 和 t_2 之间与曲线相切。如果点跨过切线 t_1, t_2 之中的任一条,就失去一条具有这种性质的切线。如果点跨过正规曲线,则两条切线均告失去。根据这些考虑,可得出在 t_1 和 t_2 之间具有三个、两个、一个根或不带根的三次方程的平面区域图,如图 5.12 所示。为了了解这种几何作图法的巨大用处,只消试一试,如果用抽象的方式来考虑这种三次方程的分类,而不求助于任何空间直觉,那么所需时间之多就不成比例了。这种只要看一下图形就很明了的事,证明起来却不容易。

至于这种几何方法与众所周知的斯图姆代数准则、笛卡尔坐标和比当-傅里叶(Budan-Fourier theorem)定理之间的关系,我只指出一点:就我们所考虑的种种方程而言,这种几何方法包括了它们的一切内容。你们可以在我的文章《代数方程根的几何计算》("Geometrisches zur Abzählung der Wurzeln algebraischer Gleichungen")[1]及 W. 迪克(W. Dyck)的《数学模型目录》("Katalog mathematischer Modelle")[2]中找到对这些关系的更充分的说明。我很高兴利用这个机会向你们介绍迪克的那个一览表,它是在德国数学学会举办的 1893 年慕尼黑展览之际公布的,至今仍为数学模型方面最好的指导。

---

① 重印于克莱因《数学著作集》第 2 卷中,第 198—208 页。
② 参阅《教学及数学物理模型教具一览表》(慕尼黑,1892 年),以及此表之补充部分(慕尼黑,1893 年)。

5.3　含 3 个参数 λ, μ, ν 的方程

最后,我还要向你们说明一下,可以用类似的方法去处理含 3 个参数的方程。我们需用三维空间来代替平面。只需考虑特殊的四项方程就足够了,

$$t^p + \lambda t^m + \mu t^n + \nu = 0。 \tag{1}$$

可以直接把这个方法运用于其他形式的方程。

除此方程,还要用到空间几何的一个条件,即一个点 (x, y, z) 和一个坐标为 (u, v, w) 的平面处于"统一的位置",即这个平面 (u, v, w) 包含点 (x, y, z) 的条件是

$$z + ux + vy + w = 0, \tag{2}$$

或

$$w + xu + yv + z = 0。 \tag{3}$$

令记成方程(2)或方程(3)形式的这个方程恒等于方程(1),就可以完全像前面一样得出两个互相对偶的解释。

接着令

$$z = t^p, \quad x = t^m, \quad y = t^n。 \tag{2a}$$

这些方程确定了某一空间曲线,即四项方程(1)的正规曲线,同时也确定了曲线上值 t 的刻度。然后,我们考虑方程(1)中由系数 λ, μ, ν 所确定的平面

$$u = \lambda, \quad v = \mu, \quad w = \nu。 \tag{2b}$$

这样,根据方程(1),所述方程的实根就等于正规曲线(2a)与平面(2b)的实交点的参数值 t。

如果选择与前述方法相对偶的方法,就必须置

$$w = t^p, \quad u = t^m, \quad v = t^n。 \tag{3a}$$

这些方程所表示的是以 t 为参数的单参数平面族,可看作空间曲线的密切平面族。此曲线和前面讲的一样,上面有 t 的刻度。这里所讲的曲线,是一种平面坐标表示的正规"类曲线",以区别前面用点坐标给出的正规"阶曲线"。如果现在结合第一种曲线,也考虑到点

$$x = \lambda, \quad y = \mu, \quad z = \nu, \tag{3b}$$

即知方程(1)的实根就是正规类曲线(3a)上的经过点(3b)的密切平面的参数值 t。

下面通过具体例子来说明这两种解释。我们收藏有一些模型,可以用来说明这两种解释,现在我拿给你们看。

斯图加特的 R. 梅姆克(R. Mehmke)用第一种方法制造了一种求方程数值解的仪器。他的模型是一个铜架(图 5.13),架子上有 3 根带刻度的垂直杆,可以装入一个弯曲的模板,用以表示三次、四次或五次方程(在简化为四项后)的正规曲线。不过要注意,我们的说明是以通常的直角坐标系为假设前提的,而梅姆克则是这样确定坐标系的:他选了平面方程(2)的适当平面坐标,使系数 u, v, w 正好是这个平面在 3 根垂直杆刻度上的截距,此刻度可在杆上读出。为了确定一个平面 $u = \lambda, v = \mu, w = \nu$,在杆 w 上刻度读数为 ν 处搞了一个透视孔,再用一根线,把杆 u 上和杆 v 上的相应刻度读数连接起来。连接透视孔和拉线的射线族,就是我们所说的平面。通过透视孔,就能直观

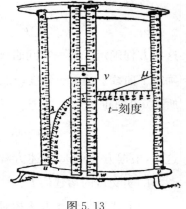

图 5.13

地看到此平面与正规曲线的交点，即此模板与此线的视交点。它们的参数值，即欲求的方程的根，可以同时从附着在模板上的正规曲线的刻度读出。这个教具的实用价值当然要看机械结构做得精巧不精巧，但人的眼力终究有限，所以这种教具做得再好，其实用价值也是令人怀疑的。

哈尔滕施泰因（Hartenstein）为了国家考试提出来的模型用的是第二种方法。它适用于所谓约化的四次方程，即

$$t^4 + \lambda t^2 + \mu t + \nu = 0。$$

但每一个四次方程都可以简化为这种形式。我对于这个方法的讲法，将与我对于带两个参数的方程的讲法稍有不同。对于现在这个例子，我们必须考虑单参数的平面族，其平面坐标由方程（3a）给出，而其点方程则记为下面形式

$$f(t) = t^4 + xt^2 + yt + z = 0。 \tag{4}$$

这些平面的包络是平面 $f(t)=0$ 与其相邻平面 $f(t+\mathrm{d}t)=0$ 相交的直线族（即通过消去 $f(t)=0$ 及 $f'(t)=0$ 之间的 t 所得方程）的可展曲面。但是为了求得正规曲线，必须找出平面族的密切图形，即 3 个相继平面相交的点轨迹。正如你们所知道的，这个轨迹是那个可展曲面的尖棱，它的坐标作为 t 的函数，是从 3 个方程 $f(t)=0, f'(t)=0, f''(t)=0$ 中求出的。这个例子中的 3 个方程是

$$t^4 + xt^2 + yt + z = 0,$$
$$4t^3 + x \cdot 2t + y = 0,$$
$$12t^2 + x \cdot 2 = 0。$$

由此可求出

$$x = -6t^2, \quad y = 8t^3, \quad z = -3t^4。 \tag{5}$$

这些式子所表示的，是方程（4）的正规类曲线的点方程。据方程

(3a),此曲线的平面方程可记为

$$w=t^4, \quad u=t^2, \quad v=t。 \tag{6}$$

两个形式对 t 都是四次的,因而正规曲线既是四阶曲线,也是四类曲线。

为了更详细地进行研究,我们考虑包含该曲线的几个简单曲面。首先,(5)式对任何 t 均满足方程

$$z+\frac{x^2}{12}=0,$$

因而正规曲线处于一个二次抛物柱面上,柱面的母线平行于 y 轴。同样,我们有关系

$$\frac{y^2}{8}+\frac{x^3}{27}=0,$$

因而母线平行 z 轴的这个三次柱面也包含正规曲线。此外,正规曲线是这两个柱面的有限交。记住这些,就可以对正规曲线的走向有一个近似概念。这是一条挠曲线,对称于 x-z 平面,在原点处有一个尖点(图 5.14)。

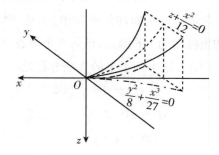

图 5.14

二次曲面

$$\frac{x \cdot z}{6} - \frac{3y^2}{64} = 0$$

也包含该正规曲线,因为据(5)式,这个方程对 t 也恒满足。由此方程及三次柱面方程得出另一个线性组合,表示一个极其重要的包含正规曲线的三次曲面

$$\frac{xz}{6} - \frac{y^2}{16} - \frac{x^3}{216} = 0 。$$

现在考虑尖棱是正规曲线的可展曲面,这种曲面可以定义为正规曲线的切线全体。任何空间曲线

$$x = \varphi(t), \quad y = \psi(t), \quad z = \chi(t)$$

在点 t 处的切线由下列方程

$$x = \varphi(t) + \rho\varphi'(t), y = \psi(t) + \rho\psi'(t), z = \chi(t) + \rho\chi'(t)$$

给出,其中 ρ 是参数,这是因为曲线的切线的方向余弦与坐标对 t 的导数成比例。如果把 t 也当作变量,则上述方程中有两个参数 t, ρ 而成为可展曲面的参数表示式。这一切都是从众所周知的空间几何定理推导出来的。对于曲线(5),可得出下面的可展曲面方程。如果用坐标 (X, Y, Z) 来表示该曲面,以区别于曲线的坐标 (x, y, z),则可展曲面方程为

$$X = -6(t^2 + 2\rho t),$$

$$Y = 8(t^3 + 3\rho t^2), \qquad (7)$$

$$Z = -3(t^4 + 4\rho t^3) 。$$

这个曲面就是被拉紧的线所表示的直线族,即哈尔滕施泰因模型的基础(图 5.15)。

这种参数表示法为讨论曲面及进

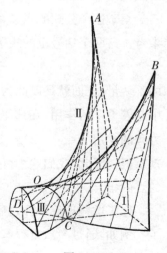

图 5.15

行曲面作图提供了最好的出发点。事实上,总想要研究曲面自身的方程,仅仅是出于习惯的压力。这个方程只要去掉(7)中的参数 ρ 和 t 即可得出。下面提供一个最简单的求方程步骤,其中有几个步骤的内在意义就不详谈。由(7)式可得出组合

$$Z+\frac{X^2}{12}=12\rho^2 t^2,$$

$$\frac{X \cdot Z}{6}-\frac{Y^2}{6}-\frac{X^3}{216}=8\rho^3 t^3$$

它们每个都在曲线本身上等于 0(因为 $\rho=0$)。如果使这些组合等于零,则得到上述通过曲线的两个曲面。从这些方程中去掉乘积 ρt,则得可展曲面的方程为

$$\left(Z+\frac{X^2}{12}\right)^3-27\left(\frac{X \cdot Z}{6}-\frac{Y^2}{16}-\frac{X^3}{216}\right)^2=0。$$

因此,这个曲面是六次的,但它是由无穷远平面和一个五次曲面组合而成。

至于这个公式的意义,我要作以下的说明,供了解这个问题的人参考。这两个括号里的式子是四次方程

$$t^4+Xt^2+Yt+Z=0$$

的不变量,上面就是以此为出发点的。这些不变量在椭圆函数理论中起着重要的作用,在那里,通常记为 g_2 和 g_3。如你们所知,曲面方程的左边 $\Delta=g_2^3-27g_3^2$ 是四次方程的判别式,它变为 0 就表示出现重根。因此,我们这个可展曲面是四次方程的判别曲面,即有重根的点的集合。

作了这些理论解释之后,为此曲面作拉线模型就没有很大困难了。例如,通过参数方程(7),可以确定这样一些点,在这些点处,我们所要表示的那些切线贯穿某些固定平面。这些平面可用木板或硬

纸板做成,然后再在这些平面之间拉线。但要把模型做得真正漂亮、实用,把曲面和尖棱的全部走向表现出来,像前面所看到的那样,就需要反复试做,要有高超的技巧。图 5.15 就是把线拉直后所出现的曲面概貌,其中 AOB 是尖棱(参看图 5.14)。

在模型上可以看到一条双重曲线(COD),沿着这条曲线有两叶曲面相交,这条曲线就是 X-Z 平面上的抛物线

$$Y=0, \quad Z-\frac{X^2}{4}=0 \text{。}$$

但这条抛物线上只有一半(即对 $X<0$ 的一半)是实叶的交线,而另一半却孤立地位于空间中。对于习惯用具体几何表示法来说明代数曲面理论的人,这种现象是不足为怪的。双重曲线的实枝既可作为实叶的交线,又可有一部分呈孤立状态,这是普遍现象。在后一种情况下,我们视之为曲面上虚叶的实交线。平面上的相应现象,了解的人比较多。大家都知道,在那种情况下,除了代数曲线的一般双重点(作为曲线上实枝交点而出现)以外,还有明显的孤立双重点,可以被看作虚枝的交点。

现在我们要详细搞清楚这种以正规曲线为尖棱的曲面有什么用。我们把正规曲线看作是有刻度的,或说得更确切些,对每一条切线都附以参数值 t,即该切线的切点的参数值。如果现在有人提出一个带确定系数(x,y,z)的四次方程,就只要求正规曲线的穿过点(x,y,z)的密切平面,或使判别曲面的切平面通过该点,两者都一样。这样,实根或者就是与曲线接触点的参数值,或者就是相应切平面的参数值,视情况而定。出于密切平面在同曲线接触的地方与曲线相切,所以密切平面与曲线的每一个接触点,由点(x,y,z)看起来就是一个拐点,反之亦然。因而四次方程的实根,归根结底,就是从空间内的点(x,y,z)看去所见到的正规曲线的拐点的参数值 t。

没有受过训练的眼睛,当然难以从模型上看清密切平面或曲线的这种拐点。但模型可以使人一目了然地看清另一件重要的事情,即根据实根数目对一切四次方程的分类。请通过对方程的抽象观察,看看到底会遇到哪些情况。如果 $\alpha,\beta,\gamma,\delta$ 是实四次方程(4)的 4 个根,因为 t^3 的系数为 0,故 $\alpha+\beta+\gamma+\delta=0$。就实根来说,可能存在下列主要情况:

Ⅰ.4 个实根。

Ⅱ.两实根和两共轭复根。

Ⅲ.无实根,但有两对共轭复根。

如果现在提出属于类Ⅰ的两个方程,其根分别为 $\alpha,\beta,\gamma,\delta$ 和 $\alpha',\beta',\gamma',\delta'$,那么当然可以在保持其和为 0 的情况下,相应地把 $\alpha,\beta,\gamma,\delta$ 连续转换为 $\alpha',\beta',\gamma',\delta'$。与此同时,一个方程可始终通过同一类方程(即类型Ⅰ的所有方程)而连续地变化为另一个方程,从而构成一个连通的连续统。另两类方程也是如此。因此,我们的模型必须表现出空间被隔成 3 个连通部分,使每一部分中的所有点对应于各类方程的情况。

现在考虑这 3 类情况之间的过渡情况(见图 5.16)。类Ⅰ是通过有两个不同实根和一个重(两个叠合的)实根的方程(记为 2+(2))而转换成类Ⅱ的。同样地,在类Ⅱ和类Ⅲ之间有一个实双重根和两个复根的过渡情况,记为(2)。在我们的模型中,对应于这两类情况的必为判别曲面区域,此区域事实上把所有具有重根的方程都表现了出来。基于类似的考虑可以知道,对应于上述每一类方程,必有一个属于此曲面的连通区域。于是 2+(2)和(2)这两类情况又可以通过带两个实双重根(记为(2)+(2))的情况而相互转换。两对根由此变成叠合的点,必同时属于判别曲面的两叶,即属于双重曲线的非孤立分支。相应地,判别曲面由一个双重曲线的一枝分成两部分,

其中之一 2+(2)把空间区域Ⅰ和Ⅱ隔开；另一部分(2)把空间区域
Ⅱ和Ⅲ隔开。再来看看正规曲线所处的情况。可以指出,由于它作
为尖棱的性质,3 个切平面必在它的每一点上合而为一(密切平面),
这就产生了一个三重根和一个单实根的情况:1+(3)。这种情况只
有在单根之一等于二重根时才会发生。因此,尖棱必完全处在曲面
的第一部分,即 2+(2)处。在棱的尖点($x=y=z=0$),有一个四重
实根,可通过两个双重根,即(2)+(2)的情况重合而成。实际上,尖
棱的尖点 O 也处在双重曲线上。至于双重曲线的孤立分支,则完全
处在空间区域Ⅲ中,其上两对共轭复根合而为两个复重根。这两个
双重根当然是彼此共轭的。

以上所列举的各种情况,在模型上都可以看到。在图 5.15 上,
双重曲线右边的曲面内部是区域Ⅰ,左边是区域Ⅲ,外部是区域Ⅱ。
在图 5.16 中列出了实根的个数和相重数(对应于各部分空间、曲面、
曲线区域的点),很容易完全搞清楚。在这幅图上,不在括号内的数
字表示单实根数,其他数字像前面一样表示重根的相重数。

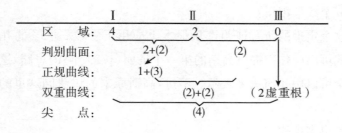

图 5.16

第六章 复数域方程

现在来探讨复数域方程,而不再限于实数域。当然,我们还是只着重,而且比别处更着重可以用几何方法表示的东西。我们现在就从代数的最重要的定理说起!

6.1 代数基本定理

正如你们所知道的,这个定理就是:复数域的每一个 n 次代数方程一般有 n 个根,或者更准确地说,每一个 n 次多项式 $f(z)$ 可以分解成 n 个线性因子。

这个定理的所有证明都从根本上应用了复数 $x+iy$ 的几何解释。我可以向你们提供高斯的第一个证明(1799 年)的思路,这个思路完全可以用几何法来表示。不过,高斯原来的讲法同这里的讲法稍有出入。

给出多项式

$$f(z)=z^n+a_1z^{n-1}+\cdots+a_n,$$

可把它记作

$$f(x+iy)=u(x,y)+i \cdot v(x,y),$$

其中 u,v 是两个实变量 x,y 的实多项式。高斯的证明主要是考虑

到了 x-y 平面上的两条曲线

$$u(x,y)=0, \quad v(x,y)=0,$$

并证明这两条曲线至少有一个公共点。对此点，于是有 $f(x+\mathrm{i}y)=0$，即证明方程 $f=0$ 有第一个根。为此，只需研究此两曲线在无限大时，即离原点任意大距离时的情况。

如果 z 的绝对值 r 非常大，与 z^n 相比较，就可把 $f(z)$ 内含 z 较低幂的项忽略不计。如果在 x-y 平面上引入极坐标 r,φ，即令

$$z=r(\cos\varphi+\mathrm{i}\sin\varphi),$$

则据棣莫弗公式，有

$$z^n=r^n(\cos n\varphi+\mathrm{i}\sin n\varphi)。$$

随着 z 的绝对值增大，这个式子被 $f(z)$ 逐渐逼近。由此立刻得出，u 和 v 相应地逐渐逼近函数

$$r^n\cos n\varphi, \quad r^n\sin n\varphi。$$

因此，曲线 $u=0,v=0$ 在无穷远处的最终走向可分别由下列方程

$$\cos n\varphi=0, \quad \sin n\varphi=0$$

近似地给出。曲线 $\sin n\varphi=0$ 由 n 条穿过原点并与 x 轴成 $0,\dfrac{\pi}{n}$，$\dfrac{2\pi}{n},\cdots,\dfrac{(n-1)\pi}{n}$ 度角的直线构成，而 $\cos n\varphi=0$ 则由 n 条穿过原点把这些角等分的射线构成（图 6.1 所示是 $n=3$ 的情形）。在图的中心部分，真的曲线 $u=0,v=0$ 当然可能根本不同于这些直线，但必须随着远离原点而逐渐逼近这些直线。我们可以这样画出曲线走向的示意图来，即在一个大圆以外，保持这些直线不变，在圆内则用任意曲线来代替它们（图 6.2）。但不管圆内曲线的情况如何，可以肯定，如果让围绕原点的圆足够大，则圆外的 u,v 的各分支必互相交替。从

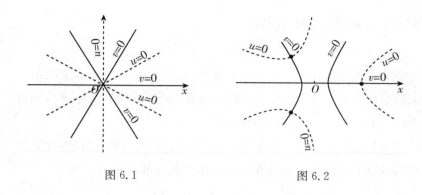

图 6.1   图 6.2

图形上可以看出,这些分支必在圆内相交。事实上,如果利用曲线的连续性质,就可以对这个判断给出严格的证明,[①]而这也就是高斯证明的实质。前面的论据是高斯证明思路的要点。如果找出一个这样的根,就可以分离出一个线性因子,于是我们又可以重复这个推理过程于另一个 $n-1$ 次多项式因子,依此继续下去,最后可以把 $f(x)$ 分解为 n 个线性因子,即可以证明 n 个零点的存在。

如果用一个特例把这个做法贯彻到底,这种推理方法就会清楚得多。一个简单的例子是

$$f(z)=z^3-1=0.$$

这种情况下显然有

$$u=r^3\cos 3\varphi-1,\quad v=r^3\sin 3\varphi.$$

故 $v=0$ 仅由 3 条直线构成,而 $u=0$ 有 3 条双曲线状的分支。

---

①   这里应该说明,高斯也不是完全没有考虑到几何方面。他的论文中所考虑的证明,首先由 A. 奥斯特洛夫斯基(Ostrowski)使之算术化(*Göttingen Nachrickten*,1920 年,或《高斯科学传记材料》第 8 卷,1920 年)。历史上有一段趣事:这个基本定理的第一个证明是达朗贝尔(d'Alembert)得出的。实际上,他的证明中有一个错误,高斯注意到这一点,即达朗贝尔没把函数的上极限与函数的极大值区别开来,并假设复变函数存在极限时就能达到它的上极限。这个论断一般不成立。

图 6.3画出了这两条曲线的 3 个交点，也就给出这个方程的 3 个根。我认真地建议你们，一定要拿几个较复杂的例子并计算到底。

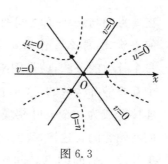

图 6.3

关于上述基本定理，简单讲到这里就够了，因为我们不是在上代数课。让我在结束这一节时指出，使复数进入代数的意义在于使这个基本定理得到一个统一的说法。如果仅限于实数，那么只能说 n 次方程有 n 个根或少一些根，或完全没有根。

6.2 含一个复参数的方程

现在就把用来讲代数的余下的时间用于以几何作图方法讨论复数方程的一切根（包括复根），就像前面讨论实数方程的实根一样。不过我们只讨论含一个复参数的方程，并进一步假设这个参数仅线性地出现。研究一种简单的保角变换，就可以达到这一切要求。

设 $z=x+\mathrm{i}y$ 是一个未知数，$w=u+\mathrm{i}v$ 是参数，则所要考虑的那一类方程具有形式

$$\varphi(z)-w\cdot\psi(z)=0, \tag{1}$$

其中 φ,ψ 是 z 的多项式。设 n 为所出现 z 的最高次幂。根据基本定理，这个方程对 w 的每一个确定值恰有 n 个根 z，它们一般不相同。不过，相反地，由（1）式可知

$$w=\frac{\varphi(z)}{\psi(z)}, \tag{2}$$

即 w 是 z 的单值有理函数，并称之为 n 次的。如果干脆利用此函数

在 z 平面与 w 平面之间所建立的保角变换,以此作为方程(1)的几何等价式,那么 z 作为 w 函数的多值性,从直观上看就不清楚。有一个补救的办法,就是用函数论中的常用办法,把 w 平面看作是由 n 个互叠的叶构成的,这 n 个叶再通过适当方法,借助于分支的切口而连接合成为一个 n 叶黎曼曲面。这些代数函数论中的曲面,都是你们所熟悉的。这样,我们的函数就在 w 平面上的 n 叶黎曼面的点和单叶的 z 平面的点之间建立了一一对应关系,这种关系一般是保角的。

在详细研究这个变换之前,先确定某些约定是有帮助的,这些约定可以排除 w 和 z 的无穷远点所起的例外作用,而这种作用与这里的问题本质是无关的,这样我们能够用一般形式来叙述定理。由于这些约定还没有得到所应得到的广泛应用,请允许我多解释几句。这里不能把复平面上有一个无穷远点当作一种符号,因为从这种抽象概念中得不到适当的具体形象,所以必须求助于种种特殊的考虑和约定,使得一个有限点所具有的某个确定性质,对一个无穷远点也能说出究竟是什么。不过,如果彻底地用黎曼球面来代替复数图示的高斯平面,就可以达到一切要求。为此,只需设想直径为 1 且与 x-y 平面相切的球面,把它的南极 S 置于原点,从北极 N 把平面作球极射影于球面上(图 6.4)。对于平面上的每一点 $Q=(x,y)$,存在唯一的对应点,即射线 NQ 与球面的第二个交点 P。反之,对应于球面上 N 点以外的每一点 P,存在具有有限坐标 (x,y) 的唯一点 Q。因此,可以把 P 看作数 $x+iy$ 的表示。当 P 以任何方式逼近北极 N 时,Q 就移向无穷;反之,如果 Q 以任何方式移向无穷,则对应的点 P 就逼近唯一确定的点 N。

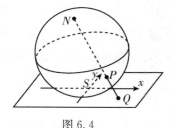

图 6.4

因而不对应于任何有限复数的这个点 N，自然要看作一切无穷大的 $x+iy$ 的唯一表示，即看作平面上的无穷远点，并附之以记号 ∞。如果不这样说，无穷远点就成为一个符号。引用此法，就把一切有限点和无穷远点在几何图形上完全等同了起来。

现在回过来谈代数关系（1）的几何解释。为此，也用一个 w 球面来代替 w 平面。这样，函数就可以像两个平面之间的映射一样，用一个从 z 球面到 w 球面的映射来表示。和两平面的映射的情况一样，它也是保角的，因为根据一个众所周知的定理，平面到球面的球极投影是保角的。对应于 w 球面下唯一的一个位置，一般在 z 球面上有 n 个不同的位置。为了取得一一对应关系，再设想 w 球面上有 n 个叶，它们互相叠合，并通过适当的方法，借助于分支切割而组合成 w 球面上的一个 n 叶黎曼面。这个图并不比平面上的黎曼面更难懂。这样，代数方程（1）最终被解释成在 w 球面的黎曼面和 z 球面之间的一一对应关系，并且这种对应一般来说是保角的。这个解释显然也把 z 和 w 的无限值考虑在内了，它们可能彼此互相对应，或对应于有限值。

为了最充分地利用这个几何方法，必须采取一个相应的代数步骤，以排除无穷在公式中的例外作用，这个步骤就是引入齐次坐标，即令

$$z=\frac{z_1}{z_2},$$

并把 z_1,z_2 看作独立的复变量，两者都是有限的，但不同时为零。于是，z 的每一个确定值就由无穷多组值 (cz_1,cz_2) 给出，其中 c 是一个任意常数因子。这样一组只差常数因子的值 (cz_1,cz_2)，将被视为在两个齐次变量域中的同样的位置。反之，对于每一个这样的位置，均有一个确定值 z，只有一个例外：对于（z_1 任意，而 $z_2=0$）这一位置没

有有限的 z 与之对应,但如从其他位置向此位置逼近,则对应的 z 就变成无穷了。这个位置因而要看作是 z 平面上,也可以是 z 球面上,一个无穷远点的算术等价物,并记之为 $z=\infty$。

当然,同样地也置 $w=\dfrac{w_1}{w_2}$。现在要在齐次变量 z_1,z_2 和 w_1,w_2 之间建立齐次方程,以对应于方程(2)。此方程在乘以 z_2^n 去掉分母后可以写成

$$\frac{w_1}{w_2}=\frac{z_2^n\varphi\left(\dfrac{z_1}{z_2}\right)}{z_2^n\psi\left(\dfrac{z_1}{z_2}\right)}=\frac{\overline{\varphi}(z_1,z_2)}{\overline{\psi}(z_1,z_2)}\text{。} \tag{3}$$

在这个方程中,因为 $\varphi(z),\psi(z)$ 最多含有 $z=\dfrac{z_1}{z_2}$ 的 n 次幂,所以 $\overline{\varphi}(z_1,z_2)$ 和 $\overline{\psi}(z_1,z_2)$ 是 z_1 和 z_2 的有理整函数。它们还是 n 次齐次多项式(形),因为 $\varphi(z)$ 或 $\psi(z)$ 的每一项 z^i 去掉分母后都变成 n 次的项 $z_2^n\left(\dfrac{z_1}{z_2}\right)^i=z_2^{n-i}z_1^i$。

现在来详细研究由方程(1)(或方程(3))在 z 和 w 之间所建立的函数相依关系。我们将坚持使用两个新手段,即复球面上的映射和齐次坐标。如果对 z 球面和 w 球面上的黎曼曲面之间的保角关系作出一个完整的图来,这个问题就解决了。

首先必须问黎曼面分支点的性质和位置。我在这里提醒你们注意,一个 μ 重分支点就是 $\mu+1$ 个叶的连接点。由于 w 是 z 的单值函数,所以知道了对应于分支点的 z 球面点,也就知道了分支点。这种分支点,我习惯地称为 z 球面的临界点或值得注意的点。对应于这些点中的每一点,存在一个确定的重数,这个重数等于相应的分支点的重数。现在不加详细证明,只给出使这些点得以确定的定理。我假定你们一般都知道这里要用到的简单的函数论结果,尽管这些

结果可能不是用我所喜欢的齐次形式来表述的。我将用具体的图形来阐明我要向你们介绍的抽象内容,在这方面举出一系列例子来。

必须稍微计算一下,以便求出在齐次坐标下与导数 $\dfrac{\mathrm{d}w}{\mathrm{d}z}$ 相当的量。对方程(3)微分,省略 $\bar{\varphi}$ 和 $\bar{\psi}$ 上的一横,得

$$\frac{w_2\,\mathrm{d}w_1-w_1\,\mathrm{d}w_2}{w_2^2}=\frac{\psi\mathrm{d}\varphi-\varphi\mathrm{d}\psi}{\psi^2}。 \tag{3'}$$

我们还有

$$\mathrm{d}\varphi=\varphi_1\,\mathrm{d}z_1+\varphi_2\,\mathrm{d}z_2,$$
$$\mathrm{d}\psi=\psi_1\,\mathrm{d}z_1+\psi_2\,\mathrm{d}z_2,$$

其中

$$\varphi_1=\frac{\partial\varphi(z_1,z_2)}{\partial z_1},\varphi_2=\frac{\partial\varphi(z_1,z_2)}{\partial z_2},$$
$$\psi_1=\frac{\partial\psi(z_1,z_2)}{\partial z_1},\psi_2=\frac{\partial\psi(z_1,z_2)}{\partial z_2}。$$

另一方面,据 n 次齐次函数的欧拉定理,我们有

$$\varphi_1z_1+\varphi_2z_2=n\varphi,$$
$$\psi_1z_1+\psi_2z_2=n\psi。$$

因而(3')式右侧的分子可记作形式

$$\psi\mathrm{d}\varphi-\varphi\mathrm{d}\psi=\begin{vmatrix}\mathrm{d}\varphi & \mathrm{d}\psi\\ \varphi & \psi\end{vmatrix}$$
$$=\frac{1}{n}\begin{vmatrix}\varphi_1\,\mathrm{d}z_1+\varphi_2\,\mathrm{d}z_2 & \psi_1\,\mathrm{d}z_1+\psi_2\,\mathrm{d}z_2\\ \varphi_1z_1+\varphi_2z_2 & \psi_1z_1+\psi_2z_2\end{vmatrix}。$$

根据行列式乘法定理,这个式子等于

$$\frac{1}{n}\begin{vmatrix}\varphi_1 & \varphi_2\\ \psi_1 & \psi_2\end{vmatrix}\cdot\begin{vmatrix}\mathrm{d}z_1 & \mathrm{d}z_2\\ z_1 & z_2\end{vmatrix}。$$

这样,(3′)式转换为方程

$$\frac{w_2\,\mathrm{d}w_1-w_1\,\mathrm{d}w_2}{w_2^2}=\frac{z_2\,\mathrm{d}z_1-z_1\,\mathrm{d}z_2}{n\psi^2}(\varphi_1\psi_2-\psi_1\varphi_2)。$$

这就是用来说明方程的齐次理论的基本公式,而 φ,ψ 的函数行列式 $\varphi_1\psi_2-\varphi_2\psi_1$ 是随后一切推导的关键式子。除以此式和因子 $\frac{z_2^2}{n\psi^2}$,右侧就是 $z=\frac{z_1}{z_2}$ 的微分,左侧是 $w=\frac{w_1}{w_2}$ 的微分。正如大家所知道的,对于有限的 z 和 w,临界点是由 $\frac{\mathrm{d}w}{\mathrm{d}z}=0$ 给出的,所以下列定理是很令人信服的,但我们将略去其证明。函数行列式的每一个 μ 重零点是重数为 μ 的一个临界点,即与之相对应的是 w 球面上黎曼面的一个 μ 重分支点。这个规则与用其他方式给出的那些规则相比,其优点在于用同一个说法把 z 和 w 的有限值和无限值都包括进去了,它也对奇点的数目提出一个精确的说法。即是说,4 个导函数均为 $n-1$ 次的形式,因而函数行列式是 $2n-2$ 次的形式。如果把重数考虑在内,那么,这样的多项式就始终有 $2n-2$ 个零点。所以,如果 α_1, $\alpha_2,\cdots,\alpha_v$ 是 z 球面的奇异点(即如果对于 $z_1:z_2=\alpha_1,\alpha_2,\cdots,\alpha_v$,均有 $\varphi_1\psi_2-\varphi_2\psi_1=0$),且 $\mu_1,\mu_2,\cdots,\mu_v$ 是它们相应的重数,则有

$$\mu_1+\mu_2+\cdots+\mu_v=2n-2。$$

借助保角映射,对应这些点,在 w 球面的黎曼面上存在着 v 个分支点

$$a_1,a_2,\cdots,a_v。$$

这些点必分散于黎曼面上,且分别有 $\mu_1+1,\mu_2+1,\cdots,\mu_v+1$ 个叶相应围绕着它们循环连接。不过应该指出,这些分支点中的不同点可能处于球面的同一位置上,因为对于 $z=a_1,a_2,\cdots,a_v$ 的 $w=\frac{\varphi(z)}{N\psi(z)}$,可能不止一次地给出相同的 w 值。在这样一个点上,可能有互相分

离的两组以上的叶,每一组叶本身则是互相连接的。w 球面上的每一个这样的位置,称为分支位置,我们按顺序记之为 $A,B,C,\cdots$。应该指出,它们的数目可小于 v。

到此为止所作的说明,只能对黎曼面提供一个模糊的概念。现在要把它说完整,以便得到一个更直观的概念。为此,让我们在 w 球面上通过分支位置 $A,B,C,\cdots$ 画一条任意封闭曲线 l。这条曲线没有二重点,而且其形状要尽可能简单(图 6.5),并把由此形成的两个球冠分别称为上冠和下冠。在要讨论的一切例子中,点 $A,B,C,\cdots$ 都是实的,这样自然把实数的大子午圆选作曲线 l,所以上述两部分区域各成为一个半球。

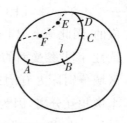

图 6.5

回到一般情况,我们看到,黎曼面上每一对连接的叶,沿着连接两个分支点的一个分支切口相交。你们知道,如果移动这些切口而保持其端点固定,即将这些叶看作沿连接同样的分支点的其他曲线相连接时,黎曼面本质上仍然不变。黎曼面这个概念的巨大概括性,也是它很难掌握之处,就在于这种可变化性。为了给黎曼面以确定的形式,使人得到具体直观的形象,我们移动一切分支切口,使其全体处于通过一切分支点的曲线 l 上。可能有几个分支切口位于 l 的相同部分,而在 l 的另一些部分则可能根本没有任何切口。

现在沿着曲线 l 切割这整个叶丛,即把各个叶都切开。由于已经把所有的分支切口移到 l 上,因此刚才说的切割通过所有的分支切口,致使黎曼面分成了完全不再有分支的 $2n$ 个半叶,而在每个球冠上各有 n 个半叶。如果我们把对应上球冠的那些半叶设想成是加了阴影的,对应下球冠的是未加阴影的,从而简洁地区分为 n 个有阴影的半叶和 n 个无阴影的半叶。现在可以把原来的黎曼面描绘如下:在黎曼面上,每一个有阴影的半叶只是沿 l 的曲线段 $AB,BC,\cdots$ 遇到与之连通的那些无阴影的半叶。同样地,每个无阴影的半叶仅仅沿着上述 l 的曲线段与有阴影的半叶连接。但两个以上的半叶只有可能在一个分支点相遇,而且事实上,围绕着任何 μ 重分支点,$\mu+1$ 个有阴影的半叶要同 $\mu+1$ 个无阴影的半叶交替地相遇。

由于 z 球面上的函数 $w(z)$ 对 w 球面上黎曼面的映射是一一对应的,因此马上把上述连通性条件转移到 z 球面上。由于存在着连续性,因此黎曼面的 $2n$ 个半叶必对应于 $2n$ 个连接的 z 的区域,这些区域分别称为有阴影和无阴影的半区域。这些区域沿 $z(w)$ 的 n 个像相互分离,因为 $z(w)$ 是 n 值函数,所以曲线 l 上的各段 AB,$BC,\cdots$映射到 z 球面上各有 n 个像。每一个有阴影的半区域仅沿着这些像曲线相遇,而每一个无阴影区域只与有阴影的半区域相遇。两个以上的半区域只有在一个 μ 重的临界点上相遇。在这样一个点上,$\mu+1$ 个有阴影区和 $\mu+1$ 个无阴影区会合。

这种把 z 球面分割成 n 个局部区域的做法,有助于详细了解函数 $z(w)$ 的动向,我们将借以讲清 n 个简单的典型例子。下面我就从最简单的例子讲起。

(1)"纯"方程

我们把众所周知的方程

$$z^n = w \tag{4}$$

称为纯方程,引入根号 $z = \sqrt[n]{w}$ 就得到了形式解。但是,这样完全没有讲清 z 和 w 之间的函数关系。因此,将根据一般方法引入齐次变量

$$\frac{w_1}{w_2} = \frac{z_1^n}{z_2^n},$$

考虑右侧分子和分母的函数行列式

$$\begin{vmatrix} nz_1^{n-1} & 0 \\ 0 & nz_2^{n-1} \end{vmatrix} = n^2 z_1^{n-1} \cdot z_2^{n-1}。$$

这个式子显然有 $n-1$ 重的零点 $z_1=0$ 及 $z_2=0$，它们在非齐次形式下就是 $z=0$ 及 $z=\infty$。这些是仅有的临界点，总重数为 $2n-2$。因此，根据一般定理，w 球面上黎曼面的仅有的分支点的位置为 $w=0$ 及 $w=\infty$，据方程 $w=z^n$，这些点对应于两个点 $z=0$ 及 $z=\infty$，每个点有重数 $n-1$，所以在各点上都有 n 叶交替地连接。现在在 w 球面上画出实数子午线作为曲线 l，并在一切分支切口适当移位后，把黎曼面的一切叶沿着这条子午线切开。在曲面所分成的 $2n$ 个半球面中，把 w 球面的后半部分，即对应于虚部为正的 w 的那些半球面，看作是有阴影的。子午线本身被区分为正实数半子午线（图6.6 中实线部分）和负实数半子午线（图 6.6 中虚线部分）。

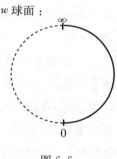

w 球面：

图 6.6

　　现在必须考察这条子午线即曲线 l 在 z 球面上的映像，z 球面就是用这些像典型地划分为半区域的。在正的半子午线上，$w=r$，r 取 0 到 ∞ 的正实数值。对于这些值，根据众所周知的复数公式，我们有

$$z = \sqrt[n]{w} = |\sqrt[n]{r}|\left(\cos\frac{2k\pi}{n} + i\sin\frac{2k\pi}{n}\right), k=0,1,\cdots,n-1。$$

对 k 的不同值，据此式可在 z 球面上得到 n 个半子午线，它们与正实数的半子午线的交角为 $0, \dfrac{2\pi}{n}, \dfrac{4\pi}{n}, \cdots, \dfrac{2(n-1)\pi}{n}$。因此，这些曲线对应于 l 中实线的那半部分。在 w 球面的负半子午线上，必须令

$w=-r=re^{i\pi}$,且仍有 $0 \leqslant r \leqslant \infty$。由此得出

$$z = \sqrt[n]{w} = |\sqrt[n]{r}| \left(\cos \frac{(2k+1)\pi}{n} + i \sin \frac{(2k+1)\pi}{n} \right),$$
$$k = 0, 1, \cdots, n-1。$$

对应于此,在 z 球面上有 n 条半子午线,其"经度"分别为 $\frac{\pi}{n}, \frac{3\pi}{n}, \cdots,$ $\frac{(2n-1)\pi}{n}$,因而等分前述各子午线间的夹角。于是,z 球面从北极到南极被等分为 $2n$ 个全等的角域,类似于橘子的自然分瓣。这个切分与一般理论是一致的。特别是,两个以上的半平面区域,只是在奇异点即两极点上相遇。在上述每个点上,$2n$ 个半区域相遇,对应于重数 $n-1$。

为了给各区域打上阴影,只需把一个区域固定,其他部分交替地画上阴影或者不画。现在请注意,从点 $w=0$ 来看球面的有阴影的一半(即后部)时,实线分界部分在左侧,虚线部分在右侧。由于讲的是保角映射,角的定向不会反转,所以从 z 球面上的点 $z=0$ 来看各阴影部分,位置关系也是相同的,即左侧有一实线的分界,右侧有一虚线的分界。这样就完全确定了 z 球面的区域划分。从对应于 $n=3$,$n=4$ 的情况,图 6.7 和图 6.8 中可以清楚地看到,两个 z 半球面上的区域分布因 n 为偶数或为奇数而有典型的区别。让我们强调一下,为了对这种情况获得一个全面的理解,很有必要转到复球面上去。在复的 z 平面上,将会得到由 $z=0$ 发出的射线作成的扇形划分,而完全看不清 $z=\infty$ 和 $w=\infty$ 作为临界点,与 $z=0$ 和 $w=0$ 作为分支点,二者具有相同的意义。

这就是为了准确了解 z 和 w 之间函数关系所需的要点。现在只要研究 $2n$ 个球面扇形中的各个球面扇形对两个 w 半球形中的某一个的保角映射。不过这里不准备详谈。这种情况是最简单和最明

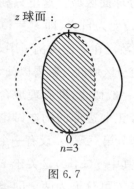

z 球面：

$n=3$

图 6.7

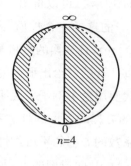

$n=4$

图 6.8

显的例子,是每个学过保角变换的人都熟悉的。在本章第五节中会看到,怎样用这个方法推导出 z 的数值计算。

　　然而这里要解决的是 z 球面上各个全等区域之间的相互关系这个重要问题。说得准确些,在 n 个有阴影的区域中,每一个区域中有一个点使 $w=z^n$ 取得同样的值。相应的 z 值,能否相互表示?事实上,我们注意到对于 $z'=z\cdot\varepsilon$(其中 ε 是 1 的 n 次根中的任何一个),$z'^n=z^n$,即 $w=z^n$ 在所有 n 个位置

$$z'=\varepsilon^\nu\cdot z=\mathrm{e}^{\frac{2\nu i\pi}{n}}\cdot z(\nu=0,1,2,\cdots,n-1) \tag{5}$$

上取同样的值。z' 的这 n 个值是这样分布的:如果 z 取自一个阴影区,则每个阴影区域中均各有一个 z',而且当 z 移动穿过这个区域时,z' 的 n 个值必然穿过各自对应的区域。无阴影区也是如此。变换(2)式中的每一个,用几何方法来表示,就是使 z 球围绕着垂直轴 $0,\infty$ 旋转一个角 $\dfrac{\nu\cdot2\pi}{n}$,因为大家知道,复平面上乘以 $\mathrm{e}^{\frac{2\nu i\pi}{n}}$,表示围绕原点旋转那样一个角度。因此,围绕垂直轴作这 n 个的旋转,球面区域中相应的点以及区域本身就会发生相互转换。

　　如果说我们一开始只确定球面上一个有阴影部分区域,那么按

上面的说明法,可以得出一切类似的部分球面区域。这里只利用了变换(5)的这样一个性质,即它使方程(4)变为自身(即 $z^n = w$ 转换成 $z'^n = w$),且变换的数目等于方程的次数。在下面的例子中,就总是可以一开始就给出那样的线性变换,使子区域的分割得以简化。

我要用这个例子来说明一个重要的一般概念,即有理地含有参数 w 的方程的不可约性。我们已经结合正七边形的构造讨论过带有理系数的方程的不可约性(参看第一部分第三章)。设有一个方程 $f(z,w)=0$(即我们的方程 $z^n - w = 0$),其中 $f(z,w)$ 是关于 z 的一个多项式,其系数为 w 的有理函数,则当 f 可分解为两个同类的多项式的乘积

$$f(z,w) = f_1(z,w) \cdot f_2(z,w),$$

并且右侧每一多项式都真正含有 z 时,称此方程就参数 w 而言是可约的,否则称就参数 w 而言不可约。与以前的概念相比,这个概念的全部推广就在于:我们进行运算的,同时也是上述关于 z 的多项式系数所从属的"有理性域",是由参数 w 的全部有理函数构成,而不是由全部有理数构成。换句话说,我们从数论的概念转移到了函数论的概念。

如果对于每个方程 $f(z,w)=0$ 都借助于黎曼面来说明这一点,我们就可以定出在新意义下可约性的一个简单标准。例如,若此方程可约,则满足此方程的每一组值 z,w,不是满足 $f_1(z,w)=0$,就是满足 $f_2(z,w)=0$。现在,$f_1=0$ 和 $f_2=0$ 的解都可用黎曼面来表示,它们彼此毫无关系,特别是互不连通。这样,属于可约方程 $f(z,w)=0$ 的黎曼面,至少必分成两个分离的部分。

据此可以断言,方程 $z^n - w = 0$ 在函数论的意义下肯定是不可约的,因为已确知在黎曼面的每一个分支点上,n 个叶都是循环相通的。此外,整个黎曼面映射在未分割的 z 球面上,因此,这种分离是

不可能发生的。

与此相关,可以回答前面涉及的一个流行的数学问题,即任意角 n 等分的可能性问题,特别是对 $n=3$,即可否将角三等分的问题。这个问题就是要用圆规和直尺精确作图,把任意角 φ 三等分(当然很容易对 φ 的一系列特殊值作图)。我将提供一个思路,证明不可能按上述的意义将角三等分。为此请回忆正七边形不可能用圆规、直尺作图的证明(参看第一部分第三章)。和在那里完全一样,将把问题归结为解不可约三次方程问题,然后证明这个方程不能用一系列平方根来解。不同之处在于,现在的方程含有一个参数(角 φ),而以前的方程的系数却是整数。因此,必须用函数论上的不可约性取代数论上的不可约性。

为了建立这个问题的方程,请把角 φ 看成是从 w 平面上正实半轴算起的(图 6.9),因而它的动边在点

$$w=\mathrm{e}^{\mathrm{i}\varphi}=\cos \varphi+\mathrm{i} \sin \varphi$$

处与单位圆相交。我们的问题是:对参数 φ 的任意值,找出一个使用有限次圆规、直尺的作图法,求出角 $\frac{\varphi}{3}$ 的边与单位圆的相交点,即求出点

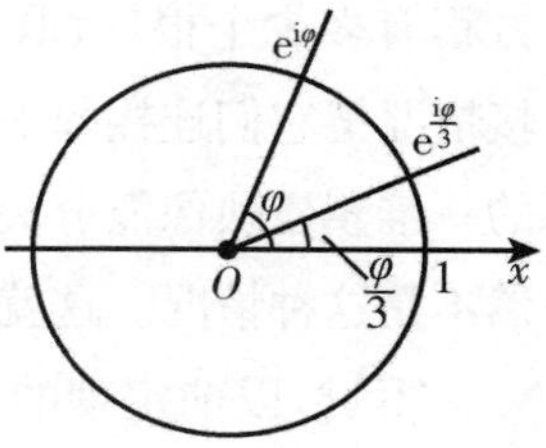

$$z=\mathrm{e}^{\frac{\mathrm{i}\varphi}{3}}=\cos \frac{\varphi}{3}+\mathrm{i} \sin \frac{\varphi}{3}。$$

图 6.9

z 的这个值满足方程

$$z^{3}=\cos \varphi+\mathrm{i} \sin \varphi, \tag{6}$$

而与这个几何问题等价的代数问题,是用 $\sin \varphi$ 和 $\cos \varphi$ 的有理函数的有限次相互叠置的平方根,解出这个方程(见第二部分第三章)。因为这些量是开始作图时的点 w 的坐标。

必须首先证明方程(6)在函数论的意义上是不可约的。这个方程肯定不具有在解释这个一般概念时所假定的形式,因为其中不是有理地含有一个复参数 w,而是含有一个实参数 φ 的两个函数 $\cos\varphi$ 和 $\sin\varphi$,而且是有理地含有这两个函数。作为上述概念在这里的自然延伸,如果多项式 $z^3-(\cos\varphi+i\sin\varphi)$ 能分解成若干个系数为 $\cos\varphi$ 和 $\sin\varphi$ 的有理函数的多项式,即可称其为可约。同时也能像以前一样,为此建立一个准则。如果在(6)式中让 φ 取遍所有实数值,那么,$w=e^{i\varphi}=\cos\varphi+i\sin\varphi$ 的图形就是 w 平面上的单位圆,通过球极射影变换,在 w 球面上有一方程对应于它。此单位圆在方程 $z^3=w$ 的黎曼曲面上所对应的曲线是可以用一笔划出的三叶,而由(6)式唯一地映到 z 球面的单位圆上。因此,在某种意义上,它可以当作"一维黎曼映像"来看。用同样方法,对每一个形如 $f(z,\cos\varphi,\sin\varphi)=0$ 的方程,可按如下方式构造这样一种黎曼映像与之对应:方程有多少个根,就取多少个具有弧长为 φ 的单位圆并按各个根的连接情况把它们连接起来。正如前面一样,由此可以推出,仅当方程(6)的一维黎曼映像能分离成几个部分时,该方程才是可约的,而现在显然不是这种情况。这就证明,方程(6)在函数论的意义上不可约。

不过,以前定理的证明,即有理系数的三次方程,当它可用一系列平方根求解时方为可约,完全可以逐字地用到函数论意义下不可约的方程(6)上来。只需要将该处的"有理数"代之以"$\cos\varphi$ 与 $\sin\varphi$ 的有理函数"即可。这就证明了我们关于"一个任意角不能用有限次圆规、直尺作图来三等分"的论断。因此,三等分角的狂热者必徒劳无功!

现在来处理一个较为复杂的例子。

(2) 二面体方程

所谓二面体方程就是方程

$$w = \frac{1}{2}\left(z^n + \frac{1}{z^n}\right), \tag{7}$$

理由容后述。消去分式即可看出其次数为 $2n$。引入齐次变量,得

$$\frac{w_1}{w_2} = \frac{z_1^{2n} + z_2^{2n}}{2z_1^n \cdot z_2^n},$$

其分子和分母都是 $2n$ 次型。它们的函数行列式是

$$\begin{vmatrix} 2nz_1^{2n-1} & 2nz_2^{2n-1} \\ 2nz_1^{n-1}z_2^n & 2nz_1^n z_2^{n-1} \end{vmatrix} = 4n^2 z_1^{n-1} z_2^{n-1}(z_1^{2n} - z_2^{2n}).$$

这个行列式在 $z_1 = 0$ 和 $z_2 = 0$ 上具有 $n-1$ 重零点,其他 $2n$ 个零点由下式给出

$$z_1^{2n} - z_2^{2n} = 0 \quad \text{或} \left(\frac{z_1}{z_2}\right)^n = \pm 1.$$

如果除了已经用过的 1 的 n 次根

$$\varepsilon = e^{\frac{2i\pi}{n}}$$

以外,再引入 -1 的 n 次元根

$$\varepsilon' = e^{\frac{i\pi}{n}},$$

则这 $2n$ 个零点由下式给出

$$\frac{z_1}{z_2} = \varepsilon^\nu, \frac{z_1}{z_2} = \varepsilon' \varepsilon^\nu \, (\nu = 0, 1, \cdots, n-1).$$

既然对应于这些点的值 $z = \frac{z_1}{z_2}$,其绝对值都等于 1,可知它们都位于 z 球面的赤道上(对应于 z 平面的单位圆),其角度间隔均为 $\frac{\pi}{n}$。因而作为 z 球面的临界点,我们有

(a) 南极 $z = 0$ 和北极 $z = \infty$,重数各为 $n-1$。

(b) 赤道上的 $2n$ 个点 $z=\varepsilon^\nu$, $z=\varepsilon'\varepsilon^\nu$, 重数各为 1。

重数之和为 $2(n-1)+2n\cdot 1=4n-2$, 符合前面关于 $2n$ 次的一般定理的要求。借助于方程(7), 对应于 z 球面上的特殊的点 $z=0$, $z=\infty$, 都有 w 球面上的 $w=\infty$。此外, 对应于一切点 $z=\varepsilon^\nu$, 有 $w=+1$; 对应于一切点 $z=\varepsilon'\cdot\varepsilon^\nu$, 有 $w=-1$。因而, 在 w 球面上只有 3 个分支点 ∞, $+1$, -1。这些点的位置如下:

$w=\infty$, 两个重数为 $n-1$ 的分支点;

$w=+1$, n 个重数为 1 的分支点;

$w=-1$, n 个重数为 1 的分支点。

因此, 黎曼面有 $2n$ 个叶, 其组合情况如下: 在点 $w=\infty$ 处, 分为两组, 每组 n 个叶, 循环相连; 在 $w=+1$ 和 $w=-1$ 处, 各分为 n 组, 每组两叶。研究了 z 球面相应地分割成半区域后, 就会明白这些叶的排列。

为此目的, 正如前面所说的, 最好了解一下将方程(7)变成自身的线性变换。像纯方程的情况一样, 方程(7)在下述 n 个变换

$$z'=\varepsilon^\nu z\,(\nu=0,1,\cdots,n-1), \text{其中} \varepsilon=e^{\frac{2i\pi}{n}} \tag{8a}$$

下不变, 因为对这些变换, $z'^n=z^n$。同样, 在另外 n 个变换

$$z'=\frac{\varepsilon^\nu}{z}\,(\nu=0,1,\cdots,n-1) \tag{8b}$$

下, 它也不变, 因为这些变换只是把 z^n 变为 $\dfrac{1}{z^n}$。

因此, 我们有 $2n$ 个线性变换使方程(7)变为自身, 总个数恰好和方程(7)的次数相等。如果对于 w 的一个给定值 w_0 知道方程的一个根 z_0, 立刻就知道 $2n$ 个根 $\varepsilon^\nu\cdot z_0$ 和 $\dfrac{\varepsilon^\nu}{z_0}(\nu=0,1,\cdots,n-1)$。虽然它们与 w 的同一个值 w_0 相对应, 但这些根一般是不同的。也就是说, 求出了 n 次单位根 ε 以后, 也就知道了方程的全部根。

现在来研究若将 w 球面的黎曼面沿实子午线切割，z 球面怎样分割。就像前一个例子一样，这里将 w 球面的实子午线按各分支点分为 3 段，一段是由 $+1$ 到 ∞（图 6.10 左实线标出部分），另一段是由 ∞ 到 -1（短线段标出部分），还有一段是 -1 到 $+1$（点线段标出部分）。与这 3 段中的每一段相对应的，有 z 球面上的 $2n$ 个不同的曲线段，它们可以通过 $2n$ 个线性变换（8）从其中任一段导出。因此，只要求这些线段中的一个就足够了。此外，所有这些线段必然连接临界点 $z=0,\infty,\varepsilon^\nu,\varepsilon'\cdot\varepsilon^\nu$，所以我们在 z 球面上标明它们。正像前一个例子一样，因 n 的奇偶不同，其形式也略有不同。这只要拿一个确定的情况例如 $n=6$ 来说明就够了。图 6.10 是正交射影中的 z 球面前半部分。我们看到，在赤道上，从左到右相隔 $60°$，分别有 $\varepsilon^3=-1,\varepsilon^4$，$\varepsilon^5,\varepsilon^6=1$，在它们的中间等分位置上还有 $\varepsilon'\cdot\varepsilon^3,\varepsilon'\cdot\varepsilon^4=-\mathrm{i}$ 和 $\varepsilon'\cdot\varepsilon^5$。

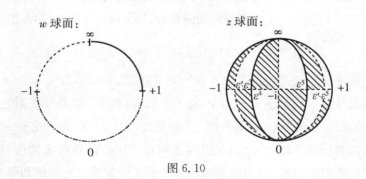

图 6.10

现在我们将看到，实 z 子午线的象限圆 $+1<z<\infty$，对应于实 w 子午线的 $+1<w<\infty$ 部分（实线标明的部分）。事实上，如果置 $z=r$，令 r 从 1 到 ∞ 取实数值，那么 $w=\dfrac{1}{2}\left(z^n+\dfrac{1}{z_n}\right)=\dfrac{1}{2}\left(r^n+\dfrac{1}{r^n}\right)$ 也将从 1 取实数值增加到 ∞，从这条曲线，通过 n 个线性变换（8a），得出 z 球面上由实线标明的其他几条曲线。但是，正如在前一例中所看

到的,这些变换意味着球面围绕着垂直轴$(0,\infty)$分别转过角$\dfrac{2\pi}{n}$,

$\dfrac{4\pi}{n},\cdots,\dfrac{2(n-1)\pi}{n}$。这样从北极$\infty$到赤道上的点$\varepsilon^\nu$得到$n$个子午线

象限圆。如果运用变换$z'=\dfrac{1}{z}$,把子午线上从$+1$到∞的象限圆变

换成从$+1$到0的实子午线下部的象限圆,就得到另一条用实线标

明的曲线。如果对这个象限圆进行n个旋转(8a),加上$z'=\dfrac{1}{z}$,合成

n个变换(8b),就得出另外n个子午线象限圆,它们把南极同赤道点

ε^ν连接起来。现在事实上有了$2n$条以实线标明的曲线,对应于w

球面上以实线标明的象限圆。对于$n=6$的特殊情况,这些曲线组成

3条完整的子午线,由实子午线经旋转$0°,60°,120°$而成。

现在很明显,当r取遍从$+1$到∞的实数值时,值$z=\varepsilon'\cdot r$的全体

对应于实子午线w上以点线标明的部分,因为此时由方程(7)得出

$$w=\frac{1}{2}\left(\varepsilon'^{n}r^{n}+\frac{1}{\varepsilon'^{n}r^{n}}\right)=-\frac{1}{2}\left(r^{n}+\frac{1}{r^{n}}\right).$$

这个式子实际上是通过实数值从-1下降到$-\infty$的,但$z=\varepsilon'\cdot r$所

表示的是从∞到赤道上的点ε^ν的子午线象限圆。如果现在对它实

施变换(8a)、(8b),像前面一样,就会发现,对应于实子午线w的以

点线标明的部分,将是把南北极同赤道点$\varepsilon'\cdot\varepsilon^\nu$连接起来的所有子

午线的象限圆,它们将前面得出的那些子午线象限圆之间的角等分。

对于$n=6$的特殊情况,它们由实子午线经过$30°,90°,150°$的旋转所

变成的3条完整的子午线组成。

剩下来的问题就是求对应于以点线段标明的半子午线$-1<$

$w<+1$的$2n$个曲线段。我们将证明,它们是z球面赤道上连接点

ε^ν和$\varepsilon'\cdot\varepsilon^\nu$的曲线段。事实上,赤道所表示的是绝对值为1的点,因

而由$z=e^{i\varphi}$给出,其中φ是从0至2π的实数。由此得

$$w=\frac{1}{2}\left(z^n+\frac{1}{z^n}\right)=\frac{1}{2}(\mathrm{e}^{ni\varphi}+\mathrm{e}^{-ni\varphi})=\cos n\varphi.$$

这个表示式始终是实的,其绝对值不大于 1。事实上,当 φ 由 $\frac{\pi}{n}$ 的一个倍数变到下一个倍数,即 z 走过这里所讲的曲线段之一时,它取 $+1$ 与 -1 之间的每一个值一次。

以这种方式确定的曲线,把 z 球面分成 $2\times2n$ 个三角半区域,并以 3 条曲线各一条为界,而各半区域又对应于黎曼面的半叶。几个区域只能在临界点上相遇。于是根据本节前面提到的重数表,北极和南极为 $2n$ 重,每个点 ε^ν 和 $\varepsilon'\varepsilon^\nu$ 为 2×2 重。为了确定这些区域中哪一些是要加阴影的区域,我们注意到,当 w 按实线、短线段和点线段标明的实子午线顺序移动时,w 球面的后一半处在它的左边。由于映射是保角的,因此应加阴影的是那些边界按上述走向的那些半区域,而其余部分则不加阴影。

现在已对方程中所建立的 z 和 w 的相互依赖关系得出一个完整的几何图形。本来可以更详尽地加以解释,进一步探讨将单个三角形域映射成 w 半球的保角变换关系,但不这样做了,我只扼要描述一下 $n=6$ 的情况,对这个情况我已经给了特别的注意。此时,z 球面可以分为 12 个有阴影的三角和 12 个无阴影的三角,其中每一种三角有 6 个可以在图 6.11 中看到。每一种三角中有 6 个在一个极上相遇,有两个在赤道的 12 个等距离点中的一点上相遇。每个三角形被保角映射到同类的一个 w 半叶上。在黎曼面的半叶中,每一类有 6 个在分支位置 ∞ 上连接,有两个在每一个分支位置 ±1 上连接,这对应 z 球面上半区域的分组。

我们可以得到关于 z 球面划分的一种方便图形,由于它同即将出现的一些图形有类似之处,因此特别有价值。现在说明如下:如果

把赤道上 n 个等距离点(即 ε^ν)用直线按顺序连接起来,并把其中的每一个点同两极连接起来,那么就得到了一个对顶棱锥,它有 $2n$ 个面且内接于球面(图 6.11 中有 12 个面);如果现在从中心把 z 球面的区块投影到对顶棱锥上,就可以把每一个锥面用从极点作的高分成有阴影和无阴影的两半。如果用这个对顶棱锥来表示 z 球面的划分,因而用以表示我们的函数,那么对顶棱锥的作用就同下面要出现的正多面体的例子中的作用相类似。如果设想把对顶棱锥压到它的底面上去,并考虑由此产生的双重正 n 边形(六边形),其上下两面被通过其中心和顶点及各边中点的直线各自分为 $2n$ 个三角形(图 6.12),那么情形就完全相同了。我习惯于称这个图形为二面体,并将它看作与柏拉图时代以来一直在研究的 5 个正多面体属于一类。它事实上满足定义正多面体的一切条件,因为它的面(n 边形的两面)是全等的正多边形,而且具有全等的边(n 边形的边)和全等的顶点(n 边形的顶点)。唯一区别是它不是真正立体的边界,它包含的体积为 0。因此,柏拉图定理之所谓仅有 5 个正立体,只有在定义中加进指出真正立体的条件下才是正确的,而在证明中始终隐含着这个要求。

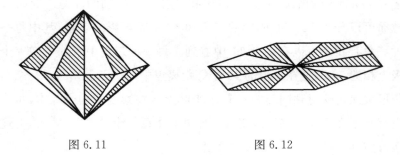

图 6.11　　　　　　　　　图 6.12

如果从二面体出发,将之投影到该球面上,不仅把它的顶点,而且把它的边和面的中心都投影到球面上,但后者的投影射线要垂直于二面体的平面,那么就得到 z 球面的划分。因此也可以认为这个二面体表示按我们的方程所建立的在 w 和 z 之间的函数关系。由此可见,已经用过的那个简单扼要的名称——二面体方程,是恰当的。

下面就要考虑已经提到过的、与柏拉图正多面体密切相关的那些方程。

(3) 四面体、八面体、二十面体方程

我们将看到,后两个方程同样可称为六面体和十二面体方程。这样的话,所有 5 种正多面体都包括进去了。在这一节里,将走同前一节例子相反的路子。我们将从正多面体出发,导出球面的区域划分,然后建立适当的代数方程,使球面分区图形成为对代数方程的恰当的几何解释。但我时常不得不限于做一些提示,遇到这种地方,请立刻参考我的书:《二十面体和五次方程求解的讲义》(*Vorlesungen über das Ikosaeder und die Auflösung der Gleichungen vom fünften Grade*)[①]。在那本书里,可以找到对范围很广的整个理论的系统说明,以及它与有关领域的关系。

此外,我将平行地讲解 3 种情况,并先从四面体的球面剖分开始。

(1) 四面体(图 6.13)。把四面体的 4 个等边三角形各用其 3 个高各分成 6 个小三角形,这 6 个小三角形可分成两组,每组有 3 个彼此全等的三角形,而任两个相互不全等的三角形是对称的。这样就把整个四面体的面分成了 24 个三角形,属于两组,各含有 12 个全

---

① 莱比锡,1884 年。后面提到时,称《二十面体》。此书曾由 G. C. 莫里斯(G. C. Morrice)译成英文,名为《二十面体讲义》,克莱因著,1911 年修订版,基根·保罗(Kegan Paul)股份公司。

等的三角形,而一组内的任一个对称于另一组的任一个。我们把一组的三角形画上阴影。这 24 个三角形的顶点可分成下述 3 类,使每个三角形在每一类顶点中都具有一个顶点:

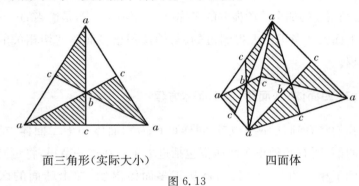

面三角形(实际大小)　　　　　　四面体

图 6.13

(a) 四面体的原来 4 个顶点,在每一个顶点处均有 3 个有阴影和 3 个无阴影的三角形相遇。

(b) 4 个面的 4 个重心,它们决定了另一个正四面体(所谓共四面体);在这 4 个重心中的任一个重心上,每一组均有 3 个三角形相遇。

(c) 棱的 6 个中点,决定了一个正八面体;在这 6 个中点的每一点,每一组中各有 2 个三角形相遇。

如果从四面体的重心出发,将此三角形分割投影于外接球面上,那么外接球面又可分为 $2×12$ 个三角形,这些三角形都以大圆弧为边界,或互为全等或彼此对称。环绕着(a)、(b)、(c)类的每一个顶点,相应地有 6 个、6 个、4 个相等的角。因为环绕球面上一个点的角度之和为 2π,所以每个球面三角形在(a)或(b)类顶点的顶角为 $\frac{\pi}{3}$,而在(c)类顶点的顶角为 $\frac{\pi}{2}$。

这种球面划分的典型特征,还有四面体本身的特征,都是围绕其中心作一系列旋转可将它们变换成自身。仔细看一下那个四面体及其划分的模型就能明白。对本章而言,只要指出可能的旋转的个数就足够了(这里,静止位置也作为恒等旋转而被包括在内)。如果取原四面体的一个确定的顶点,那么,通过旋转,此顶点就可以变换为四面体的任一个顶点(包括它本身),一共有 4 种可能性。若将此顶点固定在这 4 个位置中的任一个位置上,则仍能用 3 种不同的方式旋转变换四面体,也就是绕穿过该顶点及其所对面心的轴旋转 0°,120°和 240°。因此共有 $4 \times 3 = 12$ 个旋转,把四面体或外接球面的相应三角形划分转换成其自身。通过这些旋转,可以使预先指定的有(或无)阴影的三角形转换成其他任一个有(或无)阴影的三角形。取定第二个三角形之后,特定的旋转也就确定了。这 12 个旋转显然形成被称为 G_{12} 的群,其中含有 12 个运算。它的意思是说,若逐次进行其中两个运算,其结果为 12 个旋转之一。

如果把这个球面看作 z 球面,那么这 12 个旋转的每一个都能以 z 的线性变换来表示,这样产生的 12 个线性变换就会使对应于四面体的方程变换为自身。为了比较起见,我要指出,也可把二面体方程的 $2n$ 个线性变换解释为使二面体旋转为自身的旋转的总体。

(2) 现在可以用类似的方式处理八面体(图 6.14),这样也许简单一些。可以像前面一样,把其中每个面分成 6 个小三角形,由此得到这样一种划分:把八面体整个表面分成全等的 24 个有阴影的和 24 个无阴影的全等三角形,而无阴影的三角形与有阴影的三角形互相对称。其 3 类顶点为:

(a) 八面体的 6 个顶点,每类三角形中各有 4 个在这些顶点相遇。

(b) 8 个面的 8 个重心,它们形成一个立方体的顶点,在这些顶点上两类三角形每类各有 3 个相遇。

(c) 各边的 12 个中点,在每个中点,两类三角形每类各有 2 个相遇。

如果现在来研究外接球面,那么通过中心射影,可以得到 2×24 个球面三角形的划分,这些三角形或为全等或为对称,其中每一个三角形在

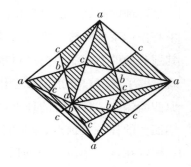

图 6.14

(a)类顶点处的角是 $\frac{\pi}{4}$,在(b)类顶点

处的角是 $\frac{\pi}{3}$,在(c)类顶点处的角是

$\frac{\pi}{2}$。由于顶点 b 形成一个立方体,所以很容易看出,如果从立方体出发,把顶点和它的各面和各边的中心投影到球面上,那么在球面上也可以得到同样的划分。换句话说,我们不必再对这个立方体给予特别的注意。

正如前面一样,很容易看出,通过形成群 G_{24} 的 24 个旋转变换,八面体以及球面的划分将变换成自身。而且,一旦预先指定的有阴影三角形被转换为另一确定的有阴影三角形时,这个旋转就完全确定下来了。

(3) 最后考虑正二十面体(图 6.15)。也同样从 20 个三角形的面的划分开始,得到 60 个有阴影的和 60 个没有阴影的小三角形。它们具有如下 3 类顶点:

(a) 二十面体的 12 个顶点,每类三角形各有 5 个在此点相遇。

(b) 二十个面的 20 个中心,它们组成正

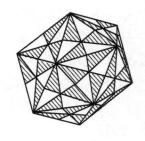

图 6.15

十二面体的顶点,每类三角形各有 3 个在这类点相遇。

(c) 所有边的中点共 30 个,每类三角形各有 2 个在这类顶点相遇。

过渡到球面上时,每个球面三角形在(a)类、(b)类、(c)类顶点相应的顶角是 $\frac{\pi}{5}, \frac{\pi}{3}, \frac{\pi}{2}$。从(b)类顶点的性质,可如前面的考虑一样,得知考虑正十二面体,也可以得到同样的划分。

最后,正二十面体及其对应的球面划分通过围绕其中心的 60 个旋转所成的变换群 G_{60} 而变换成自己。就像正八面体的情形一样,只要看一个模型,你们就会明白这些旋转。

现列出已考虑过的 3 种情况下球面三角形的角(这里再加上二面体):

二面体:$\frac{\pi}{2}, \frac{\pi}{n}, \frac{\pi}{2}$;

四面体:$\frac{\pi}{3}, \frac{\pi}{3}, \frac{\pi}{2}$;

八面体:$\frac{\pi}{4}, \frac{\pi}{3}, \frac{\pi}{2}$;

二十面体:$\frac{\pi}{5}, \frac{\pi}{3}, \frac{\pi}{2}$。

我可以把库默尔说过的一个笑话变一个样子说,搞自然科学的人会立刻由此得出结论,以为球面还可以作其他的划分,并使划分的结果具有类似的性质,而具有 $\frac{\pi}{6}, \frac{\pi}{3}, \frac{\pi}{2}; \frac{\pi}{7}, \frac{\pi}{3}, \frac{\pi}{2}$ 之类的顶角。当然数学家是不会冒类此推断的危险的,他在这种地方小心从事是有道理的,因为这类球面划分事实上已列举殆尽,再不可能有其他分法了。这与以下的事实当然有关系:不存在其他的正多面体。我们可以在整数的一个性质中看出这个事实的终极解释,而不可再归结为更简单的解释。这个解释就是球面三角形的每个角必须是 π 的整数等分中的一份,例如说 $\dfrac{\pi}{m},\dfrac{\pi}{n},\dfrac{\pi}{r}$,且分母要满足不等式

$$\frac{1}{m}+\frac{1}{n}+\frac{1}{r}>1。$$

这个不等式有一个性质,即它的整数解只能是上表列出的那些。这个不等式很容易理解,因为它只不过表明了一个事实,即球面三角形各角之和大于 π。

我想在这里提一下,正如你们中某些人无疑已知道的,这个理论的适当推广也不会越过这些看来太狭窄的范围很远:自守函数理论涉及将球面划分成无穷多个三角形,而其内角和小于或等于 π。

(4) 续:建立正规方程

现在进入问题的第二部分,建立形式如下方程

$$\varphi(z)-w\psi(z)=0 \quad \text{或} \quad w=\frac{\varphi(z)}{\psi(z)}。 \tag{9}$$

这个方程相应属于球面的上述 3 种划分,即将 w 球面的两个半球射影为 z 球面上 $2\times12,2\times24$ 或 2×60 个小三角形。对每个 w 值,一般必有对应的 $12,24,60$ 个 z 值,每一个值都处于适当类型的一个三角形之内。因此,所求的方程在这 3 种情况下,其次数必然分别为 $12,24,60$,我们将一般地记为 N。现在,每个局部区域接触 3 个临界点;因此,在每种情况下,w 球面上必然都有 3 个支点。按习惯指定其为 $w=0,1,\infty$,且再度选取通过这 3 点的实子午线为切口曲线 l,它的 3 段将对应于 z 球面上三角形的边界。

在 3 种情况的任一情况下,都取各面的重心(按以前的记号是 (b) 类顶点)对应于点 $w=0$,各边中点((c) 类顶点)对应于点 $w=1$,多面体的顶点((a) 类顶点)对应于点 $w=\infty$(图 6.16)。于是三角形

的各边按指定的方法被映射成 w 子午线的 3 个线段,有阴影的三角形对应于 w 的后半球,无阴影的三角形对应于 w 的前半球。根据这些对应关系,方程(9)就是将 z 球面映像成以 $0,1,\infty$ 为支点的 w 球面的 N 叶黎曼面的单值映射。

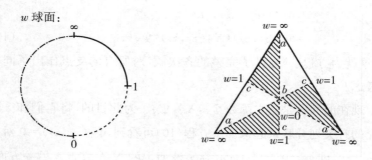

图 6.16

可以借助一般函数论的理论先验地推导出这个方程存在性的证明,但我假设我们不具备这个方法所需的知识,因而在此用经验方法去构造各种方程。这个方法也许能使我们对各个情况形成更生动的直观。

将方程(9)写成齐次变量形式:

$$\frac{w_1}{w_2}=\frac{\Phi_N(z_1,z_2)}{\Psi_N(z_1,z_2)},$$

其中 Φ_N,Ψ_N 是 z_1,z_2 的 $N(N=12,24$ 或 $60)$ 次齐次多项式。在这种形式的方程中,w 球面上的点 $w_1=0,w_2=0$(即 $w=0,\infty$)似乎比第三个支点 $w=1$(齐次形式为 $w_1-w_2=0$)更受重视。但是就我们的目的而言,由于 3 个支点是同等重要的,不妨也考虑下面形式的方程

$$\frac{w_1-w_2}{w_2}=\frac{X_N(z_1,z_2)}{\Psi_N(z_1,z_2)},$$

其中分子 $X_N=\Phi_N-\Psi_N$ 也是 N 次形式。这两个方程可以都包括在连比例式

$$w_1:(w_1-w_2):w_2$$
$$=\Phi_N(z_1,z_2):X_N(z_1,z_2):\Psi_N(z_1,z_2) \tag{10}$$

中,这就为方程(9)提供了完整的齐次式,对所有的支点作出了同等的考虑。

现在的问题是建立函数 Φ_N,X_N,Ψ_N。为此目的,将它们和 z 球面上的有关划分联系起来。从方程(10)可看到,$\Phi_N(z_1,z_2)=0$ 对应于 $w_1=0$,即 $w=0$ 对应于 Φ_N 在 z 球面上的 N 个零点。另一方面,多面体各面的重心(划分的(b)类顶点)在各种情况下都有 $\frac{N}{3}$ 个,据我们的假设,它们必须对应于支点 $w=0$。每一个重心必然是我们方程的三重根,因为 z 球面上总有 3 个有阴影和 3 个没有阴影的三角形在每个这样的点相遇。因此,这些重数为 3 的点,提供了所有对应于 $w=0$ 的位置,亦即 Φ_N 的所有零点。Φ_N 只含三重零点,故必为某 $\frac{N}{3}$ 次函数 $\varphi_N(z_1,z_2)$ 的三次方

$$\Phi_N=[\varphi_{\frac{N}{3}}(z_1,z_2)]^3。$$

用同样的方法可推出,$X_N=0$ 的零点对应于 $w=1$(即 $w_1-w_2=0$)的位置,且等同于多面体各边的 $\frac{N}{2}$ 个中点(据我们划分,为(c)类顶点),每个中心计算两次。因而,X_N 必然是某个 $\frac{N}{2}$ 次函数的平方

$$X_N = \left[\chi_{\frac{N}{2}}(z_1,z_2)\right]^2 \text{。}$$

最后，Ψ_N 的零点对应于点 $w=\infty$，因而必然要等同于多面体的顶点（（a）类顶点），但在这些顶点上，因各种情况而分别有 3 个、4 个或 5 个三角形相遇，因而我们有

$$\Psi_N = \left[\psi_{\frac{N}{\nu}}(z_1,z_2)\right]^\nu, \text{其中 } \nu=3,4 \text{ 或 } 5 \text{。}$$

我们的方程（10）因而必然具有形式

$$w_1:(w_1-w_2):w_2$$
$$=\varphi(z_1,z_2)^3:\chi(z_1,z_2)^2:\psi(z_1,z_2)^\nu, \tag{11}$$

其中 φ,χ,ψ 的次数与幂数及方程的次数 N 列于下面：

　　四面体：$\varphi_4^3, \chi_6^2, \psi_4^3; N=12$；

　　八面体：$\varphi_8^3, \chi_{12}^2, \psi_6^4; N=24$；

　　二十面体：$\varphi_{20}^3, \chi_{30}^2, \psi_{12}^5; N=60$。

我现在要简略地证明，已讨论过的二面体方程也能归入格式（11）之内。只要回忆一下，在此情况下，我们选择 $-1,+1,\infty$，而不是后来取的 $0,+1,\infty$，作为 w 球面上的支点。这样，只要把二面体方程改为

$$(w_1+w_2):(w_1-w_2):w_2=\Phi:X:\Psi,$$

就可以得到与（11）式完全类似的结果。现在从用过的二面体方程

$$\frac{w_1}{w_2}=\frac{z_1^{2n}+z_2^{2n}}{2z_1^n z_2^n}$$

出发，通过化简，可得

$$(w_1+w_2):(w_1-w_2):w_2$$
$$=(z_1^{2n}+z_2^{2n}+2z_1^n z_2^n):(z_1^{2n}+z_2^{2n}-2z_1^n z_2^n):(2z_1^n z_2^n)$$
$$=(z_1^n+z_2^n)^2:(z_1^n-z_2^n)^2:2(z_1 z_2)^n,$$

因此上面的表中可以加上

二面体:$\varphi_n^2, \chi_n^2, \psi_2^n$;$N=2n$。

由此方程的形式即可看出临界点及其重数,与我们以前找到的完全一致(见"二面体方程"一节)。

现在在这 3 种情况下,实际找出 φ, χ, ψ 的形式。我只详细介绍八面体,因为在这种情况下关系是最简单的。但即使对八面体,有时也只给出提示或结果,以便在简述的范围之内。希望详细了解的人,可查阅我的讨论二十面体的那本书。为简单起见。想象该八面体在 z 球面上的位置使 6 个顶点处于

$$z=0, \infty, +1, +i, -1, -i,$$

如图 6.17 所示。于是很容易给出代表八面体旋转,即使这 6 个点互换的 24 个线性变换。我们从顶点 0 和 ∞ 保持固定的 4 个旋转开始,它们是

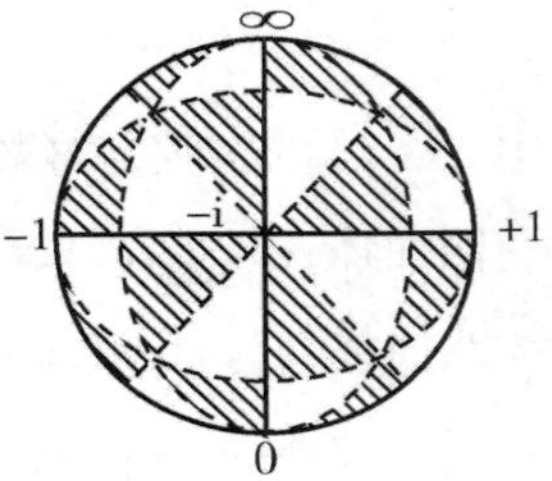

$$z'=i^k \cdot z \quad (k=0,1,2,3)。 \quad (12a)$$

图 6.17

然后通过变换 $z'=\dfrac{1}{z}$ 将 $0, \infty$ 两点互换

(即绕水平轴 $+1, -1$ 旋转 $180°$,它仍使八面体的每一个顶点转换到另一个顶点)。再作 4 个旋转(12a),即得 4 个新变换

$$z'=\frac{i^k}{z} \quad (k=0,1,2,3)。 \quad (12b)$$

同样地,通过 4 个变换

$$z'=\frac{z+1}{z-1}, \frac{z+i}{z-i}, \frac{z-1}{z+1}, \frac{z-i}{z+i},$$

将剩下的 4 个点 $z=1, i, -1, -i$ 依次变为 ∞,它们显然会使八面体的 6 个顶点互换,每一次再施以变换(12a),从而得到八面体的另外

$(4\times4=)16$ 个变换

$$\begin{cases} z'=\mathrm{i}^k\dfrac{z+1}{z-1}, z'=\mathrm{i}^k\dfrac{z-1}{z+1}, \\ z'=\mathrm{i}^k\dfrac{z+\mathrm{i}}{z-\mathrm{i}}, z'=\mathrm{i}^k\dfrac{z-\mathrm{i}}{z+\mathrm{i}}, \end{cases} ,k=0,1,2,3。 \qquad (12c)$$

这样就找到了所需要的 24 个变换。通过计算,很容易证明,它们事实上将八面体的 6 个顶点互换,并形成群 G_{24},即逐次施加任两个变换,仍然得到(12)式中的一个变换。

现在构造在八面体的顶点处为零的函数 ψ_6。点 $z=0$ 给出因式 z_1,点 $z=\infty$ 给出因式 z_2,因式 $z_1^4-z_2^4=0$ 将给出单根 $\pm1,\pm\mathrm{i}$,从而最后得

$$\psi_6=z_1\cdot z_2(z_1^4-z_2^4)。 \qquad (13a)$$

构造函数 φ_8 和 χ_{12} 要困难得多,它们分别在八面体的各面和各边的中心取零值。我们不去推导,只指出它们是[1]

$$\begin{cases} \varphi_8=z_1^8+14z_1^4z_2^4+z_2^8, \\ \chi_{12}=z_1^{12}-33z_1^8z_2^4-33z_1^4z_2^8+z_2^{12}。 \end{cases} \qquad (13b)$$

不用说,在这 3 个式子中,每一个式子都有一个特定常数因子。如果 $\varphi_8,\psi_6,\chi_{12}$ 表示(5)式那样的规范化的形式,则在八面体方程(11)中必须插入待定常数 c_1,c_2,写成

$$w_1:(w_1-w_2):w_2=\varphi_8^3:c_1\chi_{12}^2:c_2\psi_6^4。$$

现在,常数 c 必须这样确定,使得两个在 z 与 w 之间的方程实际上给出的是一个方程。当且仅当

---

① 参阅《二十面体》,第 54 页。

$$\varphi_8^3 - c_2\psi_6^4 = c_1\chi_{12}^2$$

对 z_1, z_2 恒成立时,这才有可能。这个关系只能由确定的常数值 c_1 和 c_2 来满足。简单的计算表明,恒等式

$$\varphi_8^3 - 108\psi_6^4 = \chi_{12}^2$$

必然成立。于是八面体方程变成

$$w_1 : (w_1 - w_2) : w_2 = \varphi_8^3 : \chi_{12}^2 : 108\psi_6^4。 \tag{14}$$

由于式子 φ, χ, ψ 按上述给出,故此方程确实将点 $0, 1, \infty$ 分别映射于八面体各面的中心、各边的中点和各顶点,并具有相应的重数。而且,八面体的 24 个变换(12)式将它变为自身,因为它们把式子 φ, χ, ψ 的每个零点仍变为它们自身,同时使每个式子改变一个乘数因子。计算表明,取商后,这些因子将会消失。

剩下的是证明方程(14)确实将 z 球面上有阴影或无阴影的三角形保角地映射成 w 的前半或后半球面。我们知道,w 的实子午线的点 $0, 1, \infty$ 对应于每个三角形的 3 个顶点,但对每个 w 值,方程有 24 个 z 的根。因为这些根必然分布在 24 个三角形内,在一个三角形内,w 最多只能取一次给定的值。只要能证明在三角形的 3 个边界上 w 保持是实的,就很容易证明存在一一对应映像,将三角形的每个边变为实 w 子午线的一段;也存在一个类似的映像将三角形的整个内部变换为相应的半球,且映像是不反转角度的定向的保角映射。利用函数 $w(z)$ 的连续性和解析特性,你们自己也可以得出这些结论。我只指出关键的一步,即证明 w 的实线映射为三角形的边界。

有一个比较方便的证明法,就是先证明由八面体分割而产生的所有大圆对应的 w 是实的。这些大圆是:通过八面体 6 个顶点中任意 4 个顶点的 3 个互相垂直的大圆(主圆,图 6.17 的实线所示),其

次是对应于各面高线并将主圆间夹角平分的 6 个圆（辅圆，图 6.17
的虚线所示）。通过相应于八面体的变换，可以将每一个主圆变换成
另一个主圆，也可以将每个辅圆变换成另一个辅圆。因此只要能证
明，在一个主圆和一个辅圆上的每一点，函数 w 取实数值就足够了，
因为它在其他的圆上必然取同样的值。z 球面的实数子午圆是主圆
之一，据(14)式，在此圆上的值为

$$w = \frac{w_1}{w_2} = \frac{\varphi_8^3}{108\psi_6^4}.$$

因 φ 和 ψ 是 z_1 和 z_2 的实多项式，w 当然也是实的。从辅圆中，选一
个通过 0 和 ∞ 且与实子午圆成 45°角的圆，其上 $z = \mathrm{e}^{\frac{\mathrm{i}\pi}{4}} \cdot r$，$r$ 从 $-\infty$
到 $+\infty$ 取遍实数。在此圆上，$z^4 = \mathrm{e}^{\mathrm{i}\pi} \cdot r^4 = -r^4$ 是实的。因在(13)
式内的 φ_8 和 ψ_6 的四次幂中只含 z_1 和 z_2 的四次幂，故上式表明 w
是实的。

由此即得证明：方程(14)事实上将 w 半球或其上的黎曼面保角
映射到 z 球面的对应于八面体的三角形划分上，这样和以前的例子
一样完整地从几何上求得由此方程所建立的 z 和 w 之间的依赖
关系。

四面体和二十面体可按同样方法处理，我只叙述其结果。和前
面一样，这些结果是在 z 球面的划分具有最简单的位置下得到的。
四面体方程[①]是：

$$w_1 : (w_1 - w_2) : w_2 = (z_1^4 - 2\sqrt{-3}z_1^2 z_2^2 + z_2^4)^3$$
$$: -12\sqrt{-3}[z_1 z_2(z_1^4 - z_2^4)]^2$$
$$: (z_1^4 + 2\sqrt{-3}z_1^2 z_2^2 + z_2^4)^3;$$

---

① 参阅《二十面体》，第 51 页及第 60 页。

二十面体的方程[①]是：

$$w_1 : (w_1 - w_2) : w_2$$
$$= [-(z_1^{20} + z_2^{20}) + 228(z_1^{15} z_2^5 - z_1^5 z_2^{15}) - 494 z_1^{10} z_2^{10}]^3$$
$$: -[(z_1^{30} + z_2^{30}) + 522(z_1^{25} z_2^5 - z_1^5 z_2^{25}) - 10\,005(z_1^{20} z_2^{10} + z_1^{10} z_2^{20})]^2$$
$$: 1\,728[z_1 z_2 (z_1^{10} + 11 z_1^5 z_2^5 - z_2^{10})]^5 。$$

即：这些方程相应地将 w 半球保角地映射到相应于四面体和二十面体的 z 球面的有阴影和无阴影的三角形上。

(5) 关于正规方程的解

现在考虑那些我们已讨论过的方程的某些公共性质，我们将称这些方程为正规方程。

首先要注意，我们的所有正规方程，其性质之所以极其简单，是由于把它们变为其自身的线性变换的数目正是其次数，即其所有的根都是其某一个根的线性函数，且其球面划分已将一切需要考虑的关系用十分明显的几何图像表现出来。如果结合二十面体方程来提出某一个问题，那么许多事情会显得十分简单，否则如此高次方程通常会把问题搞得很复杂。

设实值 w 被给定在 w 的实子午线的 $(1, \infty)$ 段内(图 6.18)，我们要问一下当 $w = w_0$ 时二十面体方程的 60 个根 z 的问题。我们的映射理论立即告诉我们：z 球面的 60 个三角形的某一边界(图 6.16 的实线)上都

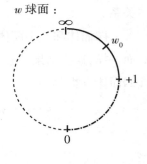

w 球面：

图 6.18

---

① 参阅《二十面体》，第 56 页及第 60 页。

必各有一个根。这样,就提出了方程式论中的所谓根的分离问题。进行繁重的根的数值计算,通常必须先找出每个根所属的区间。但我们也能立即说出有多少根是实的。如果考虑到上面所给的二十面体方程的形式隐含着二十面体在 z 球面上的位置[①],使得实子午线包含有(a)、(b)、(c) 3 类顶点中某一类的 4 个顶点,则可推出(图 6.15 和图 6.16)有 4 个用实线画的三角形的边位于实子午线上,从而得出正好有 4 个实根。如果 w 在实子午线的另外两段上,则这个结论也是对的。这样的话,对 $0,1,\infty$ 以外的每个实数 w,二十面体方程有 4 个实根、56 个虚根;对 $w=0,1,\infty$,也有 4 个不同实根,但都是重根。

现在讲一讲正规方程根的实际的数值解法。由于只需要计算一个根,其他根可由线性变换求得,因此可以得到很大的好处。但要提醒一下,根的数值计算实际上是分析问题,而不是代数问题。因为,在一般情况下的根是无理数,在逼近它时必须用到无限的过程。

我只详细讲一个最简单的例子,即纯方程

$$w = z^n.$$

这里又直接涉及中学的数学内容,因为中学里也讲这个方程,即 $\sqrt[n]{w}$ 的计算,至少对小的 n 和实数值 $w=r$,中学里是要讲的。计算平方根和立方根的方法,你们在学校里已学过,本质上依赖于下面的步骤。首先决定被开方数 $w=r$ 在自然数 $1,2,3,\cdots$ 的平方或立方数序列中所占有的位数,然后利用十进制记数法,用有关区间的十分之一做同样试验,然后用百分之一,等等。用此方法当然可以得到所需的准确度。

不过,我愿使用一个更合理的做法,此方法不仅适用于任意整数值 n,也适用于任意复数值 w。因为只需要确定方程的一个解,就可

---

① 参阅《二十面体》,第 55 页。

以专找与实数轴夹角在$\frac{2\pi}{n}$以内的那个值$z=\sqrt[n]{w}$。将前述基本方法推广,先将该角分成ν等分(图 6.19 中$\nu=5$),以原点为中心,半径为$r=1,2,3,$作一族同心圆,与等分角的射线相交。在选定ν后,即可用此法找到所有标在所述角区域内的点:

$$z=r\cdot e^{\frac{2i\pi}{n}\cdot\frac{k}{\nu}}\begin{pmatrix}k=0,1,2,\cdots,\nu-1\\r=1,2,3,\cdots\end{pmatrix},$$

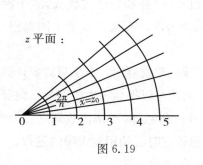

z 平面:

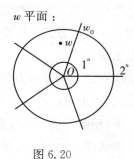

w 平面:

图 6.19   图 6.20

且能在 w 平面内立即标出对应的 w 值

$$w=z^n=r^n e^{2i\pi\cdot\frac{k}{\nu}}。$$

这些就是由半径为 $1^n,2^n,3^n,\cdots$ 的圆和实数轴成角 $0,\frac{2\pi}{\nu},\frac{4\pi}{\nu},\cdots,$ $\frac{(\nu-1)2\pi}{\nu}$ 的射线所组成的、覆盖整个 w 平面的网络的格点(图 6.20)。设 w 位于网络的一个眼的内部或周界上,并设 w_0 为最靠近它的格点。我们知道 $\sqrt[n]{w_0}$ 的一个值 z_0 是 z 平面上的一个格点,因此所求的值应为

$$z=\sqrt[n]{w}=\sqrt[n]{w_0+(w-w_0)}=\sqrt[n]{w_0}\sqrt[n]{1+\frac{w-w_0}{w_0}}$$

$$=z_0 \left(1+\frac{w-w_0}{w} \right)^{\frac{1}{n}} 。$$

将右端按二项式定理展开(我们假定这定理是已知的,因为我们现在事实上已经进入分析的领域):

$$z=z_0 \left\{ 1+\frac{1}{n} \left(\frac{w-w_0}{w_0} \right) + \frac{1-n}{2n^2} \left(\frac{w-w_0}{w_0} \right)^2 + \cdots \right\} 。$$

如果把它看作解析函数$\sqrt[n]{w}$的泰勒展开式,并把它应用于以w_0为圆心的、并通过最近奇异点的圆,立即可知此级数是收敛的。因为$\sqrt[n]{w}$只有 0 和∞是奇点,因此,当且仅当w位于以w_0为圆心并通过原点的圆内,我们的展开式才是收敛的,而我们总是能在z平面内作出类似的网络。或许有必要把网眼作小些,即可达到此目的。但为了使收敛性更好些,即使此级数更便于数值计算,$\frac{w-w_0}{w_0}$必须足够小。这一点,通过进一步缩小格子总是能办到的。这对根的数值计算是一个很有用的方法。

现在值得说明一下,求其他正多面体的正规方程的数值解,并无更大的困难,但我将省略证明。如果从映射两个相邻三角形到w球面出发,把同样的方法应用到我们的正规方程上,则将会出现另外的级数而不是二项级数。这种级数叫超几何级数,学过数学分析的人都知道,而且也很实用。1877 年我建立了这类级数的数值表示。[1]

(6) 用超越函数将正规无理性单值化

现在要介绍另一种解正规方程的方法,其特征是系统地使用超

---

[1]　见《对正二十面体的进一步研究》(*Weitere Untersuchungen über das Ikosaeder*),《数学年刊》,第 12 卷,第 515 页。也可参阅 F. 克莱因《数学著作集》第 2 卷,第 331 页及以后各页。

越函数。用这种方法就不必在一个已知解的邻近作级数展开,相反可以一下子给出全部数对(w,z),使w和z都成为一个辅助变量的单值解析函数,以满足方程,或用我们的话来说,将方程所确定的无理性单值化。如果所用函数只是容易列表的函数,或已有数值表可查,那么不需要进一步计算就可得到方程的数值解。我之所以更愿意与超越函数联系起来讨论这个问题,是因为它在中学教学中有时起到一定的作用,可是在中学里,这个问题仍然常有模糊不清甚至神秘的色彩。原因在于:尽管现代复变函数理论已提供了非常明确的方法,但人们仍然墨守传统的不完全的概念。

我将首先把这些总的提示应用于纯方程。甚至在中学里,也已经用对数来求实正数r的正根$z^n=r$。我们把方程写成$z=\mathrm{e}^{\frac{\log r}{n}}$,其中$\log r$取正主值。首先用对数表求$\log r$,然后反过来查出对应于$\dfrac{\log r}{n}$的数即为$z$。通常用10而不用e为底。此解立即可扩充到复数。令x等于一般的复对数$\log w$,使之满足方程

$$z^n=w。$$

于是可得到作为x的单值解析函数w和z:

$$w=\mathrm{e}^x,z=\mathrm{e}^{\frac{x}{n}}。$$

根据稍后将仔细研究的函数$x=\log w$的多值性,对同样的w可得到n个精确值z。我们称x为均匀化变量。

因为对数表中只包含实数的实对数,显然不能立即读出给定解的值。但是,应用对数的简单性质,即可把它化为用三角函数表来计算,这是人人都会做的。如果令

$$w=u+\mathrm{i}v=\left|\sqrt{u^2+v^2}\right|\left(\frac{u}{|\sqrt{u^2+v^2}|}+\mathrm{i}\frac{v}{|\sqrt{u^2+v^2}|}\right),$$

第一个因子是正实数,因此有实对数,而第二个因子绝对值为1,因

而有纯虚对数 $i\varphi$（即第二个因子等于 $e^{i\varphi}$）。由此从公式

(a) $\dfrac{u}{\sqrt{u^2+v^2}}=\cos\varphi,\ \dfrac{v}{\sqrt{u^2+v^2}}=\sin\varphi$

即可求得 φ。于是 $x=\log w=\log\left|\sqrt{u^2+v^2}\right|+i\varphi$，方程的根则为

$$z=e^{\frac{x}{n}}=e^{\frac{1}{n}\log\left|\sqrt{u^2+v^2}\right|}\cdot e^{\frac{1}{n}i\varphi},$$

即有

(b) $z=\sqrt[n]{u+iv}=e^{\frac{1}{n}\log\left|\sqrt{u^2+v^2}\right|}\left(\cos\dfrac{\varphi}{n}+i\sin\dfrac{\varphi}{n}\right).$

　　因为 φ 之值只能限定为相差 2π 倍数的值，所以这个公式给出了所有 n 个根。借助于普通的对数和三角函数表，首先可由(a)求得 φ，然后可由(b)求得 z。从复数的对数求得"三角解"，这个方法是完全自然的。然而，假设这些都不知道，而像中学里的做法来求这个三角解，就必然显得十分奇怪难懂了。

　　有时必须找非实数根，例如，在中学教学中，三次方程的所谓卡尔达诺解法就必须求这种根。关于卡尔达诺解法，我想插入几句话。如果方程以退化形式

$$x^3+px-q=0 \tag{15}$$

给出，则卡尔达诺公式指出，方程的 3 个根 x_1,x_2,x_3 可由如下表达式给出

$$x=\sqrt[3]{\dfrac{q}{2}+\sqrt{\dfrac{q^2}{4}+\dfrac{p^3}{27}}}+\sqrt[3]{\dfrac{q}{2}-\sqrt{\dfrac{q^2}{4}+\dfrac{p^3}{27}}}. \tag{16}$$

因为每个立方根有 3 个值，所以这个表达式总共将给出一般不相同的 9 个值。要定出 x_1,x_2,x_3，需要一个条件，即任意两个所用的立方根之积为 $\dfrac{-p}{3}$。如果用众所周知的方法将系数 p,q 代之以 $x_1,$

x_2，x_3 的对称函数，并注意到由于 x^2 的系数为 0，即 $x_1 + x_2 + x_3 = 0$，则得

$$\frac{q^2}{4} + \frac{p^3}{27} = -\frac{(x_1 - x_2)^2 (x_2 - x_3)^2 (x_3 - x_1)^2}{108}。$$

由此可见，解的公式中平方根内的数是方程的判别式，但相差一个负号。当所有根是实数时，它是负的；但当一根是实的，另两个是共轭复根时，它就是正的。这正是三次方程中看来最简单的情况，即当 3 个根是实的时，用卡尔达诺公式必须求负数的平方根，从而对虚数求立方根。

在高斯用平面来解释复数之前的 250 年，当人们还远远不懂复数理论的时候，求实解的过程必须通过复数，这在中世纪的代数学家看来想必是不可思议的。当时人们谈到过三次方程"不可约情况"（"Casus irreducibilis"），并说卡尔达诺公式在这时未能给出一个合理的可用的解。可是后来发现恰恰是在这种情况下可使三次方程与角的三等分之间建立起一种简单的关系，并由此得到一个实的"三角解"，以代替有缺陷的卡尔达诺公式。这时人们才相信已有了某种新的发现，这种发现和旧公式没有联系。不幸的是，即使在今天的初等数学教学中，偶尔还有人采取这种立场。

与此观点相反，我想强调指出，这种三角解正是应用刚才讨论过的方法来求复数根。因此，当被开立方的数是复数的时候，对卡尔达诺公式加以变换，以便用中学里学实数开方时的同样方便的方法进行数值计算，就能很自然地求出三角解。所以设

$$\frac{q^2}{4} + \frac{p^3}{27} < 0,$$

如果 q 是实的，则 p 必然是负数。于是将(16)式中的第一个立方根

写成

$$\sqrt[3]{\frac{q}{2}+\mathrm{i}\left|\sqrt{-\frac{q^2}{4}-\frac{p^3}{27}}\right|},$$

即知它的绝对值（即被开方数的值 $\sqrt{\frac{-p^3}{27}}$ 的正立方根）等于 $\left|\sqrt{\frac{-p}{3}}\right|$；但因它与第二个立方根之积等于 $\frac{-p}{3}$，所以第二个立方根必是它的共轭复数，两者之和即三次方程的解，正是其实数部分的两倍，即

$$x_1,x_2,x_3=2\mathbf{R}\left[\sqrt[3]{\frac{q}{2}+\mathrm{i}\left|\sqrt{-\frac{q^2}{2}-\frac{p^3}{27}}\right|}\right]。$$

现在采用前面对复数进行计算的一般方法。在提出绝对值之后，三次根式内的值可写成

$$\left|\sqrt{-\frac{p^3}{27}}\right|\left\{\frac{\frac{q}{2}}{\left|\sqrt{-\frac{p^3}{27}}\right|}+\mathrm{i}\frac{\left|\sqrt{-\frac{q^2}{4}-\frac{p^3}{27}}\right|}{\left|\sqrt{-\frac{p^3}{27}}\right|}\right\},$$

并由方程式

$$\cos\varphi=\frac{\frac{q}{2}}{\left|\sqrt{-\frac{p^3}{27}}\right|}\qquad\sin\varphi=\frac{\left|\sqrt{-\frac{q^2}{4}-\frac{p^3}{27}}\right|}{\left|\sqrt{-\frac{p^3}{27}}\right|}$$

确定角 φ。因为 $\left|\sqrt{-\frac{p^3}{27}}\right|$ 的正立方根是 $\left|\sqrt{-\frac{p}{3}}\right|$，因而我们的立方根取形式

$$\left|\sqrt{-\frac{p}{3}}\right| \cdot \left(\cos\frac{\varphi}{3} + i\sin\frac{\varphi}{3}\right).$$

注意到 φ 限定为相差 2π 倍数的值,故有

$$x_k = 2\left|\sqrt{-\frac{p}{3}}\right|\cos\frac{\varphi+2k\pi}{3} \quad (k=0,1,2),$$

而这是三角解的常用形式。

我想借此机会就所谓"不可约情况"这个用语做一点说明。这里所用的"不可约",与现今通用的、本讲义也常用的同一用语意义完全不同。这里的含义是三次方程的解不能由实数的三次方根推出。这根本不是现在这个词的含义。你看,用语不恰当,再加上对复数的普遍惧怕,至少在这个领域内造成了大量的误解。我希望我的话至少对你们能起预防作用。

现在简短地探讨一下在其他正则无理性中借用超越方程单值化的可能性。在二面体方程

$$z^n + \frac{1}{z^n} = 2w$$

中,简单地令

$$w = \cos\varphi,$$

棣莫弗公式表明,

$$z = \cos\frac{\varphi}{n} + i\sin\frac{\varphi}{n}$$

满足该方程。因为所有的 $2k\pi+\varphi$ 和 $2k\pi-\varphi$ 给出同一的 w 值,对每一个 w,上面公式事实上给出了 $2n$ 个 z 值,它们可写成

$$z = \cos\frac{\varphi+2k\pi}{n} \pm i\sin\frac{\varphi+2k\pi}{n} \quad (k=0,1,2,\cdots,n-1).$$

对于四面体、八面体和二十面体方程,这些"初等"超越函数是不够的。然而,借助于椭圆模函数,仍能求得相应的解。尽管人们认为

这样的解不属于初等数学，但我想至少给出关于二十面体的公式。[①]这些公式与借助于椭圆函数解一般五次方程密切相关，这件事教科书里总会提及，稍后我也会作某些解释。二十面体方程式为

$$w=\frac{\varphi_{20}(z)^3}{\psi_{12}(z)^5}。$$

现在令 w 等同于椭圆函数理论中的绝对不变量 J，并设想 J 是周期商 $w=\frac{w_1}{w_2}\Big($ 按雅可比的符号为 $\frac{iK'}{K}\Big)$ 的一个函数，即令

$$w=J(\omega)=\frac{g_2^3(\omega_1,\omega_2)}{\Delta(\omega_1,\omega_2)},$$

式中 g_2 和 Δ 分别是 ω_1 和 ω_2 的 -4 次和 -12 次的某个超越式子，这些式子具有重要作用。如果引入常用的雅可比简写式

$$q=e^{i\pi\omega}=e^{-\frac{K'}{\pi K}},$$

二十面体方程的根 z 将由下面 θ 函数的商给出

$$z=-q^{\frac{3}{5}}\frac{\theta_1(2\pi\omega,q^5)}{\theta_1(\pi\omega,q^5)}。$$

如果考虑到按第一个方程，ω 是 w 的函数，且有无穷多值，则本公式对给定的 w，事实上给出了二十面体方程的所有 60 个根。

(7) 借助根式求解

正规方程理论中有一个问题是我们尚未触及的，即我们的正规方程从代数上说有没有提供实质上是新的东西，是否能分解为其他正规方程，特别是能否化为一系列纯方程？换句话说，是否能通过有限根式符号的叠置而用 w 求出这些方程的解 z？

---

① 参阅《数学年刊》，第 14 卷(1878 年/1879 年)，第 111 页及随后数页，或 F. 克莱因的《数学著作集》，第 3 卷，第 13 页及随后数页，以及《二十面体》第 131 页。

就二面体、四面体和八面体方程而论,很容易借助代数理论证明,它们事实上能化简为纯方程。只消对二面体方程

$$z^n + \frac{1}{z^n} = 2w$$

作出详细说明就行了。如果令

$$z^n = \zeta,$$

方程将变成

$$\zeta^2 - 2w\zeta + 1 = 0,$$

从而得出

$$\zeta = w \pm \sqrt{w^2 - 1}。$$

于是

$$z = \sqrt[n]{w \pm \sqrt{w^2 - 1}}。$$

这就是借助根式而求得的解。

然而另一方面,二十面体方程却没有这样借助根式的解。因此,这个方程确定了一个本质上是新的代数函数。关于这一点,我打算提供一个我最近发表的图解证明(《数学年刊》第61卷,1905年),这个证明是从熟知的二十面体函数 $z(w)$ 的函数论构造的考虑得出的。为此需要用阿贝尔的下述定理:如果一个代数方程的解能用一系列根式表达,则系列中的每个根式可以用给定方程的 n 个根的有理函数来表达。这个证明可以在每一本代数专著中找到。

现在把这个定理用于二十面体方程。如果假设它的根 z 能用系数的有理函数,即 w 的有理函数的一系列根式来表达,则系列中的每一个根式是60个根的有理函数

$$R(z_1, z_2, \cdots, z_{60})。$$

首先,能用只含 z 的有理函数 $R(z)$ 来代替这个表达式,因为所有的根能用线性变换从其中的一个根导出。现在借助于60个值的

二十面体函数 $z(w)$ 将 $R(z)$ 转换成 w 的函数,并考虑其结果。因为在 w 平面上的每一个将 z 转回其初始值的环路必然将 $R(z)$ 也转到它的初始值,所以 $+R[z(w)]$ 只可能在 $w=0,1,\infty$ 有支点($z(w)$ 在此有支点),而在每个这样的位置上循环连接的 $R[z(w)]$ 黎曼面叶数,也必然对应于 $z(w)$ 的叶数的一个约数。我们知道对应于这 3 个位置的叶数分别为 $3,2,5$。因此,二十面体方程根的每一个有理函数 $R(z)$,以及每一个出现在所设解中的根式,作为 w 的函数来考虑,如果有支点的话,只会在 $w=0,w=1,w=\infty$ 处。如果有支点,那么必然有 3 叶在 $w=0$ 处,有两叶在 $w=1$ 处,5 叶在 $w=\infty$ 处连接,因为 $3,2,5$ 没有 1 以外的除数。

现在来说这个结果所导致的矛盾。为此我们来检查对 $z(w)$ 所假设的表述式中最里层的根式。它的被开方式必然是一个有理数 $P(w)$。可以假设根指数是质数 p,因为在相反的情况下可以用根指数为质数的方根叠合而成。此外 $P(w)$ 不可能是 w 的某个函数 $\theta(w)$ 的 p 次幂,因为如果是这样,这个根式就是多余的了,可以直接考虑下一层真正的根式。

现在我们来看函数 $\sqrt[p]{P(w)}$ 含有什么类型的支点。比较方便的办法是将它写成齐次形式

$$P(w)=\frac{g(w_1,w_2)}{h(w_1,w_2)},$$

其中 g 和 h 是变量 w_1,w_2 $\left(w=\dfrac{w_1}{w_2}\right)$ 的同样次数的形式。按代数基本定理,可将 g 和 h 分解为线性因子并写成

$$P(w)=\frac{l^\alpha \cdot m^\beta \cdot n^\gamma \cdot \cdots}{l'^{\alpha'} \cdot m'^{\beta'} \cdot n'^{\gamma'} \cdot \cdots}。$$

因为分子分母是齐次的,所以有

$$\alpha+\beta+\gamma+\cdots=\alpha'+\beta'+\gamma'+\cdots。$$

所有指数 $\alpha,\beta,\cdots,\alpha',\beta',\cdots$ 不能都被 p 整除,否则 P 就完全成为一个 p 次幂了。另一方面,$\alpha+\beta+\cdots-\alpha'-\beta'-\cdots$ 是等于零的,故能被 p 整除。因此,这些数中至少有两个不能被 p 整除。于是推出相应的两个线性因子的零点必然是 $\sqrt[p]{P(w)}$ 的支点,且有 P 叶在每个支点上循环地相连接。但这与前面所述的定理相矛盾,因为这个定理当然应该对 $\sqrt[p]{P(w)}$ 同等有效。上面我们数过所有可能的支点,发现其中没有两点具有同样的相遇叶数。因此假设是站不住脚的,因而二十面体方程不能用根式求解。

本证明要依赖这样一件事,即作为二十面体方程特征的数字 3,2,5 彼此都没有公约数。如果存在公约数,例如相应于八面体的数字为 3,2,4,那么立即有可能存在在两点具有同类型支点的有理函数 $R[z(w)]$,例如在 1 和 ∞ 处均有两叶连接的有理函数。这样的话,这些函数就真正可以作为有理函数 $P(w)$ 的根而表示了。这样就得到了八面体、四面体(具有数 3,2,3)和二面体方程 $(2,2,n)$ 用根式求解的方法。

我想借此机会指出,广大数学界所用的术语是多么跟不上数学知识的进展。"根"这个术语现今几乎到处用于两重含义:其一是指任意代数方程的解,其二是特指纯方程的解。后一含义当然可追溯到只研究纯方程的时代。到了今天,即使不说有害,至少也是不方便的。例如,说一个方程的"根"不能用根式来表述,这几乎是矛盾的。但还有一种会造成更严重误解的说法从一有代数就徘徊不去,即若一代数方程不能化为纯方程,即它不能用根式求解,就称它为"代数不可解"。这种说法和当今"代数"这个词的意义是完全矛盾的。今天,当我们说一个方程可以代数求解时,意思就是能将它化简成一串最简单的代数方程,其中解对参数的依赖性、不同根的相互关系等,都完全可以像纯方程一样加以支配,这些方程不一定非纯方程不可。

我们说二十面体方程是代数可解的,就是这个意思,因为我们的讨论表明,能用符合所有上述要求的方式建立二十面体方程的理论。这个方程不能用根式求解,倒是值得注意,因为这表明,还有其他一些过去所谓代数不可解的方程所要竭力化简成的(即要完全求解的)适当的正规方程,可能就是这个方程。

上面这段话把我们引到本章的最后一节,我们将概括介绍一下这种化简概念。

(8) 化简一般方程为正规方程

我们知道,下面的化简是可能的:

一般三次方程可化为 $n=3$ 的二面体方程。

一般的四次方程可化为四面体或八面体方程。

一般的五次方程可以化为二十面体方程。这个结果是有数学史以来始终起着重大作用,并在大多数相去甚远的现代数学领域中具有决定性影响的正多面体理论的一个最新的辉煌成就。

为了表明这个论断的意义,将对三次方程作较详细的介绍,但对公式不给出完整的证明。再拿化简形式的三次方程作例子

$$x^3 + px - q = 0。 \tag{17}$$

用 x_1, x_2, x_3 表示其解,设法找到它们的一个有理函数 z,使得用所有互换 x_i 的 6 种方法时,该函数经受 $n=3$ 的二面体方程的 6 个线性变换。z 应取的值为

$$z, \varepsilon z, \varepsilon^2 z, \frac{1}{z}, \frac{\varepsilon}{z}, \frac{\varepsilon^2}{z} (其中 \varepsilon = e^{\frac{2i\pi}{3}})。$$

很容易看到

$$z = \frac{x_1 + \varepsilon x_2 + \varepsilon^2 x_3}{x_1 + \varepsilon^2 x_2 + \varepsilon x_3} \tag{18}$$

满足这些条件。通过所有 x_k 的互换,这个量的二面体函数 $\dfrac{z^3+1}{z^3}$ 必然保持不变,因为 z 的这 6 个线性变换使它保持不变。因此,根据著名的代数定理,它必然是方程(17)的系数的有理函数。计算表明

$$z^3+\frac{1}{z^3}=-27\frac{q^2}{p^3}-2。 \tag{19}$$

反之,如果解此二面体方程,且如果 z 是它的一个根,则借助于(18)式和著名的关系式

$$x_1+x_2+x_3=0,\ x_1x_2+x_2x_3+x_3x_1=p,\ x_1x_2x_3=q,$$

通过 z,p 和 q 的有理式表达出 x_1,x_2,x_3 的值。据此找到

$$\begin{cases} x_1=-\dfrac{3q}{p}\cdot\dfrac{z(1+z)}{1+z^3}, \\[2mm] x_2=-\dfrac{3q}{p}\cdot\dfrac{\varepsilon z(1+\varepsilon z)}{1+z^3}, \\[2mm] x_3=-\dfrac{3q}{p}\cdot\dfrac{\varepsilon^2 z(1+\varepsilon^2 z)}{1+z^3}。 \end{cases} \tag{20}$$

因此,只要解出二面体方程(19),(20)式立即给出三次方程(17)的解。

用同样的方法可以化简一般的四次和五次方程式。当然,这些方程会长些,但原则上并不更困难。唯一新的东西是上面由方程的系数有理地表达的正规方程的参数 $w\left(2w=-27\dfrac{q^2}{p^2}-2\right)$,现在可能包含平方根。你们会在我的关于二十面体的讲义的第二部分找到关于五次方程的全部理论。书中不仅对公式进行了计算,而且对出现这些方程的实质的理由都作了解释。

最后,让我对这些研究与三次、四次和五次方程理论通常的讲法的关系说几句话。首先,如果利用借助根式表达的二面体、四面体和八面体方程的解,那么通过适当的化简,就能用我们的公式求得三次

和四次方程的一般解。对于五次方程,大多数教材都不幸地只限于介绍方程不能用根式求解的否定结果,再含糊地暗示可以通过椭圆函数求解,而严格地说应是用椭圆模函数求解。我采取了不同的办法,因为上述办法没有促进对情况的真正了解,而只作了单方面的对比和暗示。从前面所作的概述,先用代数的语言然后用分析的语言,我们可以说:

(1)一般的五次方程确实不可能简化成纯方程,但可以简化为作为最简单的正规方程的二十面体方程。这是它的代数解的实质问题。

(2)另一方面,二十面体方程可以通过椭圆模函数求解。就数值计算的目的来说,这完全类似于用对数来解纯方程。

这就提供了五次方程问题的完整解答。应记住的是,当通常的路径不能获得成功时,不应满足于确定不可能性,而应激励自己去寻找新的和比较走得通的道路。这样说来,数学思想是无止境的。如果有人对你说数学的推论已不能超越某一点,你可以确信,真正有趣的问题正是由此开始。

最后也许可以说,这些理论并非以五次方程为限。相反,只要利用正多面体的更高维的类比,就能对六次和更高次方程作出类似的研究。如果你们感兴趣的话,可以读我的文章:《关于五次及六次一般方程解》[①]。P. 哥尔丹(P. Gordan)及 A. B. 科布尔(A. B. Coble)结合我那篇文章也对此问题进行了成功的研究[②],在后者的文章中还进行了某种程度的简化[③]。

---

① 刊于《数学月刊》,第 129 卷(1905 年),第 151 页,并参阅《数学年刊》,第 61 卷(1905 年),第 50 页。

② 哥尔丹,见《数学年刊》,第 61 卷(1905 年),第 50 页,以及第 68 卷(1910 年),第 1 页。科布尔,见《数学年刊》第 70 卷(1911 年),第 337 页。

③ 并可参阅克莱因著《数学著作集》,第 2 卷,第 502—503 页。

第三部分　分　析

在这个讲习班的后半学期,我将选择分析中我们认为是重要的某些章节,像算术与代数一样加以讨论。我们所要讨论的最重要的部分是初等超越函数,即对数函数和指数函数,还有三角函数,因为它们在中学教学中起着重要的作用。现在就从对数函数和指数函数讲起。

第七章　对数函数与指数函数

我先简短地回顾一下大家所熟悉的中学课程，直到它后面所谓代数分析开始之处为止。

7.1　代数分析的系统讨论

人们是从形式为 $a=b^c$ 的指数幂开始的，其中，指数 c 首先是正整数，逐步扩展到 c 是负整数，然后到分数，最后如果情况允许，就推广到无理数。在这个过程中，根的概念以一个特殊的幂的概念的形式而出现。我不去细说这个发展而只提出乘法规则

$$b^c \cdot b^{c'} = b^{c+c'} \text{。}$$

它将两数的乘法化为指数的加法。这种化简法，你们知道是计算的基础。其所以可能，是在于乘法与加法的基本规律十分类似。这两种运算都是可交换的以及可结合的。

幂的逆运算产生了对数。量 c 称为以 b 为底的 a 的对数

$$c = \log_b a \text{。}$$

到了这一步，许多本质困难就出现了，这些困难通常都被不加解释地放了过去。因此，我打算把这一步特别讲得清楚一些。为方便起见，用 x 和 y 代替 a 和 c，因为我们希望研究这两个数之间的相互依赖关系。于是，基本方程变为

$$x = b^y, \qquad y = \log_b x 。$$

我们首先注意,b 总是假设为正数。如果 b 是负的,则对整数值 y,x 会交替取正负值,而当 y 是分数时,则 x 甚至会是虚数,使得数对 (x, y) 的总体不可能形成连续曲线。但即使 $b > 0$,如果不作一些规定,仍无法进行,而这些规定看起来颇有些随心所欲。因为,如 y 是有理数,例如 $y = \dfrac{m}{n}$,m, n 是互质的正整数,则 $x = b^{\frac{m}{n}}$ 定义为 $\sqrt[n]{b^m}$,当 n 为偶数时,即使限于实数,我们也得处理两个值。习惯上规定 x 只取正根,即所谓主根。

如果允许我早一步使用熟悉的对数 $y = \log x$ 的图像(图 7.1),那么就可以看出,上述规定的适宜性绝非不言而喻。如果 y 取遍有理数的稠密集,则对应于横坐标为正主值 $x = b^y$ 的点,将在曲线上组成一个稠密集。现在,如

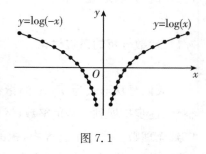

图 7.1

果 y 的分母是偶数,我们还应该标出对应于负 x 值的点,就又得到一个点集。有人也许会说这个点集只有一半稠密。但是在对称于 y 轴的曲线 $y = \log(-x)$ 上仍然是稠密的。如果现在允许 y 取所有实数,包括无理数,那么当然就不能马上搞清楚,标在右侧的主值为什么就构成连续曲线,而标在左侧的负值是否也同样构成连续曲线。稍后将看到,这一点只有用函数论的更深奥的知识才能说清楚,而这并不在中学生的掌握范围以内。就是因为这个原因,不打算在中学里作完整的解释。人们宁愿采纳一个权威的规定,而这对中学生又是颇有说服力的,即必须取 $b > 0$ 且必须取 x 的正主值,其他情况都不许提。然后就给出一个定理:对数是只对正的自变量才有定义的

单值函数。

　　理论知识讲到了这里，就把对数表交到学生手中，要求他们学会在实际计算中使用。可能还有一些学校——我上学时一向如此——很少谈及，甚至根本不谈及这些表是怎么造的。这种不问究竟的态度是可鄙的实用主义，它藐视任何一种比较高级的教学原则，对它必须严厉谴责。今天，对数的计算或许在大多数情况下都讨论了，而且在许多学校，为此还教了自然对数的理论和它的级数展开。

　　关于前一点，你们都知道，自然对数系统的底是数

$$e=\lim_{n\to\infty}\left(1+\frac{1}{n}\right)^n=2.718\,281\,8\cdots,$$

e 的这个定义，通常都放在大部头的分析教科书的最开始处，这是模仿法国的教法，而丝毫不讲它的来由，这样就丢掉了真正有价值的、能促进理解的部分，即不解释为什么恰好用这样特别的极限做底，为什么由此导出的对数称为自然对数。也同样突如其来地引入级数展开式，形式地假设，存在一个展开式：

$$\log(1+x)=a_0+a_1x+a_2x^2+\cdots。$$

借助于对数的已知性质计算系数 $a_0,a_1,\cdots$，或许还对 $|x|<1$ 证明其收敛。但是对于人们怀疑像对数这种按中学的定义是如此凑合的函数，为什么会有级数展开式又不加解释。

7.2　理论的历史发展

　　如果我们希望找到学校里不讲的那些基本联系，并弄清为什么这种表面上任意的约定却能导致合理结果的深一层原因，简而言之，如果希望进一步全面了解对数的理论，最好是大体上遵循它的历史发展。你们会看到历史情况和上面提到的讲法截然不同。上面所述

的讲法,可以说,是对从最不利的角度来看的历史发展的一种设想。

我们首先讲一下 16 世纪的一位德国数学家斯瓦比亚人米夏埃尔·施蒂费尔(Michael Stifel),1544 年他在纽伦堡出版了一本书,书名叫《整数算术》(*Arithmetica Integra*)。那个时期是我们现在的代数学的初创时期,也就是我们曾提到的卡尔达诺的那本书出版(也是在纽伦堡)的前一年。这本书以及我以后还会提到的大多数书,我都可以拿给你们看。因为我们哥廷根大学的图书馆有非常完整的藏书。你们会看到,施蒂费尔的这本书第一次用到以任意有理数为指数的幂运算,并特别强调了乘法规则。事实上,米夏埃尔·施蒂费尔也可以说在一定意义上提出了第一份对数表,当然是很初步的。它只包含 2 的从 -3 到 6 的整数指数,对应的幂从 $\frac{1}{8}$ 到 64。施蒂费尔看来懂得这一发展的意义,我们在一开头就讲到这种发展。他宣称,对这些奇异的数字关系可以写出一本书。

但要使对数真正可用于实际计算,施蒂费尔还缺少一个重要的手段,即十进制小数。只是在 1600 年后它变得十分普遍时,才有可能建造实数对数表。第一份表是苏格兰人纳皮尔(1550—1617)造出来的,收在 1614 年在爱丁堡出版的一本书中,书名为《奇妙的对数表的描述》(*Mirifici logarithmorum canonis descriptio*),其所引起的兴趣,可以许多人为赞颂对数表而在前言中所作的诗为证。但是纳皮尔计算对数的方法直到他逝世后的 1619 年才出版,书名为《奇妙的对数表的构造》(*Mirifici logarithmorum canonis constructio*)。

还有一个瑞士人约布斯特·比尔吉(Jobst Bürgi,1552—1632)曾独立于纳皮尔计算了一个表,不过直到 1620 年才在布拉格出版,书名为《算术和几何级数表》(*Arithmetische und geometrische Progresstabuln*)。我们哥廷根人想必会对比尔吉产生特殊的兴趣,因为他在卡塞尔生活过很长一段时间,是我们的一个同胞。总的来说,在无穷小演算发现之前,卡塞尔,特别是那里的古天文台,对于算术、天文以及光学的发展有重要的意义,就好像汉诺威成为莱布尼茨的故乡以后变得重要一样。所以,我们这个近邻城市在哥廷根大学建立以前很久就对我们科学的发展起过历史性的重要作用。

追踪纳皮尔和比尔吉的思路十分有启发性。两人都从 $x=b^y$(y 为整数)的值出发,寻求一个使数 x 的各值尽可能靠近的方案。他们的目标是尽可能为每个 x 找到对数 y。如前面所看到的,今天的中学教学,是通过考虑分数值 y 来达到这个目的的。但纳皮尔和比尔吉具有天才的直觉,一下子抓住了关键而避免了呈现在他们面前的困难。他们有一个简单而美好的想法:将底 b 选到接近 1,此时,b 的逐次整数幂相互很靠近。比尔吉取

$$b=1.000\ 1,$$

而纳皮尔则取一个小于 1 而又靠近 1 的值

$$b=1-0.000\ 000\ 1=0.999\ 999\ 9。$$

纳皮尔采用和今天不同的方法其原因在于他想到的是对三角学计算的应用,因为在三角计算中主要是与真分数(正弦与余弦)的对数打交道,当 $b>1$ 时它们是负数,而当 $b<1$ 时才是正数。但这两位研究者都只用到 b 的整数幂,从而完全避免了前述使我们感到为难的多值性。

现在我们按比尔吉的系统来计算两个相邻指数 y 和 $y+1$ 的幂

$$x=(1.000\ 1)^y,\quad x+\Delta x=(1.000\ 1)^{y+1}。$$

相减之后,得

$$\Delta x=(1.000\ 1)^y(1.000\ 1-1)=\frac{x}{10^4},$$

或用 Δy 表示指数值之差(即 1),则有

$$\frac{\Delta y}{\Delta x} = \frac{10^4}{x}。 \tag{1a}$$

由此得到一个求比尔吉对数的差分方程。比尔吉本人就直接用这个差分方程来计算对数表。确定了对应于一个 y 的 x 之后,通过加 $\frac{x}{10^4}$,他就求出了对应于 $y+1$ 的 x。同法可推出,纳皮尔的对数表满足差分方程

$$\frac{\Delta y}{\Delta x} = -\frac{10^7}{x}。 \tag{1b}$$

要看出两个系统的密切关系,只要相应地把 y 写成 $\frac{y}{10^4}$ 或 $\frac{y}{10^7}$,即移动对数中的小数点即可。如果仍将这样得到的新数简单地表示为 y,则在两种情况下都会得到一串满足差分方程

$$\frac{\Delta y}{\Delta x} = \frac{1}{x} \tag{2}$$

的数,而在两种情况下,y 在每一步的步长分别为 0.000 1 和 $-0.000\,000\,1$。

如果为了方便而使用连续的指数曲线图像(按上面讨论的结果,我们得到的一定是连续曲线),则将得到对应于纳皮尔和比尔吉数列的点的直观表示。这些点是内接于两条指数曲线

$$x = (1.000\,1)^{10\,000y}, \text{和 } x = (0.999\,999\,9)^{10\,000\,000y} \tag{3}$$

之一的阶梯线的角点,其竖边的长在两系统中分别为 $\Delta y = 0.000\,1$ 和 $\Delta y = 0.000\,000\,1$(图 7.2)。我们也可以得出另一个几何解释,据此可不必预先假设指数曲线而可得出获得该曲线的自然的方法。为此,只要用和的方程代替差分方程,即按方式

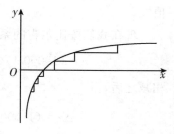

图 7.2

$$\eta = \sum \frac{\Delta \xi}{\xi} \tag{4}$$

累积起来,也就是在某种意义上积分此差分方程。在此和式中,ξ 从 1 起不连续地增加,而每一步使 $\Delta \eta = \frac{\Delta \xi}{\xi}$ 分别等于 10^{-4} 或 10^{-7},也就是使 $\Delta \xi$ 分别按 $\frac{\xi}{10^4}$ 与 $\frac{\xi}{10^7}$ 增加。在最后一步,ξ 达到值 x。人们不难给出此过程的几何解释。为此,我们在 $\xi \eta$ 平面上画一条双曲线 $\eta = \frac{1}{\xi}$(图 7.3),并从 $\xi = 1$ 开始在 ξ 轴上按每次累进 $\Delta \xi = \frac{\xi}{10^4}$(我们限于比尔吉系统)逐次描点,并在所得区间上相应竖起高为 $\frac{1}{\xi}$ 的矩形 $\left(\text{矩形面积为常数 } \Delta \xi \cdot \frac{1}{\xi} = \frac{1}{10^4}\right)$。据(4)式,比尔吉对数将等于在 1 与 x 之间内接于双曲线的这些矩形面积的 10^4 项和。对纳皮尔对数也可得到类似结果。

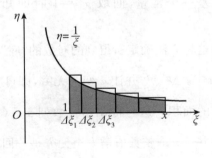

图 7.3

从这个表达式出发,如果用介于 $\xi = 1$ 与 $\xi = x$ 之间的双曲线下面的面积(图中阴影部分)代替矩形面积之和,立即就得出自然对数。这表现在下述著名公式中

$$\log x = \int_1^x \frac{\mathrm{d}\xi}{\xi}。$$

历史的道路实际上就是如此。1650 年左右,当解析几何已成为数学家的普通工具,无穷小分析已在求曲边图形的面积方面取得成功时,就跨出了决定性的一步。

如果希望用自然对数的这个定义作为出发点,当然必须说明它具有将数的乘法变为对数的加法这个基本性质,或用现代的语言,必须指明由双曲线下面的面积定义的函数

$$f(x) = \int_1^x \frac{\mathrm{d}\xi}{\xi},$$

具有简单的加法定理

$$f(x_1) + f(x_2) = f(x_1 \cdot x_2)。$$

事实上,如果改变 x_1 和 x_2,根据积分的定义,上式两边的增量 $\frac{\mathrm{d}x_1}{x_1} + \frac{\mathrm{d}x_2}{x_2}$ 和 $\frac{\mathrm{d}(x_1 \cdot x_2)}{(x_1 \cdot x_2)}$ 是相等的。所以 $f(x_1 \cdot x_2)$ 和 $f(x_1) + f(x_2)$ 只可能相差一个常量,而取 $x_1 = 1$ 时即知此常量为 0(因 $f(1) = 0$)。

如果希望用这种方法确定所得到的对数的"底",那么只需注意,将增量 $\Delta\xi = \frac{\xi}{10^4}$ 改为 $\Delta\xi = \frac{\xi}{n}$ 并让 n 变为无穷,即可将矩形面积之和转化为双曲线下的面积。这与将比尔吉数列 $x = (1.000\ 1)^{10\ 000y}$ 换成 $x = \left(1 + \frac{1}{n}\right)^{ny}$ 并令 n 取整数值增大至无穷是一回事。按幂的一般定义,这等于说 x 是 $\left(1 + \frac{1}{n}\right)^n$ 的 y 次幂。因此,说底是 $\lim_{n \to \infty} \left(1 + \frac{1}{n}\right)^n$ 似乎是合理的,通常在定义 e 时,正是取这个极限为出发点。有趣的是:比尔吉的底 $(1.000\ 1)^{10\ 000} = 2.718\ 146$ 和 e 的前 3 位小数是一致的。

现在我们考察一下对数理论在纳皮尔和比尔吉之后的发展。首先我要作如下说明：

（1）我们在本书第一部分提到过的墨卡托是第一个用双曲线的面积来定义对数的人。他在 1668 年的《对数技巧》（*Logarithmo-technica*）一书中，以及 1667 年和 1668 年发表于《伦敦皇家学会哲学汇刊》（*Philosophical Transactions*）的一些文章中，利用我刚才以现代术语向你们解说过的同样的论据指出，$f(x) = \int_1^x \frac{\mathrm{d}\xi}{\xi}$ 与以 10 为底的常用对数（它已在实际计算中使用）只差一个常数因子。这个常数因子就是所谓对数系统的模。而且他已经引入了"自然对数"或"双曲线对数"的名称。[①] 但他的最大成就是建立了对数的幂级数，这是他通过除法展开和逐项积分从积分表示式中得到（至少是基本上得到）的。我在第一部分曾作为数学上的一个划时代的进步而提过此事。

（2）在这方面，我也告诉过你们，牛顿采纳了墨卡托的思想，并用两个重要的结果丰富了它，即一般二项式定理和级数的反演方法。后者出现在牛顿青年时代的一篇文章中，名为《运用无穷多项方程的分析学》（"De analyst per aequationes numero terminorum infinitas"），后来曾印行，但 1669 年后以手稿形式散发。[②] 在这篇文章中，牛顿第一次通过 $y = \log x$ 的墨卡托级数的反演推出了指数级数

$$x = 1 + \frac{y}{1!} + \frac{y^2}{2!} + \frac{y^3}{3!} \cdots,$$

由此得到自然对数 $y = 1$ 的数

---

① 见《伦敦皇家学会哲学汇刊》，第 3 卷（1668 年），第 761 页。

② 初见于 1711 年，引自《牛顿散篇文章集》，一卷本，洛桑，1744 年。

$$\mathrm{e}=1+\frac{1}{1!}+\frac{1}{2!}+\frac{1}{3!}+\cdots。$$

借助于关于对数的函数方程,现在便不难证明,对每个有理数 y,x 是 e^y 的取值之一,事实上是通常的幂的定义下的正值。稍后,我们对此将作较详细介绍。于是,函数 $y=\log x$ 确实成为普通定义的以 e 为底的对数,[①]而 e 则由级数而非由 $\lim\limits_{n\to\infty}\left(1+\dfrac{1}{n}\right)^n$ 给出。

(3) 泰勒在作出以他的名字命名的一般级数展开法之后,就可用方便得多的方法得出指数函数级数[②]。这样他就可以使用关系

$$\frac{\mathrm{d}\log x}{\mathrm{d}x}=\frac{1}{x}。$$

此式可由对数的积分定义得出,而由它又可导出逆关系

$$\frac{\mathrm{d}\mathrm{e}^y}{\mathrm{d}y}=\mathrm{e}^y,$$

并且,作为他的一般级数的特殊情况,立即可写出指数的级数。

在前面的第一部分已经看到,继这一段多产时期之后,出现了一段批判时期,我几乎想说成是精神绝望的时期。在这段时期里,一切努力都是为了把新的结果放到一个完美的基础上,并筛选出错误的东西来。现在我们来看看欧拉和拉格朗日是用什么态度来对待指数函数与对数的!

我们从欧拉的《无穷分析引论》[③]开始。首先要钦佩欧拉在推演中所表现出来的非凡的分析技巧,然而要同时注意到,他还没有显示

---

① 本书保留原文用 $\log x$ 表示以 e 为底的对数的写法,不改作 $\ln x$。——编者

② 这出现在他的作品 *Methodus Incrementorum*(伦敦,1715 年)中,本书以后还要详说。

③ 见第 7 卷第 85 页及随后部分,洛桑,1748 年,有马泽尔(Maser)的德文译本,1885 年柏林版,第 70 页。还可参阅《欧拉全集》,第 8 卷,1923 年,由 F. 鲁迪奥等 3 人编。

出今天所要求的严格性的迹象。

欧拉把二项式定理放在他的讲法的开头：

$$(1+k)^l = 1 + \frac{l}{1}k + \frac{l(l-1)}{2!}k^2 + \frac{l(l-1)(l-2)}{3!}k^3 + \cdots,$$

其中指数 l 设为整数。然后在"引论"中已不考虑整数指数了。把这个展开式专用于

$$\left(1+\frac{1}{n}\right)^{ny},$$

其中 ny 是整数。然后他让 n 变到无穷，把这个极限过程施加于级数的每一项，想到 e 是由 $\lim\limits_{n\to\infty}\left(1+\frac{1}{n}\right)^n$ 定义的，所以得到指数级数

$$e^y = 1 + y + \frac{y^2}{2!} + \frac{y^3}{3!} + \cdots。$$

可以肯定，欧拉完全不关心每一步推导在现代意义上是否严格；特别是，级数各项的极限和是否真的等于各项和的极限。现在，如你们所知，这个指数的推导过程已是许多无穷小分析教材的一个模式，尽管随着时间的推移，各个不同步骤已讲得越来越精密，且其正确性也受到了严格性的考验。如果你们回忆起用字母 e 表示这个重要的数正是由于欧拉的功劳（他这部书的第 90 页上写着"为简便起见，我们记数 2.718 28… 为 e"），你们就能看到他的著作对这些问题的整个演变过程有多么大的影响。

我还要说，欧拉紧接着用完全类似的推导方法，导出了正弦和余弦级数。为此，他将函数 $\sin\varphi$ 展开为 $\sin\dfrac{\varphi}{n}$ 的幂并令 n 趋向无穷。如果将棣莫弗公式

$$\cos\varphi + i\sin\varphi = \left(\cos\frac{\varphi}{n} + i\sin\frac{\varphi}{n}\right)^n = \left(\cos\frac{\varphi}{n}\right)^n\left(1+i\tan\frac{\varphi}{n}\right)^n$$

展开成幂级数,则 $\sin\varphi$ 的展开无非是将极限过程施加于二项式定理。

现在来考虑拉格朗日的《解析函数论》[①]。应再一次指出,书里面最多只是偶然地考虑了收敛性问题。我在第一部分里曾说过,拉格朗日只考虑那些由幂级数给出的函数,并通过导出的幂级数形式定义微商。于是,泰勒级数

$$f(x+h)=f(x)+hf'(x)+\frac{h^2}{2!}f''(x)+\cdots$$

只不过是原来按 $x+h$ 展开的 $f(x+h)$ 的级数,再把 $x+h$ 的幂展开并在形式上重新排列而已。当然,如果希望把这个级数应用到一个给定的函数,则事先应该指明这个函数是解析的,即能展开成幂级数。

拉格朗日从研究函数 $f(x)=x^n$(其中 n 为有理数)开始,把 $f'(x)$ 确定为 $(x+h)^n$ 的展开式中 h 的系数,这个展开式的前两项他认为是已经计算出来了的。然后用同样的方法,他立刻得到 $f''(x)$, $f'''(x),\cdots$。而 $(x+h)^n$ 的二项展开式则作为 $f(x+h)$ 的泰勒级数的一个特殊情形。此外,我要更明确地指出,拉格朗日并没有对无理指数作专门考虑,而考虑所有有理数时,又把无理指数看作是显然已经解决的。仔细想想这件事是很有意义的。因为今天最重视的就是对这类过渡类型进行严格的证明。

拉格朗日用这些结果来同样地处理函数 $f(x)=(1+b)^x$。他记下 $(1+b)^{x+h}$ 的二项式级数,把 $f'(x)$ 作为 h 的系数求出,然后按同样的方法确定 $f''(x),f'''(x),\cdots$,最后求出 $f(x+h)=(1+b)^{x+h}$ 的泰勒级数。随后令 $h=0$,得到所需要的指数级数。

---

① 　1797 年巴黎版,1881 年巴黎重印本卷 4。特别请比较第 3 章第 34 页及随后部分。

我打算结束这一段简短的历史回顾,其中当然只提到了第一流数学家的名字。现在我要指出 19 世纪发生了什么根本转折,以作为这段历史回顾的结束。

(1) 首先要指出有关无穷级数及其他无穷过程收敛的一些精确思想。领先的是高斯在 1812 年发表的《无穷级数的一般研究》("Abhandlung über die hypergometrische Reihe")一文$\left(\text{无穷级数}\right.$

$1+\left(\dfrac{a \cdot b}{1 \cdot c}\right) x+\cdots$的一般要求$\Big)$[①]。其后则有阿贝尔在 1826 年发表

的关于二项式级数的研究报告(研究级数 $1+\dfrac{m}{1}x+\cdots$)[②]。与此同时,柯西在 19 世纪 20 年代初写的《分析教程》(*Cours d'analyse*)[③]中第一次对级数收敛性作了一般讨论。这些早期研究的结果,对于我们所考虑的级数,其展开式有时是正确的,虽然严格的证明是十分复杂的。要详细了解现代的这类证明,我又要建议你们参考布克哈特的《代数分析》或韦伯和韦尔施泰因的教科书。

(2) 虽然我们以后将有机会作详细讨论,但是在此必须提到柯西对无穷小分析所起的决定性奠基作用。由比尔吉和纳皮尔在 17 世纪开创的对数理论,之所以建立在圆满的数学的严格基础之上,也是利用柯西的工作的结果。

(3) 最后必须提到复变函数理论(通常简称为函数论)的创立,这对于完全理解指数函数与对数函数是必不可少的。高斯是第一个

---

① *Commentationes societatis regiae Göttingiensis recentiores*,第 11 卷(1813 年)第 1 期,第 1—46 页。又见《高斯全集》,第 3 卷,第 123—162 页,西蒙译,柏林,1888 年。

② 《数学月刊》第 1 卷,第 311—339 页,1826 年。*Ostwards Klassiker* 第 74 期。

③ *Première Partie*,*Analyse Algébrique*,巴黎 1821 年。有德文译本,柏林,1885 年,伊特齐格桑(Itzigsohn)译。

全面研究这个理论基础的人,尽管这方面他没有发表什么文章。在 1811 年 12 月 18 日给贝塞尔的信(很迟才发表)[1]中,他十分清楚地描述与解释了在复平面上作为一个无穷多值函数的定积分 $\int_1^z \dfrac{\mathrm{d}z}{z}$ 的意义。但是,独立建立复变函数理论并介绍给数学界的人,是柯西。

就我们所讨论的特定的课题而言,这些研究的结果可简述如下:通过求双曲线下面积而引出对数,其方法与其他任何数学方法一样严格,但其简单和清晰的程度则超过了其他方法。

7.3 中学里的对数理论

值得注意的是,这个现代的发展在中学数学教学中几乎没有一点反映就被绕过去了,我经常提到这是一个罪过。尽管烦冗的代数分析有种种困难和不完善之处,但教师仍然勉强使用它,而不用很方便的无穷小演算,虽然 18 世纪对它的畏怯态度早已失去根据。其原因或许在于自 19 世纪开始以来,学校里的数学教学与数学进展完全脱了节。考虑到对未来的数学教师进行特殊训练正是从那个世纪早期开始的,这就更加值得注意了!我在前言中曾呼吁对这种脱节现象加以注意,它由来已久,而且阻碍了中学教学的每一种改革。具体地说,在中学里人们很少考虑所讲的定理在大学里是否有了推广,而往往满足于今天也许够用,但不能适应以后需要的定义。一句话,欧拉的说法仍然是中学里的标准说法。反之,大学也往往丝毫不顾与中学教学的联系,只顾建立自己的体系。有时用一点简述或者加上"你们在中学里已学过"等不适当的

---

[1] *Briefwechsel zwischen Gauss und Bessel*,奥威尔斯(Auwers)编,柏林,1880 年,或《高斯全集》,第 8 卷,第 90 页,1900 年。

说明对这种联系一笔带过。

　　有趣的是：向广大学生授课的大学教师，即教理工科大学生的教师，自动地采取了与我推荐的方法非常相似的对数介绍方法。这里让我特别提一下舍费尔斯（Scheffers）编的《理工科大学生数学教科书》[①]。在该书第六、第七章中，你们可以找到有关对数函数及指数函数的极详尽的理论，与我的方案完全吻合，其后第八章则为类似的角函数理论。我鼓励你们看看这本书。它对它所针对的教师是非常适用的，材料充分，而且不难读，甚至照顾到了不太聪明的学生的理解力。同时还请注意作者高超的教学法技巧。举一个例子来说，对于一旦懂了之后需要记住的少量对数理论中的公式，作者不断提请学生注意，这样需要的时候就很容易查出。作者用这种方式鼓励学生在面对大堆新材料的情况下坚持学习下去。我还要提请你们注意，尽管舍费尔斯肯定这个问题在中学里已经学过，但他还是在书里详细解说，因为他假定中学里学过的东西大多数已经忘了。不过舍费尔斯没有像我现在那样想到提出对中学教学进行改革的建议。

　　我愿意把我在中学里如何简单而自然地介绍对数的方案再概述一遍。第一个原则是求已知曲数的积分而导出新的函数，这是适当的出发点。我已经说过，这不仅符合历史情况，也与高等数学中椭圆函数的处理相一致。遵循这个原则，可以从双曲线 $\eta=\frac{1}{\xi}$ 出发，将 x 的对数定义为在此曲数下介于坐标 $\xi=1$ 和 $\xi=x$ 之间的面积（图7.4）。如允许末端坐标改变，就很容易看到其面积如何随 ξ 变化，并近似画出曲数 $\eta=\log\xi$。

　　现在，为了简单地求得对数的函数方程，可以从关系式

[①] 舍费尔斯，莱比锡，1905 年，1921 年第 5 版。

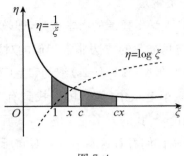

图 7.4

$$\int_1^x \frac{\mathrm{d}\xi}{\xi} = \int_c^{cx} \frac{\mathrm{d}\xi}{\xi}$$

出发。此式可以对积分变量施以变换 $c\xi = \xi'$ 而得到。这意味着在坐标 1 与 x 之间的面积和坐标 c 与 cx 之间的面积一样,就离开原点来讲,后者 c 倍于前者。当我们沿曲线下 ξ 轴移动时,若按同样的比例降低高度而伸长宽度,则其面积保持不变。注意到这一点,就可以从几何上搞清楚上面所说的话。由此即可推出加法定理

$$\int_1^{x_1} \frac{\mathrm{d}\xi}{\xi} + \int_1^{x_2} \frac{\mathrm{d}\xi}{\xi} = \int_1^{x_1} \frac{\mathrm{d}\xi}{\xi} + \int_{x_1}^{x_1 \cdot x_2} \frac{\mathrm{d}\xi}{\xi} = \int_1^{x_1 \cdot x_2} \frac{\mathrm{d}\xi}{\xi} \, 。$$

我非常希望有人把这个方案拿到中学里去试一试。当然,如何具体实施,还得请有经验的中学教师来决定。在梅伦中学课程要求中,我们不曾冒昧地把这个方案当作标准方案提出来。

7.4　函数论的观点

最后看看现代函数理论如何处理对数。我们会发现,早先讨论中遇到的所有困难都完全解除了。从现在起,将用复变量 $w = u + iv$

和 $z=x+\mathrm{i}y$ 代替 y 和 x。

(1) 对数定义为积分

$$w=\int_1^z \frac{\mathrm{d}\xi}{\xi},\tag{1}$$

其中积分路径为 ξ 平面上连接 $\xi=1$ 到 $\xi=z$ 的任意曲线(图 7.5)。

(2) 按积分路线围绕原点 O,
$1,2,\cdots$ 次。此积分具有无穷多个
值,所以 $\log z$ 是一个无穷多值函
数。如果沿负实轴切开平面并约定
积分路线不越过此切口,则可定出
一个确定的值,即主值 $[\log z]$。当
然,选择从上面还是从下面达到负
实数,还具有任意性。按照这种选

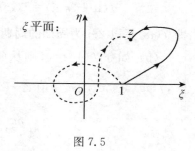

图 7.5

择,对数的虚数部分可以是 $+\pi\mathrm{i}$ 或 $-\pi\mathrm{i}$ 的主值加上 $2\pi\mathrm{i}$ 的任意倍数,
即得对数的通值

$$\log z=[\log z]+2k\pi\mathrm{i} \quad (k=0,\pm 1,\pm 2,\cdots)。\tag{2}$$

(3) 从 $w=\log z$ 的积分定义推出其反函数 $z=f(w)$ 满足微分
方程

$$\frac{\mathrm{d}f}{\mathrm{d}w}=f。\tag{3}$$

由此可立刻写出 f 的幂级数

$$z=f(w)=1+\frac{w}{1!}+\frac{w^2}{2!}+\frac{w^3}{3!}+\cdots。$$

因为此级数对任何有限的 w 均收敛,可立即推出反函数是仅在 $w=\infty$ 有奇点的单值函数,它是一个超越整函数。

(4) 和实变量一样,可从积分定义推出加法定理。由此,得反函数方程

$$f(w_1) \cdot f(w_2) = f(w_1 + w_2)。 \tag{4}$$

类似地,从(2)式得出:

$$f(w + 2k\pi i) = f(w) \quad (k = 0, \pm 1, \pm 2, \cdots), \tag{5}$$

即 $f(w)$ 是以 $2\pi i$ 为周期的周期函数。

(5) 如令 $f(1) = e$,则从(4)式推出,对每一个有理数值 $w = \dfrac{m}{n}$,$f(w)$ 是 $\sqrt[n]{e^m}$ 的 n 个值之一,根式的定义和平常一样,即

$$f\left(\frac{m}{n}\right) = \sqrt[n]{e^m} = e^{\frac{m}{n}}。$$

我们将采用习惯的记号并用 $e^w = e^{\frac{m}{n}}$ 表示 $f(w)$ 的这一个值,故 e^w 是一个完全确定的单值函数,事实上是由方程(3)给出的那个函数。

(6) 对任意底数 b 的幂 b^w,在最一般的意义下,应了解为何种类型的函数。当然,必须采用这样的规定,使指数规律得到满足。为了建立 b^w 和刚定义的函数 e^w 之间的联系。令 b 等于 $e^{\log b}$,其中 $\log b$ 取无穷多个值

$$\log b = [\log b] + 2k\pi i \quad (k = 0, \pm 1, \pm 2, \cdots)。$$

于是得到

$$b^w = (e^{\log b})^w = e^{w \log b} = e^{w[\log b]} e^{2k\pi i w} \quad (k = 0, \pm 1, \pm 2, \cdots)。$$

对 k 的不同值,此表达式给出完全不连接的无穷多个函数。由此,我们得到一个重要的结果:从幂和开方推广而得到的一般的指数表达式 b^w 的值,根本不是一个相互连贯的解析函数,而是无穷多个不同

的 w 的函数,其中的每一个都是单值的。

这些函数的各个值肯定是以各种方式相关联的。特别是,当 w 是整数时,它们全部相等;当 w 是分数且其既约式为 $\dfrac{m}{n}$ 时,它们当中只有有限(n)个彼此不相同者。这 n 个值是 $\mathrm{e}^{\frac{m}{n}\log b} \cdot \mathrm{e}^{2k\pi\mathrm{i}\frac{m}{n}}$,$k=0$,$1,\cdots,n-1$,即所预计的 $\sqrt[n]{b^m}$ 的 n 个值。

(7) 只有现在,我们才能评论从乘方与开方出发以期达到一个单值指数函数的传统方法的不当之处。上述方法原来完全像个迷宫,不可能用初等数学方法,特别是在实数范围内找到出路。如果考虑 b 为负数的情况,在刚得到的结果的启发下,你会清楚地看到这一点。我只是提醒你们:至此,我们才能了解原先看上去似乎任意给出的主值定义($b>0$,且 $b^{\frac{m}{n}}>0$),其实是合适的。它在我们的无穷多个函数中只给出一个,即

$$[b^w]=\mathrm{e}^{w\log b}.$$

另一方面,如果 n 是偶数,则 $b^{\frac{m}{n}}$ 的负实数值将构成一个到处稠密的集合,但属于我们的无穷多个函数中完全不同的一个,且不可能组合而形成一个连续的解析曲线。

现在我想再补充几句,讲讲对数函数的更加深刻的函数论性质。因为当 z 围绕 $z=0$ 旋转一次时,$w=\log z$ 会有一个增量 $2\pi\mathrm{i}$,对应的无穷多叶黎曼面在 $z=0$ 必然有一个无穷高阶的支点,使得每绕一圈即从一叶转移到另一叶。如果过渡到黎曼球面,容易看到 $z=\infty$ 是另一个同阶数的支点,此外就再没有支点了。现在就可以弄明白,解某些代数方程时(见第二部分)谈及的对数幂单值化是怎么回事。为了说得确定一些,请考虑一个有理次幂 $z^{\frac{m}{n}}$。借助关系

$$z^{\frac{m}{n}}=\mathrm{e}^{\frac{m}{n}\log z},$$

这个幂就成为 $w=\log z$ 的单值函数,这就叫对数幂单值化。为了弄

明白这一点，我们同时考虑 $z^{\frac{m}{n}}$ 和对数的黎曼面，两者都展开在 z 平面上。$z^{\frac{m}{n}}$ 的黎曼面有 n 叶，其支点也在 $z=0$ 和 $z=\infty$ 处，在其中每一点，所有 n 叶循环地相连接。如果在 z 平面上设想任一条封闭路线使对数函数沿着此路线回到其原来值（图 7.6），那就意味着在无穷多叶曲面上的路线也是封闭的。很容易看到，当它被映射到 n 叶曲面时，它

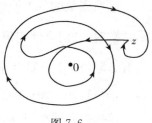

图 7.6

的像也是封闭的。从这个几何考虑可推出，当 $\log z$ 回到原来值时，$z^{\frac{m}{n}}$ 总会回到原来值。因此它是 $\log z$ 的单值函数。我很愿作出这个简短解释，因为这里讲的情况是在现代函数论中起重要作用的单值化原理的最简单情况。

现在我们考虑 z 平面及在 z 平面上展布的黎曼面到 w 平面的保角映射，以便把函数关系 $w=\log z$ 的性质弄得更清楚些。为了不致回溯得太远，我们不把对应的球面包括在考虑范围内，尽管包括进去比较好。和前面一样，我们沿实轴将 z 平面分成有阴影（上部）和无阴影（下部）的半平面，其中每一半平面在 w 平面上都有无穷多个像，因为 $\log z$ 是无穷多值的，而由于反函数 $z=e^w$ 是单值的，因此所有这些像必须平滑地相互连接。这意味着，w 平面被许多平行于实轴的线分隔成宽为 π 的平行带域（图 7.7）。这些条带是有阴影和无阴影相间的（实轴上方的第一个带域是有阴影的），它们分别表示上半和下半 z 平面的保角映射，而分隔的平行线对应于实 z 轴。关于详细对应情况，我只指出，仅当 w 保持在一个条带内向左趋向无穷时，z 才总是趋向于零，当 w 向右趋向无穷时，z 变成无穷。反函数 e^w 在 $w=\infty$ 有一个本性奇点。

这里绝不要忽略这个表示与皮卡定理之间的联系，因为皮卡定

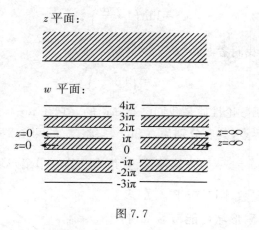

图 7.7

理是新近的函数论中最有趣的定理之一。设 $z(w)$ 是整超越函数，即只在 $w=\infty$ 处有本性奇点的函数（例如 e^w）。问题为：是否存在这样的 z 值，此函数不可能在有限值 w 处取得 z 值，但当 w 以某种方式趋向无穷时，却是该函数的极限？如果有，又有多少？皮卡定理说，一个函数在一个本性奇点附近最多会遗漏两个值。因此一个整超越函数除去 $z=\infty$（是必然遗漏的）外，最多还遗漏一个值。e^w 是除 ∞ 外只遗漏另一个值 $z=0$ 的函数的一个例子。在划分的每个平行条带内，e^w 趋向于这两个值，但对任何有限值 w，e^w 均不取这两个值。函数 $\sin w$ 是除 $z=\infty$ 外不遗漏其他任何值的例子。

　　我想再提出曾反复涉及的一点，并应用几何工具加以说明，以结束本节的讨论。我指的就是从幂的极限转变到指数函数的过程，这个过程由公式

$$e^w=\lim_{n\to\infty}\left(1+\frac{1}{n}\right)^{nw}$$

给出。如令 $nw=\nu$，则变成

$$e^w = \lim_{n \to \infty} \left(1 + \frac{w}{\nu}\right)^{\nu}。$$

在取极限前,我们考虑函数

$$f_\nu(w) = \left(1 + \frac{w}{\nu}\right)^{\nu},$$

它作为幂的函数论性质是我们已经知道的。它在 $w = -\nu$ 和 $w = \infty$ 各有一个临界点,其底分别为 0 和 ∞,它将 f_ν 的两个半平面映射成 w 平面上以 $w = -\nu$ 为公共顶点、张角为 $\frac{\pi}{\nu}$ 的一串扇形域(图 7.8)。

如果 ν 不是整数,则对应于 f_ν 的多值性,这一串扇形域可能覆盖 w 平面有限次或无限次。如果现在令 ν 变成无穷,扇形顶点 $-\nu$ 将无限制向左移,位于 $-\nu$ 右边的扇形域就显然变成相应于极限函数 e^w 的平行条带域,这就对 e^w 的极限定义作了几何解释。通过计算可以证明,在 $w = 0$ 的扇形域的张角变成平行带域的宽度 π。

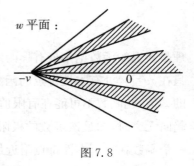

图 7.8

但这里出现一个疑问:如果 ν 连续地变为无穷,不仅通过整数,也通过有理数与无理数,在这时,f_ν 是多值的,将对应于多叶曲面,那么它们是怎样转化到对应于单值函数 e^w 的光滑平面的呢? 例如,如果只允许 ν 取分母为 n 的有理数而趋向无穷,则每个 $f_\nu(w)$ 将有 n 叶黎曼曲面。为了了解极限过程,我们暂时考虑 w 球面。对每个 $f_\nu(w)$,w 球由支点在 $-\nu$ 和 ∞ 连接的 n 叶曲面所覆盖。设分支割线是连接此两点的子午线的劣弧段,如图 7.9 所示。如果 ν 趋向 ∞,则

支点将重合而分支割线消失。因此,将各
叶连接起来的桥梁被摧毁了,出现了 n 个
分离的叶,对应它们的是 n 个单值函数,其
中有一个是我们的 e^w。如果现在让 ν 通过
所有实数,一般将有无穷多叶的曲面,它们
的连接处在极限过渡时被破坏了。这些曲
面中的每一个曲面,有一叶上的值收敛于
分布于光滑球面上的单值函数 e^w,而在其
他叶上的值序列一般没有任何极限。这

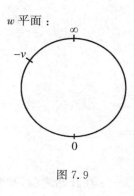

图 7.9

样,对多值幂函数通过极限变成单值指数函数的复杂而奇妙的途径
就有了一个完整的解释。

　　由上面这些考虑可以得出一个普遍的结论,只有把那类问题放
到复数域内才有可能对它们获得完整的了解。难道这还不足以成为
在中学里教复变函数的理由吗? 马克斯·西蒙(Max Simon)就是支
持类似要求的一个人。然而,中等程度的学生,即使在最高年级,我
也很难相信能接受这样深的内容。因此我想,在中学里应放弃那种
代数分析方法而采用前面已经讲过的简单而自然的方法。不过我还
是希望教师充分掌握这里谈及的所有与函数论的联系,因为教师的
知识应大大超过他的讲课范围,他应该熟悉哪里有艰难险阻,才能指
导学生安全通过。

　　经过这一番详细的讨论,在对角函数作相应的考虑时就可以简
略一些了。

第八章　角函数

在开始之前,我要说明用"角函数"这个名称似乎比习惯上用的"三角函数"要好,因为三角学只是这些函数的一个特殊应用。它们本身与指数函数相类似,但其中的反函数又类似对数函数。我们称这些反函数为测圆函数。

8.1　角函数理论

作为理论考虑的出发点,让我提出一个关于在中学介绍角函数的最好方法的问题。我想最好的方法还是利用求面积的这个总原则。从测量圆弧开始的传统方法,我觉得不十分明显,特别是因为它使初等数学与高等数学之间失去了简单的内在联系。

我再一次直接应用解析几何。在单位圆

$$x^2+y^2=1$$

上考虑由原点到点 $A(x=1,y=0)$ 和由原点到点 $P(x,y)$ 的射线形成的扇形(图 8.1)。为了与常用的符号一致,将用 $\dfrac{\varphi}{2}$ 来表示这个扇形的面积(因为弧长的习惯符号是 φ)。

定义 φ 的角函数即其正弦与余弦分别

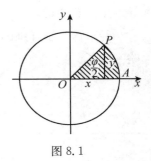

图 8.1

为扇形 $\frac{\varphi}{2}$ 的端点 P 的坐标 x 和 y：

$$x=\cos\varphi,\quad y=\sin\varphi。$$

这个符号的起源不清楚。"sinus"（正弦）这个词或许是由阿拉伯词误译成拉丁词的。因为我们没有从弧出发，不能借用习惯的术语 arcsin 和 arccos 来表示反函数，即作为坐标的函数的双倍扇形面积。

但根据类比，自然可称 $\frac{\varphi}{2}$ 为正弦（或余弦）的"面积"（area），并写成

$$\varphi=2 \text{ area sin } y=\arcsin y,$$

$$\varphi=2 \text{ area cos } x=\arccos x。$$

在英美则通用下列记号

$$\varphi=\cos^{-1}x,\quad \varphi=\sin^{-1}y。$$

其他两个角函数

$$\tan\varphi=\frac{\sin\varphi}{\cos\varphi},\cot\varphi=\frac{\cos\varphi}{\sin\varphi}$$

（在过去的三角学中还有正割和余割）简单地被定义为两个基本函数的有理组合。它们只是为了简化实际计算而引入的，对我们没有重要的理论意义。

　　如果随 φ 的增加观察点 P 的坐标，则立即可得到在直角坐标系内定性地表示余弦和正弦的曲线。它们是以 2π 为周期的、人所熟知的波浪形曲线（图 8.2），π 定义为整个单位圆的面积，而不是像通常

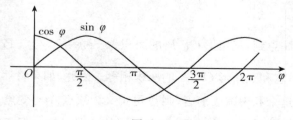

图 8.2

那样定义为半圆的弧长。

请再把我们引入指数函数与对数函数的方法与这些定义作一比较。你们会记得,我们是从以渐近线为坐标轴的等轴双曲线

$$\xi \cdot \eta = 1$$

出发的。此双曲线的半轴为 $OA = \sqrt{2}$(图 8.3),而圆的半径为 1。现在我们考虑介于固定坐标 $AA'(\xi=1)$ 和变动坐标 PP' 之间的条带区域的面积。如果称其为 Φ,则有 $\Phi = \log \xi$,且点 P 的坐标可用 Φ 表达成

$$\xi = e^{\Phi}, \eta = e^{-\Phi}。$$

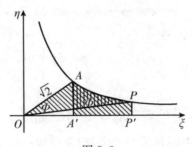

图 8.3

你会注意到和前面的讨论有点类似,但有两个方面是不一样的。首先,Φ 不是前面所说的扇形面积。其次,现在的两坐标是通过一个函数 e^{Φ} 的有理式来表达,而就圆的情况来说,为了获得有理表达式,不得不借助 sin 和 cos 两个函数。不过我们会看到,这种区别很容易得到解决。

首先注意到,三角形 $OP'P$ 的面积为 $\frac{1}{2}\xi\eta = \frac{1}{2}$,与点 P 的位置无关,特别是它和三角形 $OA'A$ 的面积相等。因此,如果将后者加到 Φ 内而后从这个和中减去前者,则 Φ 可定义为顶点 A 与变点 P 的两矢径之间的双曲线扇形的面积,完全和圆的情况一样。但仍有符号上

的差别。从点 O 看去,在前一种情况下,弧 AP 是逆时针方向,而现在成了顺时针方向。按 OA 将双曲线反射,即变换 ξ 和 η,即可消除这个差别。于是,取点 P 的坐标为

$$\xi=\mathrm{e}^{-\Phi}, \eta=\mathrm{e}^{\Phi}\text{。}$$

最后,将图 8.3(在对 OA 反射后)旋转 $45°$,使双曲线的主轴为坐标轴(图 8.4)。如果称新坐标为 (X,Y),则坐标变换式为

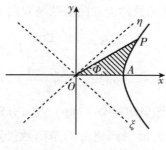

图 8.4

$$X=\frac{\xi+\eta}{\sqrt{2}}, \quad Y=\frac{-\xi+\eta}{\sqrt{2}}\text{。}$$

双曲线方程于是变成

$$X^2-Y^2=2\text{。}$$

现在扇形 Φ 与圆中的扇形 $\dfrac{\Phi}{2}$ 位置就完全一样了。点 P 的新坐标作为 Φ 的函数可以写成

$$X=\frac{\mathrm{e}^{\Phi}+\mathrm{e}^{-\Phi}}{\sqrt{2}}, \quad Y=\frac{\mathrm{e}^{\Phi}-\mathrm{e}^{-\Phi}}{\sqrt{2}}\text{。}$$

剩下需要将整个图形按 $1:\sqrt{2}$ 的比例缩小,以便像在圆的情况下一样,使双曲线的半轴为 1 而不是 $\sqrt{2}$。于是所述的扇形面积和前

面的情况完全一样成了 $\dfrac{\Phi}{2}$。如果还是记新的坐标为(x,y),则它们作为 Φ 的函数为

$$x=\frac{\mathrm{e}^{\Phi}+\mathrm{e}^{-\Phi}}{2}, \quad y=\frac{\mathrm{e}^{\Phi}-\mathrm{e}^{-\Phi}}{2}。$$

它们满足关系式

$$x^2-y^2=1,$$

即双曲线方程。这些函数称为双曲余弦与双曲正弦,并记为

$$x=\cosh\Phi=\frac{\mathrm{e}^{\Phi}+\mathrm{e}^{-\Phi}}{2},$$

$$y=\sinh\Phi=\frac{\mathrm{e}^{\Phi}-\mathrm{e}^{-\Phi}}{2}。$$

最后的结果是:如果用完全一样的方法,分别处理半轴为1的圆和等轴双曲线,则一方面得到通常的角函数;另一方面得到双曲函数,因而这些函数彼此完全对应。

你们已经知道,cosh 和 sinh 在许多情况下很有用处。然而,就有关双曲线的处理而论,我们实际退后了一步。首先,坐标(ξ,η)原来可以用一个函数 e^{Φ} 表示,而现在得用两个函数来表示,但它们可用一个代数关系(双曲线方程)联系起来。自然希望像原来对双曲线的推导一样,用反演的方法来处理角函数,只要不反对使用复数,这是十分容易做到的。事实上,如同用 e^{Φ} 表达 $\cosh\Phi$ 与 $\sinh\Phi$ 那样,可以引出一个基本函数将 $\sin\varphi$ 和 $\cos\varphi$ 有理地表达出来。因此这个函数可以在角函数理论中起主要作用。

为此,对圆方程 $x^2+y^2=1$(其中 $x=\cos\varphi,y=\sin\varphi$)引入新坐标

$$x-\mathrm{i}y=\xi, \quad x+\mathrm{i}y=\eta,$$

从而有

$$\xi \cdot \eta = 1。$$

现在，正和上述双曲线的情形一样，所希望的中心函数正是第二个坐标 η。如果用 $f(\varphi)$ 来表示它，则通过变换方程，我们有

$$\eta = f(\varphi) = \cos\varphi + i\sin\varphi, \quad \xi = \frac{1}{f(\varphi)} = \cos\varphi - i\sin\varphi。$$

由此得到

$$\cos\varphi = \frac{\xi + \eta}{2} = \frac{f(\varphi) + [f(\varphi)]^{-1}}{2},$$

$$\sin\varphi = \frac{-\xi + \eta}{2i} = \frac{f(x) - [f(\varphi)]^{-1}}{2i}。$$

与先前 $\cosh\Phi, \sinh\Phi$ 与 e^{Φ} 之间的关系完全类似。如果从一开始就突出圆和双曲线的类比，则欧拉的伟大发现 $f(\varphi) = e^{i\varphi}$ 就没有通常的那种神秘色彩了。

现在提出一个问题：不脱离实数域，能否将 $\cos w$ 和 $\sin w$ 类似地简化为用一个基本函数来表达？如果从射影几何的观点来看我们的图形，那么这一点确实是可能的。事实上，在双曲线情形下，可以视坐标 η 为平行线束"$\eta = $ 常数"的参数，此坐标 η 正是所需要的基本函数。从射影观点来看，这意味着有一个顶点在双曲线上（这里特别地位于无穷远点）的线束。如果在圆和双曲线的两种情况下，都把任何这样线束的参数设想成一个面积的函数，则同样得到一个只用到实数的基本函数。

现在我们来考虑单位圆和通过点 $S(-1,0)$ 的线束

$$y = \lambda(x+1),$$

其中 λ 为参数（图 8.5）。在第一部分里，我们曾找到，圆和对应于 λ 的射线的交点 P 的坐标为

$$x = \cos\varphi = \frac{1-\lambda^2}{1+\lambda^2},$$

$$y = \sin\varphi = \frac{2\lambda}{1+\lambda^2},$$

所以

$$\lambda = \lambda(\varphi) = \frac{y}{1+x}。$$

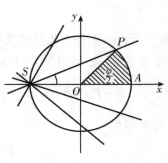

图 8.5

事实上这是一个合适的实的基本函数。

又因为，$\angle PSO = \frac{1}{2}\angle POA$，$\angle POA = \varphi$，立即可推出 $\lambda = \tan\frac{\varphi}{2}$。这种通过 $\tan\frac{\varphi}{2}$ 对 $\sin\varphi$ 和 $\cos\varphi$ 作单值表示的方法，在三角学计算中是常常用到的。

在最后一个公式中，可以得到一个关系式

$$\lambda = \frac{y}{1+x} = \frac{1}{i}\cdot\frac{f-f^{-1}}{f+f^{-1}+2} = \frac{1}{i}\cdot\frac{f^2-1}{f^2+1+2f}$$

$$= \frac{1}{i}\cdot\frac{f(\varphi)-1}{f(\varphi)+1}。$$

它表示出 λ 和原先的基本函数之间的关系，其逆则是

$$f(\varphi) = x + iy = \frac{1-\lambda^2+2i\lambda}{1+\lambda^2} = \frac{1+i\lambda}{1-i\lambda}。$$

因而引入 λ 就相当于确定 $f(\varphi)$ 的一个线性有理函数，使在单位圆圆周上取实值。用这种方法，公式变成实的，但比直接用 $f(\varphi)$ 表示要复杂些。

面对使用实数的优劣，并决定是否愿意不用实数而用复数，当然取决于是否会用复数。在这方面值得指出，物理学家早就改用复数，特别是在光学中。例如，在处理振动方程时就是这样。工程师，特别是电气工程师，使用矢量图时，近来也在利用复数，这带来了很大的方便。因而可以说，复数量的使用终于开始普及了，尽管现在大多数

的人仍以使用实数为限。

下面简单地说说角函数理论的进一步发展。下一步,我们考虑某些基本规律:

(1) $\sin \varphi$ 的加法定理是

$$\sin (\varphi + \psi) = \sin \varphi \cos \psi + \cos \varphi \sin \psi,$$

对 $\cos (\varphi + \psi)$ 有对应的公式。由于这里所处理的不是真正的初等函数,因此这些公式显得比指数函数的相应公式难。我们的基本函数是 $f(\varphi) = \cos \varphi + \mathrm{i} \sin \varphi$,它满足很简单的关系

$$f(\varphi + \psi) = f(\varphi) \cdot f(\psi)。$$

这和 e^{φ} 的公式完全一样。

(2) 现在很容易求得倍角和半角公式。我只谈其中的两个公式

$$\sin \frac{\varphi}{2} = \sqrt{\frac{1 - \cos \varphi}{2}}, \quad \cos \frac{\varphi}{2} = \sqrt{\frac{1 + \cos \varphi}{2}},$$

因为它们在建立第一个三角函数表时是很重要的。所有这类关系式可用棣莫弗公式

$$f(n\varphi) = [f(\varphi)]^n,\text{其中 } f(\varphi) = \cos \varphi + \mathrm{i} \sin \varphi$$

很漂亮地给出。棣莫弗是一个法国人,但居住在伦敦,和牛顿有来往,1730 年他在《分析杂记》(*Miscellanea analytica*)这本书中发表了此公式。

(3) 从我们的 $y = \sin \varphi$ 的原始定义出发,当然很容易导出反函数 $\varphi = \sin^{-1} y$ 的积分表达式。图 8.6 中所示面积由单位圆的扇形 $\frac{\varphi}{2}$(AOP)加上三角形 $OP'P$ 组成,它的边界为坐标轴、坐标 y 处平行于 x 轴的直线和曲线 $x = \sqrt{1 - y^2}$。此面积是 $\int_0^y \sqrt{1 - y^2}\,\mathrm{d}y$。因三角形的面积为

$$\frac{1}{2}OP' \cdot P'P = \frac{1}{2}y\sqrt{1-y^2},$$

故有

$$\int_0^y \sqrt{1-y^2}\,\mathrm{d}y = \frac{1}{2}y\sqrt{1-y^2} + \frac{1}{2}\varphi。$$

由此通过简单的变换可得

$$\varphi = \sin^{-1}y = \int_0^y \frac{\mathrm{d}y}{\sqrt{1-y^2}}。$$

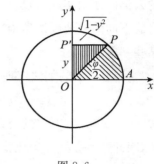

图 8.6

现在可以像对数的情况一样把讨论进
行下去,即通过二项式定理展开被积函
数,然后仿照墨卡托的作法逐项积分。这样可以给出 $\sin^{-1}y$ 的幂级
数,由它再作反演,可得到 $\sin\varphi$ 的级数。如同在前面第一部分所看
到的,这正是牛顿自己所用的办法。

(4) 然而,我宁愿借用泰勒的伟大发现所提供的简捷方法。根
据上面的积分公式,可求得 $\sin\varphi$ 的微分方程

$$\frac{\mathrm{d}\sin\varphi}{\mathrm{d}\varphi} = \frac{\mathrm{d}y}{\mathrm{d}\varphi} = \sqrt{1-y^2} = \cos\varphi,$$

由此推出

$$\frac{\mathrm{d}\cos\varphi}{\mathrm{d}\varphi} = -\sin\varphi。$$

由泰勒定理给出

$$\sin\varphi = \frac{\varphi}{1!} - \frac{\varphi^3}{3!} + \frac{\varphi^5}{5!} + \cdots,$$

$$\cos\varphi = 1 - \frac{\varphi^2}{2!} + \frac{\varphi^4}{4!} - \cdots。$$

很容易看到这些级数对每一个有限值 φ(包括复数)均收敛,因此 $\sin\varphi$
和 $\cos\varphi$ 是定义在整个复平面上的单值整超越函数。

(5) 如果将此级数与 e^φ 的级数作比较,可以看到,基本函数

$f(\varphi)$满足关系

$$f(\varphi)=\cos\varphi+\mathrm{i}\sin\varphi=\mathrm{e}^{\mathrm{i}\varphi}。$$

这个结果是毫无疑义的,因为 $\sin\varphi$ 和 $\cos\varphi$ 如同 e^{Φ} 一样都是单值整函数。

(6) 剩下的是讨论复函数 $\sin w$ 和 $\cos w$ 的性质。首先注意到,$w=\sin^{-1}z$ 和 $w=\cos^{-1}z$ 中的每一个反函数,都产生一个具有无穷多叶,且在 $+1,-1,\infty$ 有交点的黎曼曲面。事实上,在 $z=+1$ 和 $z=-1$ 上有无穷多个一阶的支点,而在 $z=\infty$ 具有两个无穷阶的支点。为了更好地、详尽地找到各叶的走向,我们考虑对应于上(阴影)下(无阴影)半 z 平面的 w 平面的区域划分。对 $z=\cos w$ 来说,这个划分是由实轴和通过点 $w=0,\pm\pi,\pm2\pi,\cdots$ 的平行于虚轴的各直线组成,从而成为许多矩形域[①](图 8.7),所有这些区域都延伸到无穷,且有阴影者与无阴影者相间。在点 $w=0,\pm2\pi,\pm4\pi\cdots$(对应于 $z=+1$)和点 $w=\pm\pi,\pm3\pi,\cdots$(对应于 $z=-1$)均各有 4 个矩形域相遇。这些对应于黎曼曲面的 4 个半叶,它们在对应的位于 $z=\pm1$ 之上的支点中的每一个支点处相连接。如果 w 在任何一个矩形域内趋向无

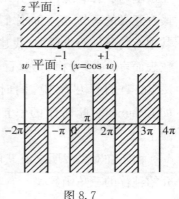

图 8.7

穷,$\cos w$ 也趋向于值 $z=\infty$。因而存在着两个分离的无穷个角形域的集合,且每个角形域都延伸至无穷,对应于黎曼面上有两个彼此分离而在 $z=\infty$ 处连接的各无穷多叶的集合。对 $z=\sin w$,除去在 w

---

① 原文作三角形,是把无穷远点作一个顶点。——中译者

平面的图像向右平移 $\frac{\pi}{2}$ 外,其余的均类似。这些图形,使前一节关于在 $w=\infty$ 处的本性奇点的性质和皮卡定理的关系又得到证实。

8.2 三角函数表

在简单说明了角函数的理论之后,我想讨论对实际工作极为重要的某些内容,即三角函数表。与此同时,我还要谈及对数表。由于对数表和三角函数表从一开始到现在都是紧密连在一起的,因此,到现在为止,我始终把对数表暂时放在一边。对数表是怎样达到今天这种形式的,这对中学和大学的数学教师都是异常重要和有意义的。在这里,我当然无法详尽介绍这个表的漫长发展史,但我将引用若干最有意义的著作,努力向你们介绍历史的梗概。至于其他一些著作,其中有的是同等重要的,我建议你们参考特罗夫克的著作。而就对数表而言,可参考梅姆克《百科全书》中有关算术计算(numerisches rechnen)的详尽解说,同时参考法文版《百科全书》中奥卡涅(d'Ocagne)对此所作的修正[①]。这样,历史的叙述就可能完整无缺了。

由于在对数发明之前三角函数表已经发展起来,所以我首先来介绍纯粹的三角函数表。

(1) 纯粹的三角函数表

这类表古已有之,其中第一份是所谓"弦表"。

(1) 弦表。此表由托勒密为研究天文学的需要而编制,编制时

---

① 《数学百科全书》法文版第 1 卷,第 23 页。同时参考 F. 卡约里著《数学史》,1919 年麦克米伦版,以及 D. E. 史密斯著《数学史》,1925 年吉恩出版公司。

间约在公元 150 年,载于他的著作《天文学大成》(*Megale Syntaxis*)中。托勒密在这本著作中建立了以他的名字命名的天文学理论体系(现有一现代版本,海贝尔[Heiberg]编,1898—1903 年莱比锡版)。此书是由阿拉伯人传给我们的,用 *Almagest* 作书名,这个字可能是由阿拉伯文冠词"al"与残缺的原希腊文书名组合而成。本表按 30 分的间隔列出。它并未直接给出角 α 的正弦,只给出了对应弧长$\left(\text{即 } 2\sin\dfrac{\alpha}{2}\right)$。这些弦长的值用三位六十进制分数,即$\dfrac{a}{60}+\dfrac{b}{3\,600}+\dfrac{c}{216\,000}$来表示,其中 a,b,c 是 0 与 59 之间的整数。不过,这些 a,b,c 当然是用希腊数码表示的,即由希腊字母组合而成,这让我们读起来有困难。该表也给出差值,可以按分进行插值。在计算时,托勒密主要用到三角函数加法定理,而后者又表示为一个关于内接四边形的几何定理(托勒密定理)。他也用到前面 $\sin\dfrac{\alpha}{2}$ 的公式(除有理运算外加上开平方根),还用到内插过程。

(2) 三角函数表在欧洲首次编成,已是 1000 多年以后的事了。第一个做出贡献的人是雷格奥蒙塔努斯(Regiomontanus,1436—1476),他的真名是约翰内斯·米勒(Johannes Müller)。他计算了几个三角函数表,从六十进制改成了纯十进制。现在我们都知道正弦、余弦的单位圆线段表示法,但当时还没有人想到这些线段都是分数。三角函数的计算都是利用半径很大的圆来作的,所以这些线段都成了整数了。事实上,这些大数本身都是用十进制写的,但从选择半径可以看到,当时人们往往固执地采用六十进制。因此雷格奥蒙塔努斯造第一个表时半径取为 6 000 000,直到造第二个表时,他才选了纯粹的十进制 10 000 000,并与十进制取得了完全一致。只要简单地插入小数点,就变成今天的十进制表。雷氏的这些三角函数

表是在他去世后很久才第一次出版的,附于他的老师 G. 波伊巴赫
(Peurbach)的作品《关于正弦问题的论述》(*Tractatus super propo-
sitiones Ptolemaei de sinubus et chordis*,纽伦堡,1541 年)中。值得
注意,这个著作像其他许多数学的基本著作一样,是 16 世纪 40 年代
印行于纽伦堡的,雷氏本人大半生在纽伦堡度过。

(3) 现在我向你们介绍一本具有最伟大的普遍意义的著作:哥
白尼(Copernicus)写的《天球运行论》(*De revolutionibus orbium coe-
lestium*)。此书确立了哥白尼的天文学理论体系。哥白尼从 1473
年到 1543 年住在托伦(Thorn),他的著作在雷格奥蒙塔努斯的三角
函数表发表两年后,同样在纽伦堡出版。由于哥白尼从来没有看过
这些表,他只好为自己计算小小的正弦表以满足他的理论的需要,此
表可在他的书上找到。

(4) 这些表绝对适应不了天文学家的需要,因而哥白尼的一个
学生和朋友不久就打算做一件更宏伟的工作。这个人的名字叫雷蒂
库斯(Rhäticus),他生于 1514 年,死于 1576 年,是威登堡(Witten-
berg)的教授。你们必须把这一切事情同当时的总的历史背景联系
起来看。当时我们处于宗教改革时代,你们知道,威登堡和自由城市
纽伦堡是学术活动的中心。但是在宗教改革斗争中,政治活动和学
术活动的重心逐渐由城市移向君主的宫廷。所以尽管以前一切学术
著作印行于纽伦堡,但雷蒂库斯的伟大的三角函数表却是在选帝侯
帕拉丁(Palatine)的赞助下出版的(海德堡,1596 年),因而冠以《帕
拉丁作品》(*Opus Palatinum*)的名字。这个三角函数表是在雷蒂库
斯死后不久印行的,比以前的表完善得多,包括有按 10 分间隔的十
位三角函数的值。不过说实在的,有许多错误。

(5) 此表后经西里西亚格林贝格的皮蒂斯楚斯(Pitiscus,1561—
1613)作出极大改进后出版。皮氏是选帝侯帕拉丁的教士。这本又

是在君主资助下印行的《数学宝书》(法兰克福,1613年),包括按10分间隔的15位三角函数值。同雷蒂库斯的原表比较,少了许多差错,也更为简明。

我们必须记住,所有这些表主要是依靠半角公式和内插法编成的,因为当时还没有 sin x 和 cos x 的无穷级数。所以这些伟大著作中所凝聚的大量劳动和智慧,应该得到正确的评价。

(2) 对数三角函数表

紧接着这些表之后的是三角对数表的出现。这是异常的巧合,有人可能说是历史的嘲弄。在皮蒂斯楚斯把三角函数表改进之后一年,第一个对数表出现了,使这些函数表变得多余。从此以后,人们用正弦对数和余弦对数来代替正弦和余弦。我已经提到过由纳皮尔造的第一个对数表。

(1) 纳皮尔的《奇妙的对数表的描述》出版于1614年。他的本意是想简化三角函数的运算,因而他没有给出自然数的对数,而是给出三角函数按一分间隔的七位对数。

(2) 现在的对数表主要由英国人亨利·布里格斯(Henry Briggs,1556—1630)造的,他和纳皮尔有来往。他认识到以10为底的对数对实数计算有极大优势,因为它更适合于十进制,因此,早在1617年,在《自然数从1到1000的对数》(*Logarithmorum Chilias Prima*)一书中,他就用这个底代替了纳皮尔用的底,造了以他的名字命名的"人造"或常用对数。为了计算这些对数,布里格斯发明了一系列有趣的方法,使人们能按自己所选择的精确度来确定每一个对数。布里格斯的第二本著作的书名为《对数算术》。在这本书里,他列出了自然数的对数表而不是纳皮尔列的那种角度比的对数表。肯定地讲,布里格斯并未完成计算,他只给出了从1到20 000和

90 000到100 000之间的整数对数,但有14位。值得注意的是,恰巧是旧表给出的位数最多,而现在大多数情况下,很少几位数就行了。稍后我还会讨论这一点。布里格斯在他的《不列颠三角学》(*Trigonometria Britannica*)中也编出了以分为间隔的三角函数的十位常用对数。

(3) 布里格斯表的空隙,后由数学家、书商、荷兰人艾德里安·弗拉克(Adrian Vlacq)所填满。他为布里格斯表发行了第二版,其中有从 1 到 100 000 所有整数的十位对数。我们可以把这本书当作现今所有自然数对数表的依据。

关于对数的进一步发展,在此我只能大致叙述随后的年代中与初期相比所取得的进展的要点。

(a) 第一个本质的进展是在理论方面,即使用对数级数,这是计算对数的极其有用的新方法。早期的表的编者们并不知道这些级数。我们已经看到,纳皮尔计算对数时用的是差分方程,即用逐次累加 $\frac{\Delta x}{x}$ 的方法和内插法。布里格斯应用了重要的求平方根的方法,他利用了纳皮尔在其《构造》一书中谈到的结果:知道 a,b 的对数后,即可知道 $\log \sqrt{a \cdot b} = \frac{1}{2}(\log a + \log b)$。或许弗拉克也是用这种方法计算的。

(b) 后来在排印方面作出了改进,用较少的篇幅把更多的材料收进表中,而且也更醒目。

(c) 最重要的是,通过对旧表的仔细校核,准确性也大大提高,减少了数字的差错,特别是末位数字的差错。

在大量作了改进的表中,我只谈谈最有名的一个——《对数大全》(*Thesaurus Logarithmorum Completus*)。

（4）《对数大全》是奥地利炮兵军官维加（Vega）编的，1794 年出版于莱比锡。此书已极难得，但 1896 年在佛罗伦萨出现了影印复刻本。该书包括有自然数和三角函数的十位对数，其编排形式从此成为标准的编排式。例如，在里面有便于插值的小差表。

19 世纪以来，对数得到了空前的普及，某种程度上是因为 20 年代对数被引入了中学教学，而且对数在物理和技术上得到了越来越多的应用。与此同时，位数减少了。因为，就中学和技术上的需要而言，表最好不要太厚，特别是就所需要的精确度而言，三四位数差不多就够了。说实在的，我上学的时候还用七位表，据说理由是这样可以使学生得到"数的尊严"的印象。我们今天的思想一般是比较讲实用的，我们现在到处用二位、三位表，最多用五位表。今天我要给你们看 3 个随意挑出来的现代对数表。一个是舒伯特编的袖珍四位表[1]，你们能在其中发现一切表现手段，如双色套印，每一页上下都重复印上首尾数之类，以排除误解。第二个是亨廷顿（Huntington）编的现代美国对数表[2]，编排得更为巧妙，表页上有凹凸刻痕，能使你立刻翻到所要找的那一页。最后我要给你们看一把计算尺，正如你们所知道，其实也是一种三位对数表，不过以一种拉尺形式出现，非常方便。你们当然都已熟悉这种工具，现在每一个工程师都随时带在身边。

今天我们还没有达到发展的顶点，但可以很明显地看出进一步发展的方向。最近，手摇计算机已开始得到广泛使用，由于直接相乘起来迅速而可靠得多，所以它已使对数表变得多余。不过目前这种机器非常昂贵，只有大办事机构才能购置。当这种机器变得很便宜

---

[1]　*Vierstellige Tafeln und Gegentafeln*，现为舒伯特及豪斯纳（Haussner）合编，Sammlung Göschen 出版社，莱比锡，1917 年。

[2]　C. V. 亨廷顿，《四位对数表》，节略版，马萨诸塞州坎布里奇，1907 年。

的时候,数值计算的一个新阶段便宣告开始。就测角术而言,皮蒂斯楚斯的老对数表尽管诞生不久就过时了,但到那个时候将会显出其用处,因为它能够直接提供三角比,使手摇计算机得以立刻运算,从而避免使用对数表。

8.3　角函数的应用

现在剩下的是给你们概括地介绍一下角函数的应用,我将介绍3个领域。

(a) 三角学。事实上,它为角函数的发明提供了机会。

(b) 力学。其中特别是小振动理论为它的应用提供了广泛的领域。

(c) 周期函数通过三角级数表示。众所周知,它在种种不同的问题中起到重要作用。

让我们立即讨论第一个主题。

(1) 三角学,特别是球面三角学

我们在这里面对的是一门非常古老的科学,这门科学在古埃及达到了高度的繁荣,两门重要科学的需要促进了它的发展。当时,大地测量学要求有平面三角的理论,而天文学需要球面三角的理论。在天文史方面,A. v. 布劳恩米尔(A. v. Braunmühl)所著《三角函数史讲义》(*Vorlesungen über Geschichte der Trigonometrie*)[①],是大部头的专著。在三角学的实用方面,最有帮助的是 E. 哈默(E. Hammer)的《平面和球面三角学教程》(*Lehrbuch der ebenen und*

---

① 两卷,莱比锡,1900 年及 1903 年。

sphärischen Trigonometrie)[1]；在理论方面，就是我常常提到过的韦伯和韦尔施泰因的《数学全书》第二卷。

在这些讲稿的限制范围内，我当然不可能系统地谈整个三角学的内容，这属于专门研究的范围。再说我们哥廷根大学设有大地测量学及球面天文学课程，对实用三角学给予了充分的注意。我想和你们谈的，只是理论三角学中非常有趣的一章。尽管理论三角学这门学问有非常悠久的历史，但还不能认为已没有什么可以研究了，相反，它里面还包含着许多尚未解决的问题，而且是相对初级性质的问题，我认为加以研究是会有收获的。我指的是球面三角学。你们会发现这个课题在韦伯和韦尔施泰因的书中已得到很充分的考虑，该书认为最重要的，是施图迪（Study）在其奠基作《球面三角学、正交变换和椭圆函数》（*Sphärische Trigonometrie, orthogonale Substitutionen und elliptische Funktionen*）[2]中所发展的思想。我要向你们概括的，是这个范围内的一切理论，并提醒你们注意尚未得到解答的问题。

球面三角的基本概念简直不需要解释。在球面上任取 3 点，其中任意两点均非对径点，即可决定唯一的一个三角形。其中每个角和边都在 0 与 π 之间（图 8.8）。进一步的研究表明，最好设边和角都不受限制，可以变到大于 π 或 2π，或 π 的整数倍的情况。于是，必

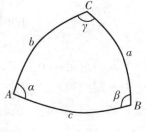

图 8.8

①　斯图加特，1906 年（第五版，1923 年）。

②　*Abhandlungen der Mathematisch-physikalischen Klasse der Königlich Sächsischen Gesellschaft der Wissenschaften*，第 20 卷，第 2 期，莱比锡，1893 年。

须处理具有重叠的边和绕它的顶点转角多次的情况。此时,对所测量的这些量的符号和量角的方向必须做一些规定。符号原理的重要性之所以得到前后一致的研究,并为这些量在不受限制变化下的一般研究开辟了道路,都要归功于莱比锡的伟大几何学家莫比乌斯(A. F. Möbius)。这里,他的研究中具有特别重要意义的是《球面三角学基本公式的最一般发展》(*Entwicklung der Grundformeln der sphärischen Trigonometrie in grösstmöglicher Allgemeinheit*)①。

　　确定符号的出发点,在于规定绕球面上一点 A 旋转时怎样的角应称为正的(图 8.9)。如果对一点规定好了,就可以确定其他任一

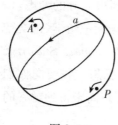

图 8.9

点上的正方向,因为从一点能连续地移动到其他点。从外侧看球时,习惯上选取逆时针旋转为正。其次,必须对球面上的每个大圆指定一个方向。但是我们不能满足于先对某一个大圆确定其方向,再让它连续运动到与第二个大圆重合,进而确定第二个大圆上的方向,因为向两个不同的方向做连续移动,会对第二个大圆得出相反的方向。因此将分别对所考虑的每一个大圆指定一个方向。如果指定的方向不同,则同一个大圆将被视为不同的图形。据此约定,每一个有向的大圆 a 都可以与一个极点 P 唯一地互相关联,即与其初等意义上的两个极点之一相联系,从这个极点来看,该大圆的方向是正的。反之,球面上每一点有一个有向的极圆。在这些规定之下,三角学里如此重要的极化过程就唯一确定了。

---

　　① *Berichte über die Verhandlungen der Königlich Sächsischen Gesellschaft der Wissenschaften, mathematisch-physikalische Klasse*,第 22 卷(1860 年)。重印于《莫比乌斯全集》,第 2 卷,第 71 页,莱比锡,1886 年。

如果在球面上给出了 A,B,C 3 点,还要再作一些规定,才能够使得以这些点为顶点的球面三角形唯一确定。首先,通过 A,B,C 的大圆的方向必须指定,其次还必须知道从点 B 到点 C,从点 C 到点 A 和从点 A 到点 B 转了多少圈。用这种方法确定的长度 a,b,c 可以是任意实数,称之为球面三角形的边。当然,它们都被想象成画在一个半径为 1 的球面上。于是,这些角定义如下:α 是围绕点 A 使方向 CA 转到与方向 AB 一致的正方向的旋转角,可以加上 $\pm 2\pi$ 的

任意倍数。另两个角可类似地得到定义。如果现在考察一个普通的初等三角形,如图 8.10 所示,选择各边的方向以使 α,β,γ 小于 π,则按我们的新定义,角 α,β,γ 是外角,而不是像通常对初等三角形所考虑的内角。

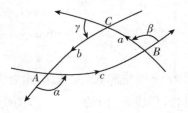

图 8.10

早就已经知道,用这种方法,以补角来代替球面三角形惯用的角,将使球面三角学的公式变得更对称和表达得更为清楚。这样做的深刻理由是基于下面的考虑:由莫比乌斯规定的极化过程,对每一个给定的三角形,唯一地给出了另外一个三角形称为前者的极化三角形。据此新定义,这个极化三角形的边和角,分别就是原来三角形的角和边。于是,根据我们的规定,如果相应地将 a,b,c 改换为 α,β,γ,则每一个球面三角学的公式仍然成立,因而必然总是有这样简单的对称性。另一方面,如果边和角用通常的方法来测量,则这种对称性就丧失了,因为三角形与极化三角形的关系,取决于人们在给定情况下如何选择边和角以及如何分辨未定向的圆的有疑义的极。

现在已经清楚,在用这种方法定义的一个球面三角形的 6 个元素中,只有 3 个是独立的连续变量,例如两边及其夹角。球面三角形

的公式所确定的是这些元素之间的许多关系,或严格地说,是 12 个正弦与余弦之间的代数关系。在这 12 个量中,只有 3 个可以任意改变,其他 9 个则代数地依赖于前者。如果转而使用正弦和余弦,就可以不考虑所增加的 2π 的任意倍数。现在我们把三角学看作所有可能成立的这种代数关系的总和。因此,按现代的思想方法,可将三角学问题表达如下。如果我们把下列各量

$$x_1 = \cos a, x_2 = \cos b, x_3 = \cos c,$$
$$x_4 = \cos \alpha, x_5 = \cos \beta, x_6 = \cos \gamma,$$
$$y_1 = \sin a, y_2 = \sin b, y_3 = \sin c,$$
$$y_4 = \sin \alpha, y_5 = \sin \beta, y_6 = \sin \gamma$$

视为 12 维空间 R_{12} 的坐标,则对应于真实球面三角形 $a, \cdots, \gamma$ 的点的集合,形成 R_{12} 内的一个三维的代数图形 M_3,而问题是在 R_{12} 内研究这个 M_3。用这种方法,球面三角就和高维空间的一般解析几何协调一致了。

现在,这个 M_3 必然具有各种简单的对称性。例如极化过程表明,a, b, c 与 α, β, γ 互换总是产生一个球面三角形。用我们的新语言来说,当 $x_1, x_2, x_3, y_1, y_2, y_3$ 分别与 $x_4, x_5, x_6, y_4, y_5, y_6$ 互换时,M_3 内任何一个点变为另一个属于它的点。进而,对应于由 3 个大圆平面将空间分成 8 个卦限,对任何三角形,存在 7 个伴随三角形,它们的各元素是从原来三角形的各元素通过改变符号和增加 π 而得来。这就使得 M_3 的每个点产生 7 个 M_3 的点,它们的坐标 $x_1, \cdots, x_6$ 只是原来的点坐标改变符号而成。这些对称性的集合,构成某个置换群,而改变 R_{12} 的坐标符号,将使 M_3 变换成自身。

现在重要的问题是 M_3 内的坐标所满足的,并组成全部三角学公式的代数方程。因为 $\sin^2 \alpha + \cos^2 \alpha = 1$,所以一开头,我们有 6 个平方关系

$$x_i^2 + y_i^2 = 1 \quad (i=1,2,\cdots,6), \tag{1}$$

或用几何语言来说，有 6 个二阶圆柱面 $F^{(2)}$ 通过 M_3。

球面三角学的余弦定理给出了另外 6 个公式。用我们的符号，这个余弦定理记作

$$\cos a = \cos b \cos c - \sin b \sin c \cos \alpha。$$

通过极化可得

$$\cos \alpha = \cos \beta \cos \gamma - \sin \beta \sin \gamma \cos a。$$

这些方程，加上通过循环置换 a,b,c 与 α,β,γ 而得到的其他 4 个方程，决定了通过 M_3 的 6 个三次曲面 $F^{(3)}$：

$$\begin{cases} x_1 = x_2 x_3 - y_2 y_3 x_4, \\ x_2 = x_3 x_1 - y_3 y_1 x_5, \\ x_3 = x_1 x_2 - y_1 y_2 x_6, \end{cases} \tag{2}$$

$$\begin{cases} x_4 = x_5 x_6 - y_5 y_6 x_1, \\ x_5 = x_6 x_4 - y_6 y_4 x_2, \\ x_6 = x_4 x_5 - y_4 y_5 x_3。 \end{cases} \tag{3}$$

最后，我们可以利用矩阵

$$\begin{vmatrix} \sin a & \sin b & \sin c \\ \sin \alpha & \sin \beta & \sin \gamma \end{vmatrix} = \begin{vmatrix} y_1 & y_2 & y_3 \\ y_4 & y_5 & y_6 \end{vmatrix}$$

的子行列式等于零来表达的正弦定理，或者把它们全写出来就是

$$y_2 y_6 - y_3 y_5 = y_3 y_4 - y_1 y_6 = y_1 y_5 - y_2 y_4 = 0。 \tag{4}$$

这些表达式代表 3 个二次曲面 $F^{(2)}$，其中实际上只有两个是独立的。因此，对 R_{12} 内的 M_3，一共建立了 15 个方程。

一般来说，$12-3=9$ 个方程怎么也不足以在 R_{12} 内确定一个三维代数图形。甚至在 R_{12} 的普通几何学里，也并非每个空间曲线都能成为两个代数曲面的完全交。最简单的例子是三次代数曲线，它至少要求 3 个方程来确定。很容易看到，在我们的情况下，9 个方程

(1)和方程(2)并不能确定 M_3。众所周知,由余弦定理推出正弦定理差一个符号未定,而它通常要通过几何考虑才可确定。然后,我们很想知道:在上述三角学方程中,究竟有多少个方程和哪一些方程可以使 M_3 完全确定? 就此而论,我想提出 4 个到现在为止尚未得到准确答案的问题。这些问题也许值得彻底研究。掌握了处理球面三角学的公式之后,研究起来可能并不特别困难。这 4 个问题是:

(1) M_3 的阶数是多少?

(2) 可以把 M_3 完全表示出来的最低次方程是什么?

(3) 表示 M_3 的线性独立方程一共有多少? 也就是:每个通过 M_3 的曲面均能被写成形式

$$m_1 f_1 + \cdots + m_n f_n = 0$$

时,其中 $m_1, \cdots, m_n$ 是整数,则这样的方程式 $f_1 = 0, \cdots, f_n = 0$ 有多少个? 这里所需要的方程,可能比第二个问题中所说的最低次方程多。

(4) 在 n 个表达式 $f_1, \cdots, f_n$ 之间存在着什么代数同一性(所谓链)?

过去已经有人在完全相同的方向上进行过研究,不过问题的提法有些不同,查阅这些研究资料,就可以熟悉以上 4 个问题。1894 年哥廷根大学奇泽姆(G. Chisholm)小姐(现在是扬夫人)的博士论文中,有这方面的研究。顺便说一下,奇泽姆小姐是第一位在普鲁士通过博士学位考试的女性。奇泽姆小姐的各种初步假设中,最有价值的是选择半角的余切和边作为独立坐标。因为 $\tan \frac{\alpha}{2}$(当然 $\cot \frac{\alpha}{2}$ 也一样)是能将 $\sin \alpha$ 和 $\cos \alpha$ 唯一地表示出来的基本函数,所以可以把所有三角学方程用 $\cot \frac{\alpha}{2}, \cdots, \cot \frac{\gamma}{2}$ 之间的代数方程写出来。于是，在以 $\cot\dfrac{a}{2},\cdots,\cot\dfrac{c}{2},\cot\dfrac{\alpha}{2},\cdots,\cot\dfrac{\gamma}{2}$ 为坐标的 6 维空间 R_6 内，球面三角形组成一个三维图形。奇泽姆小姐还指出，M_3 是八阶的，且能作为 R_6 内 3 个二次曲面(二次方程)的完全交而完满地表示出来。她还研究了由此提出的、类似前述的那些问题。

在我的超几何函数的讲义中[1]，我把前面讨论过的，把边和角的正弦与余弦联系在一起的球面三角公式组称为第一类公式，以便和本质不同的第二类公式区分开来。后者是关于边和半角的三角函数之间的代数方程式，在研究时，最好选用

$$\cos\frac{a}{2},\sin\frac{a}{2},\cdots;\quad \cos\frac{\alpha}{2},\sin\frac{\alpha}{2},\cdots$$

这 12 个量作为新的 12 维空间 R'_{12} 的坐标，在 R'_{12} 内，球面三角形仍然组成三维图形 M'_3。在 19 世纪初期，德朗布尔(Delambre，1807 年)，摩尔威德(Mollweide，1808 年)和高斯(1809 年)[2]3 人几乎同时独立发表的那些漂亮公式，都出自这里。它们就是由以下公式

$$\frac{\sin\frac{\beta+\gamma}{2}}{\sin\frac{\alpha}{2}}=\pm\frac{\cos\frac{b-c}{2}}{\cos\frac{a}{2}},\frac{\sin\frac{\beta-\gamma}{2}}{\sin\frac{\alpha}{2}}=\mp\frac{\sin\frac{b-c}{2}}{\sin\frac{a}{2}},$$

$$\frac{\cos\frac{\beta+\gamma}{2}}{\cos\frac{\alpha}{2}}=\mp\frac{\cos\frac{b+c}{2}}{\cos\frac{a}{2}},\frac{\cos\frac{\beta-\gamma}{2}}{\cos\frac{\alpha}{2}}=\pm\frac{\sin\frac{b+c}{2}}{\sin\frac{a}{2}}$$

作轮换排列而得的 12 个公式。这些公式的本质和新的东西是：与第一类公式相反，这里有双重符号；对同一个三角形，在这些公式中有

---

[1] 1893—1894 年冬季学期，E. 里特尔(E. Ritter)整理，1906 年，莱比锡重印。
[2] 高斯公式发表于 *Theoria motus corporum coelestium* 第 54 期，1906 年莱比锡重印，收入其论文集第 7 卷，第 67 页。

时同取上面的符号有时同取下面的符号,所得公式均同时成立,而且存在适合两类符号的三角形。换句话说,上述 R'_{12} 内的球面三角形的 M'_3,满足两个完全不同的 12 个三次方程的方程组,从而分成两个分离的代数图形,即:使一种符号的公式成立的图形 $\overline{M}_3$ 和使另一种符号的公式成立的图形 $\overline{\overline{M}}_3$。由于这个重要的事实,这些公式在球面三角学理论中有着十分重要的意义。它们远非旧公式的变换可比,因为旧公式最多只能用于简化三角计算。肯定地说,德朗布尔和摩尔威德就是只从简化三角计算这个实用观点来考虑这些公式的。只有高斯具有更深的洞察力,他说"如果掌握球面三角思想的最大一般性",就可以看到符号是可以改变的。因此,我们认为这些公式应以高斯的名字命名,虽然不是他最先发表的。

施图迪第一个认识到了球面三角公式所涉及的全部问题,并在 1893 年的专题研究中进行了深入的探索。要把他的主要结果叙述出来,最方便的办法是考虑以不加限制的 6 个变量 $a,b,c,\alpha,\beta,\gamma$ 为坐标组成的六维空间,我称这些变量为三角形的超越部分以区别于代数部分 $\cos a,\cdots$ 或 $\cos \dfrac{a}{2},\cdots$,因为前者是三角形顶点的普通空间坐标的超越函数,而后者是代数函数。在这个 R_6 里,所有球面三角形的集合组成超越图形 $M_3^{(t)}$,它在 R'_{12} 内的像是上面考虑过的代数图形 M'_3。因为后者分裂成两部分且映射函数 $\cos \dfrac{a}{2},\cdots$ 都是超越坐标的单值连续函数,所以超越图形 $M_3^{(t)}$ 至少也分裂成两部分。施图迪的定理如下:由最一般类型的球面三角形的量 $a,b,c,\alpha,\beta,\gamma$ 组成的超越图形 $M_3^{(t)}$,对应于高斯公式的两组符号而分成分离的两部分,每一部分都是一个连通的连续统。这里本质的东西是排除了更进一步的分割。利用三角学公式作进一步的处理,也不可能对球面三角形进行类似的、同等重要的分组。对应于高斯公式中取上面符号的那部分三角形,称为正常三角形,另一部分称为反常三角形。因此,可将施图迪定理简述为:球面三角形的全体可分解为一个正常三角形和一个反常三角形的连续统。你们可以在韦伯和韦尔施泰因的书(1903 年第二版,第 2 卷,第 385 页)中了解到进一步的细节以及这个定理的证明,我在这里只想把结果叙述清楚。

现在必须进一步谈谈两类三角形的差异。如给出一个球面三角形,即给出一组可容许的数组 $a,b,c,\alpha,\beta,\gamma$,它们的正弦与余弦满足第一类方程,从而表示 $M_3^{(l)}$ 中的一点,怎样决定此三角形是正常的还是反常的呢? 为回答此问题,我们首先求出所给的数对模 2π 的最小正同余数 $a_0,b_0,c_0,\alpha_0,\beta_0,\gamma_0$

$$a_0 \equiv a(\bmod 2\pi),\cdots,\alpha_0 \equiv \alpha(\bmod 2\pi),\cdots,$$

$$0 \leqslant a_0 < 2\pi,\cdots,0 \leqslant \alpha_0 < 2\pi,\cdots。$$

它们的正弦与余弦和 $a,\cdots,\alpha,\cdots$ 的相同,所以它们也组成一个三角形,称之为对应于所给三角形的简化或莫比乌斯三角形,因为莫比乌斯不考虑超过 2π 的部分。然后,可以通过一个表来确定莫比乌斯三角形是正常态还是反常态。你们在韦伯和韦尔施泰因的书(第 352,379,380 页)中可以找到这一点,并找到常态及反常态三角形图(第 348,349 页),不过不太清晰。和通常一样,称在 π 和 2π 之间的角为凹角,为简单起见,也把这个称呼用于球面三角形的边。于是,每类三角形共有 4 种典型情况。

Ⅰ. 正常莫比乌斯三角形

(1) 0 个边是凹的,0 个角是凹的。

(2) 1 个边是凹的,2 个邻角是凹的。

(3) 2 个边是凹的,1 个夹角是凹的。

（4）3 个边是凹的，3 个角是凹的。

Ⅱ. 反常莫比乌斯三角形

（1）0 个边是凹的，3 个角是凹的。

（2）1 个边是凹的，1 个对角是凹的。

（3）2 个边是凹的，2 个对角是凹的。

（4）3 个边是凹的，0 个角是凹的。

除上述之外，没有别的情况。因此，这个表使我们能实际确定一个莫比乌斯三角形的特性。

在上述说明之后，按公式

$$a=a_0+n_1 \cdot 2\pi, b=b_0+n_2 \cdot 2\pi, c=c_0+n_3 \cdot 2\pi,$$
$$\alpha=\alpha_0+\nu_1 \cdot 2\pi, \beta=\beta_0+\nu_2 \cdot 2\pi, \gamma=\gamma_0+\nu_3 \cdot 2\pi,$$

从对应的简化三角形转移到一般三角形 $a,\cdots,\alpha,\cdots$。然后可以使用下面定理：按 6 个整数的和 $n_1+n_2+n_3+\nu_1+\nu_2+\nu_3$ 是偶数或奇数，相应地决定一般三角形与其简化三角形具有相同或相反的特性。因此，每个三角形是正常或反常的特性就可以确定了。

我将用关于球面三角形的区域的一些说明来结束本章。施图迪与韦伯和韦尔施泰因的书中一点也没有提到这一点，我的《球面三角形早期函数论研究》一书确实考虑到了。到现在为止，我们只是把三角形当作满足正弦与余弦定理的 3 个角与 3 条边的一个集合。在我的研究中，我关心由这些边包围的一个确定的面积，在某种意义上说，关心在这些边之间绷紧的一块膜，还涉及某些角。

当然，现在不再像以前为了对称的原因而把 α,β,γ 想象为三角形的外角。我们宁愿讨论膜片在顶点所形成的那些角，我称它们为三角形的内角。我将按我的习惯用 $\lambda\pi, \mu\pi, \nu\pi$ 来表示它们（图 8.11）。这些角也可以看成是不受限制的正的变量，因为这个膜可以包着顶点若干次。据此，将用 $l\pi, m\pi, n\pi$ 表示边的绝对长度，它们也是不受

限制的正的变量。但边和角不可能
再相互独立地"包着顶点"了,即如以
前那样包含 2π 的任意倍数了,因为
一个具有这种边和角的单连通的膜
如果存在,这个事实必定表现为这些
包着顶点的次数之间具有某些关系。
在专题论文《关于超几何数列的零

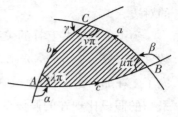

图 8.11

点》("Über die Nullstellen der hypergeometrischen Reihe")[1]中,我
称这些关系为球面三角形的互补关系。如果用 $E(x)$ 表示小于 x 的
最大正整数($E(x)<x$),那么这些关系就是

$$E\left(\frac{l}{2}\right)=E\left(\frac{\lambda-\mu-\nu+1}{2}\right),$$

$$E\left(\frac{m}{2}\right)=E\left(\frac{-\lambda+\mu-\nu+1}{2}\right),$$

$$E\left(\frac{n}{2}\right)=E\left(\frac{-\lambda-\mu+\nu+1}{2}\right)。$$

因为 $E\left(\dfrac{l}{2}\right)$ 给出了包含在边 $l\pi$ 内的 2π 的倍数,所以知道了角 $\lambda\pi$,
$\mu\pi,\nu\pi$ 和它们包着顶点的次数之后,根据上面的关系,就可以准确地
确定边 $l\pi,m\pi,n\pi$ 所要求的"包着顶点的次数"。特别是很容易看
到,3 个数 $\lambda-\mu-\nu,-\lambda+\mu-\nu,-\lambda-\mu+\nu$ 之中最多有一个是正数。
于是,右边 3 个自变量中只有一个可能超过 1。又因当 $x\leqslant1$ 时
$E(x)=0$,故只有一个包着顶点的次数可能异于零。换句话说,三角
形膜中最多只有一个边会包着顶点(大于 2),而此边必然是最大角

---

① 《数学年刊》第 37 卷(1888 年),重印后收于我的《数学著作集》第 2 卷(1921 年),
第 550 页。

的对边。

为了证明这些互补的关系,请你们参考我的油印讲义《超几何函数》(*Über die hypergeometrische Funktion*),不过这份讲义早已用完了。在那份讲义中,以及在《数学年刊》第 37 卷的专题论文中,我最初的假设比现在的假设要广一些,考虑了球面上以任意圆而不一定以大圆为界的球面三角形。

下面简单讲一下证明的思路。先假定有一个基本三角形,肯定能在它的上面绷一个膜片。在边上或在顶点上(带有支点)不断地接上圆形膜,逐步得到一个最一般的、可能的三角形膜。例如,图 8.12 用球极射影表示出一个三角形 ABC。它由一个基本三角形与以大圆 AB 为边界的半球面连接而成,从而边 AB 和角 C 都包着顶点。显然,互补关系在此仍然成立。用同样方法可看到,对于能用这种方法建立起来的最一般的三角形膜,互补关系仍然成立。

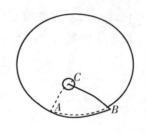

图 8.12

现在必须问,这些满足互补关系的三角形,怎么会符合我们讨论过的一般理论? 它们显然是一些特例,以能绷上膜片的三角形为限(因为在一般情况下,边和角的包着顶点的次数是完全任意的)。开始大家可能迷惑不解,因为我们已经看到所有正常三角形(其中某些不一定满足互补关系)组成一个连续统,因此,任何一个正常三角形都可以由一个基本三角形通过连续变形而得出。大家自然会想,在这个变形过程中,绷在最初的基本三角形上的膜不可能失去。如果约定,按三角形的边界走向是正方向(逆时针)或反方向而相应地称其区域为正或负,这样将莫比乌斯的符号改变原则推广到区域,这一疑难就解决了。相应地,当一个自交的曲线围成几个局部区域时,整个面积就成了这几个部分面积的代数和,每部分面积的符号按边界走向的正负而定。图 8.13 是带不同阴影部分的差,图 8.14 则是各部分之和。当然,这些规定仅仅是分析定义本身所提供的几何解释。

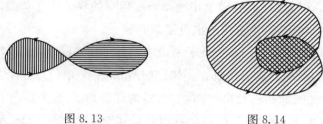

图 8.13   图 8.14

如果将这些讨论应用于由圆弧构成的三角形,则可将每个正常三角形与球面上的一个区域联系起来,使得绕三角形一周时,这个区域的不同部分将带有不同的符号,因为每个部分的边界将有不同的走向。于是,互补关系成立的那些三角形仅仅是特例,即其区域由一个以正回路为界的单个膜片组成。正是这个特性使三角形研究对于我早年的研究具有很大的函数论的价值。

我现在用一个例子来说明这个情况。我们考虑三角形 ABC 的球极射影(图 8.15),其中大圆 BA, CA 交于点 A, A', A 是离弧 BC 较远者。按一般定义,三角形的角为外角。如果现在将定义变为它们的补角(即内角),就会发现 $\mu\pi$ 和 $\nu\pi$ 分别度量了 BC 到 BA 和 CA 到 CB 的旋转角,因此在我们的情况下是正的。类似地,$\lambda\pi$ 度量了 AB 到 AC 的旋转,因此是负的。令 $\lambda = -\lambda', \lambda' > 0$,则三角形 $A'BC$ 显然是具有角 $\lambda'\pi, \mu\pi, \nu\pi$ 的基本三角形,三个角都是正的。如果现在选择三角形 ABC 的

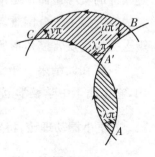

图 8.15

一个回路,则将沿正的方向走过基本三角形 $A'BC$,但沿负的方向走过球面扇形 AA',而三角形 ABC 的面积据莫比乌斯意义就是这两面积之差。设想在点 A' 把膜翻一个面,使得扇形的后侧或负侧被转成前侧,这样也许就能形象化地理解三角形的膜分成正负两部分的情况。据此模式,不难构造出更复杂的例子。

我现在想通过同一个例子来说明,对面积的这种一般定义,初等三角形的面积公式仍然成立。如你们所知,一个单位球面上具有角 $\lambda\pi,\mu\pi,\nu\pi$ 的球面三角形的面积,由所谓球面角盈余 $(\lambda+\mu+\nu-1)\pi$ 给出,其中 $\lambda,\mu,\nu>0$。我们会看到此公式对上面的三角形 ABC 也成立。显然,初等三角形 $A'BC$ 的面积为 $(\lambda'+\mu+\nu-1)\pi$。还应当把角为 $\lambda'\pi$ 的扇形 AA' 的面积从中减去。因为扇形面积与它的角成比例且当角为 2π 时是 4π(整个球面),故扇形 AA' 的面积为 $2\lambda'\pi$。于是,我们得到 ABC 的面积为

$$(\lambda'+\mu+\nu-1)\pi-2\lambda'\pi=(-\lambda'+\mu+\nu-1)\pi$$
$$=(\lambda+\mu+\nu-1)\pi。$$

如果有一个具有任意边和任意角的正常三角形,套上由若干部分组成的一块膜片,欲确定其面积(按符号规律,为各部分面积的代数和),则其结果将表明公式 $(\lambda+\mu+\nu-1)\pi$ 仍成立,当然这里的 $\lambda\pi,\cdots$ 是膜片的实际角而不是前面所说的外角。但是,这个研究工作尚未完成。它并不十分困难,我很希望有人担当起来。与此同时,从这一观点去讨论反常三角形所起的作用,也是很重要的。

我将在此结束三角学这个主题而进入角函数的第二个重要应用,它也属于中学教学范围。

(2) 小振动理论,特别是单摆的理论

我将按大学的习惯,用无穷小分析扼要地复习一下摆的定律和

推导。一个质量为 m 用长 l 的线悬挂着的摆(图 8.16),它偏离平衡位置的角为 φ。由于垂直向下的重力作用,从力学基本定律可推出摆的运动由方程

$$\frac{\mathrm{d}^2\varphi}{\mathrm{d}t^2} = -\frac{g}{l}\sin\varphi \qquad (5)$$

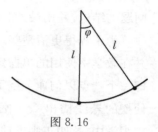

图 8.16

决定。对小振幅,用 φ 取代 $\sin\varphi$ 不会有严重误差。这就给出所谓摆的无穷小振动

$$\frac{\mathrm{d}^2\varphi}{\mathrm{d}t^2} = -\frac{g}{l}\varphi。 \qquad (6)$$

如你们所知,此微分方程的通解是角函数,如前所述,正是由于它们的微分性质,故在此特别重要。通解为

$$\varphi = A\sin\sqrt{\frac{g}{l}}t + B\cos\sqrt{\frac{g}{l}}t,$$

其中 A, B 是任意常数。如果引入适当的新常数 C, t_0,则可得

$$\varphi = C \cdot \cos\sqrt{\frac{g}{l}}(t - t_0), \qquad (7)$$

其中 C 称为振幅,t_0 称为初相。由此可得周期 $T = 2\pi\sqrt{\dfrac{l}{g}}$。

这些想法都是十分简单和清楚的,如果想进一步深入,当然可以用作图方式表示出来。但是,这些道理和在中学里广泛使用的所谓单摆定律的初等处理是多么的不同。其不同在于中学里尽量避免使用无穷小演算,可是在这里问题的本质恰好是需要用无穷小演算。因此,在中学里用的是一种事后硬凑出来的方法,即用到无穷小的概念而不用它们的正确名字。如果要使一切都严格进行,这样的方案当然是极端复杂的,因而处理的方法往往极不完善,稍加思索就看出不能作为单摆定律的证明。于是就出现了一个古怪的现象:同一个

教师,当他在教数学课时,对所有结论的逻辑严格性提出了十分高的要求。他在作判断时一心遵守着 18 世纪的传统,他的要求是无穷小计算所不能满足的。但在下一堂课教物理学时,他又接受了很多成问题的结论,并用最大的胆量去使用无穷小。

为了弄得更清楚些,让我来简单叙述一下在教科书里实际讲的,并在教学中使用的单摆定律初等推导的思路。一般从正则摆出发,即一个端点以匀速 v 绕垂直轴做圆周运动使摆的悬线描出一个圆锥面(图 8.17)。在力学中,这叫正则进动。当然,这种运动的可能性在学校里是被假设为已知的,是一种经验,而问题仅限于求出速度 v 和摆的定偏角 $\varphi = \alpha$(摆线描出的圆锥面顶的张角)之间的关系。

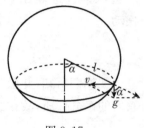

图 8.17

首先注意到,摆头描出一个半径 $r = l \sin \alpha$ 的圆,当 α 充分小时,可以写成 $r = l \cdot \alpha$。然后论及离心力。质量为 m、速度为 v 的摆头必然具有离心力

$$m \frac{v^2}{r} = m \frac{v^2}{l\alpha}。$$

为了保持此运动,必须有指向圆周中心的相等的向心力。于是将重力分解为两个分力:一个力与摆线方向相同;另一个所需要的力在圆周平面上指向圆心,大小为 $m \cdot g \cdot \tan \alpha$ (图 8.17)。由于 α 充分小,故也可代之以 $mg \cdot \alpha$。于是得到所求的关系式为

$$m \cdot \frac{v^2}{l\alpha} = m \cdot g \cdot \alpha,\text{或 } v = \alpha \sqrt{gl}。$$

这个摆的摆动周期,即走完整个圆周 $2\pi r = 2\pi l\alpha$ 的时间为

$$T = \frac{2\pi l\alpha}{v} = 2\pi \sqrt{\frac{l}{g}}。$$

换句话说,当摆角 α 充分小时,正则摆形成一个在时间上与 α 无关的正则进动。

现在为了扼要地评论这一部分推导。我们可以允许用 α 取代 $\sin \alpha$ 和 $\tan \alpha$。我们在上面作准确的推导时也是这样做的,因为这才允许从"有限"振动转到"无穷小"振动。但必须注意到,上面所用到的离心力的公式,只有把所有微小量忽略不计时才能用初等方法推出,而严格论证这一点,只有用微分学才行。例如,离心力的严格定义事实上需要二阶导数的概念,所以即使用初等推导也必须把这个概念偷偷搬进来。既然如此,老师也就讲不清所讲的内容,造成理解上的极大障碍。可是这个障碍在使用了微分学以后就完全不存在了。在此不必详谈,让我继续讨论单摆振动吧。

上面的考虑指出了在圆上做匀速运动的可能性。如果在这个圆的平面上(从近似观点来看,即球的切平面)建立坐标系 x-y(图 8.18),则用分析力学的话来说,这个运动的方程将是

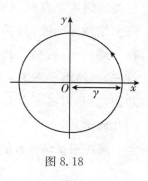

图 8.18

$$\begin{cases} x=l \cdot \alpha \cdot \cos \sqrt{\dfrac{g}{l}}(t-t_0), \\ y=l \cdot \alpha \cdot \sin \sqrt{\dfrac{g}{l}}(t-t_0). \end{cases} \tag{8}$$

但我们希望摆作平面振动,希望在 x-y 平面的摆头沿直线即沿 x 轴运动。这个运动方程必须是

$$x=l \cdot C \cos \sqrt{\dfrac{g}{l}}(t-t_0), y=0。 \tag{9}$$

当 $\varphi=\dfrac{x}{l}$ 时,即可推出正确的方程(7)。因此,必须在不使用动力学微分方程的情况下,从方程(8)得出方程(9)。通过微小振动的叠加

原理,有可能做到这一点。叠加原理指出,当运动 x,y 和 x_1,y_1 给出后,运动 $x+x_1,y+y_1$ 是可能的。我们可以将逆时针的摆运动(8)和顺时针摆的运动:

$$x_1=l \cdot \alpha \cos \sqrt{\frac{g}{l}}(t-t_0), \quad y_1=-l \cdot \alpha \sin \sqrt{\frac{g}{l}}(t-t_0)$$

组合起来。然后如果令 $\alpha=\dfrac{C}{2}$,则运动 $x+x_1,y+y_1$ 就正是所要求的振动(9)。

在评论上面所讲的道理时,首先会问:不用微分学,怎么建立叠加原理? 或者至少会问:怎样使它可信? 用这些初等方法,逐次忽略微小量,即使每次是得到许可的,最终是否会累积成显著的误差? 对此始终还是有疑问的。我们对此不必详加讨论,因为这些问题完全是初等问题,只要喜欢想,谁都能够想清楚。作为结束语,让我强调一下,在整个讨论中,我们所关心的中心问题是教学问题。首先,显然需要考虑无穷小演算。而且,作为这类一般应用的预备知识,显然需要一个关于角函数的一般性引论,而不只是讲三角形的几何学。

现在来谈角函数的最后一项应用。

(3) 用角函数的级数(三角级数)表达周期函数

如你们所知,在天文、数学物理等学科中都经常需要考虑周期函数并用其进行计算。本段标题所表示的方法是最重要、也是最常用的。为方便起见,我们将这样选择单位,使给定的函数 $y=f(x)$ 以 2π 为周期(图 8.19),于是提出这样的问题:能否用带有适当选择的常数因子 x 的 1 倍、2 倍,直到 n 倍等整数倍的余弦与正弦之和,来逼近这个函数? 换句话说,能否在一个充分小的误差范围内,用形

式为

$$S_n(x) = \frac{a_0}{2} + a_1 \cos x + a_2 \cos 2x + \cdots + a_n \cos nx + b_1 \sin x$$
$$+ b_2 \sin 2x + \cdots + b_n \sin nr \tag{10}$$

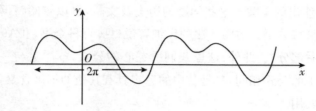

图 8.19

的表达式代替 $f(x)$？在常数项上加上 $\frac{1}{2}$ 因子的目的是为了能对系数给出一个通用的表达式。

首先，我要抱怨教科书里的讲法，这一次所抱怨的是微积分部分。人们不首先提出上面所概述的初等问题，而似乎常常认为，唯一有意义的问题是与我们所提出问题相关的理论问题，即 $f(x)$ 能否严格地用无穷级数来表达。龙格在《级数的理论与实践》（"Theorie und Praxis der Reihen"）[1]中的讲法，是明显的例外。事实上，就实用而言，理论本身是引不起人们兴趣的，因为实践中只关心有限的几项，项数不会太多。而且理论结果甚至在事后也不能对此级数的实际可用性得出一个结论。从级数的收敛性绝不能得出结论说，前面若干项就给出了与和的相当好的近似。相反，发散级数的前若干项在某些情况下却可能在表示一个函数方面是有用的。我之所以强调

———————

[1] *Sammlung Schubert*，第 32 期，莱比锡，1904 年。并可参阅 W. E. 拜尔利（W. E. Byerly）《傅里叶级数及球面调和》一文。

这些事,是因为如果有人只知道通常的表达式,而希望把有限项的三角级数用于例如物理实验室,他往往会上当而得不到满意的结果。

有限三角和这一问题早已获得妥善的处理,因此对它的习惯性的忽视似乎更值得引起重视。权威性的处理是贝塞尔(Bessel)于1815年作出的。关于这些问题的历史及文献,可以查阅《百科全书》中布克哈特关于三角内插法的详细解说(见《百科全书》ⅡA9,第624页及随后部分)。此外,这里我们所关心的公式,本质上与一般收敛性证明中的公式相同,只是其中的思想具有其他的细微含义,使材料更合乎实用。

现在详细讨论我们的问题。我首先将提出这样的问题:在给定项数 n 后,怎样最适当地确定系数 $a,b,\cdots$? 贝塞尔就此发展了最小二乘法的思想。对一个特殊值 x,当我们用三角级数前 $2n+1$ 项的和 $S_n(x)$ 代替 $f(x)$ 时,其误差为 $f(x)-S_n(x)$,而代表在整个区间 $0 \leqslant x \leqslant 2\pi$ 内的接近程度的度量应是所有误差的平方和,即积分

$$J = \int_0^{2\pi} [f(x) - S_n(x)]^2 \mathrm{d}x。$$

因此,对 $f(x)$ 给出最佳近似的和 $S_n(x)$ 应使积分 J 达到最小值。从这个条件出发,贝塞尔确定了 $2n+1$ 个系数 $a_0, a_1, \cdots, a_n, b_1, \cdots, b_n$。因为我们将把 J 看作 $2n+1$ 个变元 $a_0, \cdots, b_n$ 的函数,取得最小值的必要条件是

$$\begin{cases} \dfrac{\partial J}{\partial a_0} = 0, \dfrac{\partial J}{\partial a_1} = 0, \cdots, \dfrac{\partial J}{\partial a_n} = 0, \\ \dfrac{\partial J}{\partial b_1} = 0, \cdots, \dfrac{\partial J}{\partial b_n} = 0。 \end{cases} \tag{11}$$

因为 J 是 $a_0, \cdots, b_n$ 的一个正二次函数,所以很容易看到,这 $2n+1$ 个方程所确定的变量的值,事实上将产生最小值。

如果在积分号内求微分,则方程组(11)成为

$$
\begin{cases}
\int_0^{2\pi} [f(x) - S_n(x)] \mathrm{d}x = 0 , \\[2mm]
\int_0^{2\pi} [f(x) - S_n(x)] \cos x \mathrm{d}x = 0, \cdots , \\[2mm]
\int_0^{2\pi} [f(x) - S_n(x)] \cos nx \mathrm{d}x = 0 , \\[2mm]
\int_0^{2\pi} [f(x) - S_n(x)] \sin x \mathrm{d}x = 0, \cdots , \\[2mm]
\int_0^{2\pi} [f(x) - S_n(x)] \sin nx \mathrm{d}x = 0 。
\end{cases}
\tag{$11'$}
$$

现在,$S_n(x)$ 与正弦函数和余弦函数乘积的积分可以大大简化。对 $\nu = 0, 1, \cdots, n$,我们有

$$
\begin{aligned}
\int_0^{2\pi} S_n(x) \cos \nu x \mathrm{d}x ={} & \frac{a_0}{2} \int_0^{2\pi} \cos \nu x \mathrm{d}x + a_1 \int_0^{2\pi} \cos x \cos \nu x \mathrm{d}x + \cdots \\
& + a_n \int_0^{2\pi} \cos nx \cos \nu x \mathrm{d}x \\
& + b_1 \int_0^{2\pi} \sin x \cos \nu x \mathrm{d}x + \cdots \\
& + b_n \int_0^{2\pi} \sin nx \cos \nu x \mathrm{d}x 。
\end{aligned}
$$

根据角函数的初等积分性质,右端除去指标为 ν 的余弦项等于 $a_\nu \cdot \pi$ 外,其余全为零,故有

$$
\int_0^{2\pi} S_n(x) \cos \nu x \mathrm{d}x = a_\nu \cdot \pi \quad (\nu = 0, 1, \cdots, n)。
$$

由于对 a_0 附有因子 $\dfrac{1}{2}$,故此公式对 $\nu = 0$ 也成立。类似地,我们还有

$$
\int_0^{2\pi} S_n(x) \sin \nu x \mathrm{d}x = b_\nu \cdot \pi \quad (\nu = 1, \cdots, n)。
$$

从这些简单的关系中得知,方程组($11'$)中的每一个只含 $2n+1$ 个未

知数中的一个，因此，能立即将它们的解写出来

$$a_\nu = \frac{1}{\pi} \int_0^{2\pi} f(x)\cos \nu x \, \mathrm{d}x \quad (\nu = 0, 1, \cdots, n) ,$$

$$b_\nu = \frac{1}{\pi} \int_0^{2\pi} f(x)\sin \nu x \, \mathrm{d}x \quad (\nu = 1, \cdots, n) .$$

(12)

如果今后取这些值作为 $S_n(x)$ 的系数，则 J 将达到最小值，且其值为

$$\int_0^{2\pi} f(x)^2 \mathrm{d}x - \pi \left\{ \frac{a_0^2}{2} + \sum_{\nu=1}^n (a_\nu^2 + b_\nu^2) \right\} .$$

值得指出，从我们最初对 $S_n(x)$ 所假设的形式得出的系数 a, b 和数 n 无关，而且在按同样原则逼近 $f(x)$ 时，项 $\cos \nu x$ 或 $\sin \nu x$ 的系数无论单独用这项或同时与任何其他项一起用，都具有完全相同的值。如果试图单独用余弦项 $a_\nu \cos \nu x$ 来获得 $f(x)$ 的最佳近似，即令

$$\int_0^{2\pi} [f(x) - a_\nu \cos \nu x]^2 \mathrm{d}x = 最小值,$$

我们会发现 a_ν 之值与我们在上面求得的一样。这个事实使得这种逼近方法特别便于使用。例如，如果由于一个函数相似于正弦函数而只用正弦级数来表示它，但发现其近似程度不够，还可以根据最小二乘法原则增加更多的项，而不需更改已找到的项。

我现在必须说明，用这样的方法确定的和 $S_n(x)$ 是如何实际趋向于 $f(x)$ 的问题。我们觉得最好模仿自然科学家所用的实验方法，先对若干具体情况画出几个近似曲线 $S_n(x)$，这就会使人对所发生的情况产生一个直观的印象，并要求作出数学解释，甚至使没有数学天赋的人也表现出兴趣来。

在以前的一次课程(1903—1904 年冬季学期)中，当我详细讨论这些问题时，我的助手席马克画过这种图，我会在屏幕上放映其中某些原图给你们看。

（1）如果取由直线段构成的曲线,我们会得到所要求的简单而有启发的例子。例如,考虑在 $x=0$ 到 $x=\frac{\pi}{2}$ 与 $y=x$ 相同,在 $x=\frac{\pi}{2}$ 到 $x=\frac{3\pi}{2}$ 与 $y=\pi-x$ 相同,而在 $x=\frac{3\pi}{2}$ 到 $x=2\pi$ 一段又和 $y=x-2\pi$ 相同,然后周期地向$(0,2\pi)$之外扩展的曲线 $y=f(x)$。计算系数,会发现所有系数 a_ν 均为零,因为 $f(x)$ 是奇函数,所要求的级数形如

$$S(x)=\frac{4}{\pi}\left(\frac{\sin x}{1^2}-\frac{\sin 3x}{3^2}+\frac{\sin 5x}{5^2}-\cdots\right).$$

在图 8.20 中画出了第一和第二个部分和的草图。部分和与曲线 $y=f(x)$ 的交点不断增加,因而两者越来越近似。应特别注意的是,近似曲线越来越挤向曲线 $y=f(x)$ 在 $\frac{\pi}{2},\frac{3\pi}{2},\cdots$ 处的角的内部,虽然这些近似曲线作为解析函数本身不可能有角点。

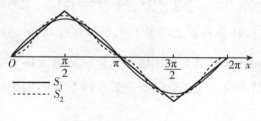

图 8.20

（2）设 $f(x)$ 在 $x=0$ 到 $x=\pi$ 为 x,在 $x=\pi$ 到 $x=2\pi$ 为 $x-2\pi$,在 $x=\pi$ 处有一个跳跃。于是曲线由经过 x 轴上各点 $x=0,2\pi,4\pi$,$\cdots$的平行直线段组成。如果在间断点用垂直线段把不连续线段的端点连接起来,则函数将由一个不断开的折线来表示(图 8.21),看起来就像你们学写字时都写过的 m 的笔画。函数仍是奇的,所以余弦项消失,级数变为

$$S(x)=2\left(\frac{\sin x}{1}-\frac{\sin 2x}{2}+\frac{\sin 3x}{3}-\frac{\sin 4x}{4}+\cdots\right)。$$

图 8.21 画出了前二、三、四项之和。特别有趣的是注意它们是怎样模拟 $f(x)$ 的间断性的:在 $x=\pi$ 处越来越陡地通过零点。

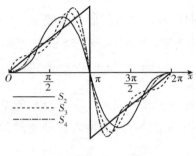

图 8.21

(3) 作为最后一个例子(图 8.22),我将讨论一条曲线,它在 0 与 $\frac{\pi}{2}$ 之间等于 $\frac{\pi}{2}$,在 $\frac{\pi}{2}$ 和 $\frac{3\pi}{2}$ 之间等于 0,最后在 $\frac{3\pi}{2}$ 与 2π 之间等于 $-\frac{\pi}{2}$,然后周期地向外延展出去。如果在不连续处再次补上垂直线段,则得到一个钩状曲线。现在也只有正弦系数不为 0,因为函数是奇的,而级数为

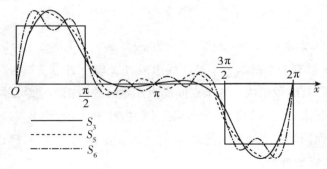

图 8.22

$$S(x) = \sin x + 2 \cdot \frac{\sin 2x}{2} + \frac{\sin 3x}{3} + 0 + \frac{\sin 5x}{5} + 2 \cdot \frac{\sin 6x}{6}$$

$$+ \frac{\sin 7x}{7} + 0 + \frac{\sin 9x}{9} + \cdots 。$$

这里的系数规律不像以前那样简单，因此逐次的逼近曲线（图 8.22 画出了第三、第五、第六次近似）也不像以前的情况那样有那么类似的图像。

现在回到这样一个问题，即在一个确定的有限位置，若用 $S_n(x)$ 代替 $f(x)$，一般有多大误差？到目前为止，我们只讨论了这个误差在整个区间上的积分。我们考虑系数 a_ν, b_ν 的积分公式（12），并用 ξ 表示积分变量以区别于用来表示一个确定点的 x。于是将有限和式（10）写成

$$S_n(x) = \frac{1}{\pi} \int_0^{2\pi} d\xi \cdot f(\xi) \cdot$$

$$\left[\frac{1}{2} + \cos x \cos \xi + \cos 2x \cos 2\xi + \cdots + \cos nx \cos n\xi \right.$$

$$\left. + \sin x \sin \xi + \sin 2x \sin 2\xi + \cdots + \sin nx \sin n\xi \right],$$

或者将同一列加起来，可得

$$S_n(x) = \frac{1}{\pi} \int_0^{2\pi} d\xi \cdot f(\xi) \left[\frac{1}{2} + \cos (x-\xi) + \cos 2(x-\xi) + \cdots \right.$$

$$\left. + \cos n(x-\xi) \right]。$$

方括号内的级数是很容易求和的，也许最方便的方法还是借用复指数函数。我在此不能详述，但如果利用被积函数的周期性，把积分区间改成从 $-\pi$ 到 $+\pi$，则得

$$S_n(x) = \frac{1}{2\pi} \int_{-\pi}^{\pi} d\xi \cdot f(\xi) \frac{\sin \frac{2n+1}{2}(\xi-x)}{\sin \frac{1}{2}(\xi-x)},$$

为了判断这个积分的值,我们首先在 ξ 轴的区间 $x-\pi\leqslant\xi\leqslant x+\pi$ 上描出曲线

$$\zeta=\pm\frac{1}{2\pi}\frac{1}{\sin\frac{1}{2}(\xi-x)}。$$

它们显然有类似于双曲线的分支(图 8.23),且在这些分支之间,曲线

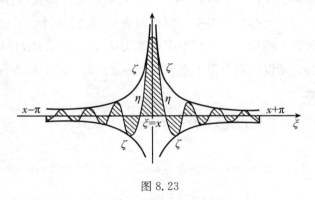

图 8.23

$$\eta=\frac{1}{2\pi}\frac{\sin\frac{2n+1}{2}(\xi-x)}{\sin\frac{1}{2}(\xi-x)}=\zeta\cdot\sin\frac{2n+1}{2}(\xi-x)$$

来回振动,其频率随 n 变大而增加。当 $\xi=x$ 时,它的值是

$$\eta=\frac{2n+1}{2\pi}$$

并随 n 而增大。若为了简单起见,令 $f(\xi)=1$,则 $S_n(x)=\int_{-\pi}^{\pi}\eta\cdot\mathrm{d}\xi$ 表示在曲线 η 和 ξ 轴之间的面积(图中阴影部分)。现在,任何一个对

连续性稍有知识的人都会看到,如果 n 变得充分大,则右方和左方的面积都将正负相间,彼此将相互抵消,只剩下中间的狭长弧拱仍保留着。但很容易看到,随 n 的增加,它将理所当然地趋向于值 $f(x)=1$。而且,只要 $f(x)$ 在 $x=\xi$ 处不振动得太强烈,一般情况下也是如此。

无穷三角级数收敛的狄利克雷定理,其证明的基础就是这样一些考虑,而这些考虑是为了更正确使用而引申出来的。

狄利克雷于 1829 年在克雷勒(Crelle)杂志第 4 卷上第一次发表了这个证明[1]。随后(1837 年),他在多弗(Dove)和莫泽(Moser)编的《物理学书目》(*Repertorium der Physik*)中给出了一个更为人所熟知的形式。[2] 现今,这个证明在大多数教科书上都有,[3]在此就不细述了。但我要讲使 $f(x)$ 能用无穷三角级数表示所必须满足的一些充分条件。再次设想 $f(x)$ 定义在 $0\leqslant x\leqslant 2\pi$ 上,且周期地延拓出去。然后,狄利克雷提出了下面两个假设,现在简单地称为狄利克雷条件:

(a) 所给的函数 $f(x)$ 是逐段连续的,即它在区间 $(0,2\pi)$ 上只有有限个间断点,在其他地方连续,直到跳跃点为止。

(b) 所给的函数 $f(x)$ 是逐段单调的,即可将区间 $(0,2\pi)$ 分成有限个子区间,$f(x)$ 在每个子区间内或不增或不减。换句话说,$f(x)$ 只有有限个极大值和极小值(这就排除了像 $\sin\dfrac{1}{x}$ 那样在 $x=0$ 处极值有极限点的函数)。

---

[1]　1889 年柏林重印本,收于《狄利克雷全集》第 1 卷,第 117 页。

[2]　"Über die Darstellung ganz willkürlicher Funktionen durch Sinus- und Cosinusreihen",重印后收于《狄利克雷全集》第 1 卷,第 133—160 页,以及 1900 年莱比锡 *Ostwalds Klassiker* 第 116 期。

[3]　参阅拜尔利著《傅里叶级数及球面调和》。

在这些条件下狄利克雷证明了,在 $f(x)$ 的连续点,无穷级数精确地表示了函数 $f(x)$,即

$$\lim_{n\to\infty}S_n(x)=f(x)。$$

而且狄利克雷还证明了,在间断点级数也收敛,但收敛于当 x 从两侧逼近间断点时 $f(x)$ 的极限值的平均值。这个结果通常表达为

$$\lim_{n\to\infty}S_n(x)=\frac{f(x+0)+f(x-0)}{2}。$$

图 8.24 画出了这种间断点和对应的平均值。

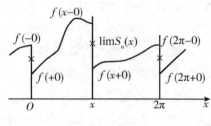

图 8.24

狄利克雷的这些条件对于 $f(x)$ 可以表示为级数 $S(x)$ 是充分的,但绝非必要条件。另一方面,只设 $f(x)$ 的连续性是不够的。事实上可以找到连续函数的例子,由于振动聚集得太厉害,级数 $S(x)$ 发散。

在介绍了这些理论方面的知识之后,我将回到三角级数的实用方面。要了解这里所产生问题的详细处理方法,我建议你们参考前面提到过的龙格写的书。你们会找到有关级数中系数的数值计算问题的详尽处理,即在给定函数的情况下,如何迅速地以最适当的方法计算 a_ν, b_ν 的积分。

为了计算这些系数,有人做了一种叫调和分析仪的特殊机械装置。叫这个名字,是由于展开函数 $f(x)$ 为三角级数与声学有关。这

样的展开就是相应地把一个给定的音调 $y=f(x)$（x 表示时间,而 y 则为音调振动的振幅）分离为"纯音",即纯余弦振动与纯正弦振动。在我们的收集品中,有苏黎世的科拉迪(Coradi)制造的分析仪,可以用它来确定 6 个余弦项和正弦项的系数($\nu=1,2,\cdots,6$),共 12 个系数。$\dfrac{a_0}{2}$ 必须用求积仪另外确定。迈克耳孙(Michelson)等人曾做出一个能确定 160 个系数($\nu=1,2,\cdots,80$)的仪器,朗格的书里讲了这种仪器。反之,这种装置也能把已给的含有 160 项的三角级数的和求出来,即从给出的系数 a_ν,b_ν 求函数。这个问题当然也有极大的实际意义。

迈克耳孙等人的仪器再一次使人们注意到一个十分有趣的现象,这个现象早先曾有人注意过[①],但很奇怪,过了几十年以后却被人忘却了。1899 年吉布斯(J. W. Gibbs)在《自然》杂志上再次讨论了这个现象,它因此被称为吉布斯现象。让我们对此现象说上几句。狄利克雷定理用公式 $\left[\dfrac{f(x+0)+f(x-0)}{2}\right]$ 给出了无穷级数在 x 处的值。在上面讨论的第三个例子中(举例是为了心中记一个具体例子),级数给出画在图 8.25 中函数在孤立点 $\pi,3\pi,\cdots$ 处的值。

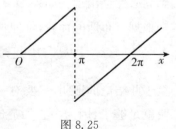

图 8.25

这样,我们用来解释三角逼近的方法就与狄利克雷的方法不同了。在狄利克雷的讨论中,x 是固定的,而 n 趋于无穷。前面我们则设想 n 固定而 x 作为变量的 $S_n(x)$,并逐次

---

① 据《百科全书》第 2 卷第 12 条("三角级数和积分")第 1048 页,H. 威尔布里厄姆 (H. Wilbraham)已经熟悉了这里所讨论的现象,并从计算的观点进行了处理。

画出近似曲线 $S_1(x)$，$S_2(x)$，$S_3(x)$，…。现在问：当 n 变成无穷大时，这些曲线发生了什么变化？或用算术的语言来说，当 x 作为变量而 n 变为无穷时，$S_n(x)$ 的极限是什么？从直觉来看，极限函数不会有上述那样的孤立点，而必然是一条连续的曲线。这条极限曲线似乎可能由 $y=f(x)$ 的连续支加上在间断点处将 $f(x+0)$ 和 $f(x-0)$ 连接起来的垂直线段组成。在我们的例子中，极限曲线具有如图 8.21 所示的字母 m 的形状。但事实上，极限曲线的垂直部分比 $f(x+0)$ 和 $f(x-0)$ 多出一个有限量，因而极限曲线具有图 8.26 所画出的值得注意的形状。

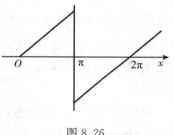

图 8.26

这个小小的重叠在曲线上方的塔是在迈克耳孙的仪器所描出的曲线上发现的，换句话说，它是实验所揭示的。起初人们认为这是机器不完善所致，但最后吉布斯认识到它必然会出现。如果 $D=|f(x+0)-f(x-0)|$ 表示跳跃的高度，则根据吉布斯的计算，延伸长度为

$$-\frac{D}{\pi}\int_{\pi}^{\infty}\frac{\sin\xi}{\xi}d\xi\approx\frac{1}{\pi}0.28D\approx0.09D\text{。}$$

至于此结论的证明，只要对一个间断函数(例如我们的例子)给出证明就足够了，因为由它加上连续函数就可得到所有其他具有同样跳跃的函数。这个证明并不十分困难，可以立即从 $S_n(x)$ 的积分公式求得。而且，如果画出足够多的近似曲线，可以很清楚地看到吉布斯点是怎样升起的。

如果我进一步考虑逼近曲线中许多有趣的微妙之处，那就说得太远了。我很高兴地建议你们参考费耶尔(Fejér)在《数学年刊》第

64 卷(1907 年)中发表的一篇内容丰富又非常容易读的文章。

我就此结束关于三角级数的专门讨论,并将漫步于另一个领域,这个领域不论就其内容或历史都是与三角级数密切相关的。

(4) 关于函数一般概念的插话

我很乐意在这些讲义中讨论函数概念,因为我们德国的中学教育改革运动都主张在教学中把这个重要概念放在一个突出的地位。

如果我们仍然遵循着历史的发展,我们首先注意到,像莱布尼茨和伯努利兄弟(雅各布与约翰,Jakob & Johann Bernoulli)这些老前辈,都只对幂函数、三角函数这一类个别的例子使用函数概念。18 世纪才出现一般的表述。

(1) 约于 1750 年,欧拉对函数这个词有两个不同的解释:

(a) 在他的《无穷分析引论》中,他定义 x 的解析表达式如幂、对数、角函数等组成的每一个表达式为 x 的函数 y,但没有明确指出允许什么样的组合。此外,他已经有了代数函数和超越函数这种人们熟知的区分。

(b) 与此同时,他定义函数 $y(x)$ 为 x-y 坐标系上随手画出的(libero manus ductu)一条曲线(图 8.27)。

(2) 在 1800 年左右,拉格朗日在《解析函数论》中把函数概念限于所谓的解析函数,即能用 x 的幂级数定义的函数,这与欧拉的第二个定义恰成对照。在现代用语中,解析函数保留了同样的含义。当然必须承认,这只包含分析中实际出现的函数的一个特殊类别。一个幂级数

$$y = P(x) = a_0 + a_1 x + a_2 x^2 + \cdots$$

只在它的收敛域即某个围绕 $x=0$ 的区域内定义了一个函数。但是,人们不久后发现了一个方法,将函数的定义范围扩大到这个区域

以外。如果 x_1 在 $P(x)$ 的收敛区域内(图 8.28),且 $P(x)$ 被分解为 $(x-x_1)$ 的幂的新级数

$$y=P_1(x-x_1),$$

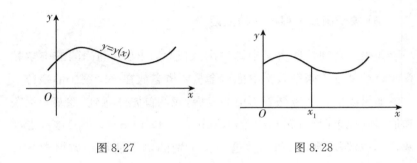

图 8.27　　　　　　　　　　图 8.28

它有可能在一个超过前一个范围的区域里收敛,所以在一个较大的区域内定义了 y。重复这个步骤,可能进一步扩大这个区域。熟悉复变函数理论的人都知道这个解析延拓法。

特别要注意的是,只要知道函数 y 在 x 轴的任意一小段,例如在 $x=0$ 的某个邻域内的性质,幂级数 $P(x)$ 的每个系数,整个函数 y 就被确定了。因为此时 y 在 $x=0$ 的各阶导数值就知道了,而我们知道

$$y(0)=a_0,y'(0)=a_1,y''(0)=2a_2,\cdots。$$

因此,一个拉格朗日意义上的解析函数的全部形态,可由它在一个任意小段内的形状完全确定。这个性质和欧拉第二个定义下的函数的性质是完全相反的。按欧拉的定义,曲线的任何部分,可以按人们的意愿任意地连续延伸。

(3) 函数概念的进一步发展要归功于傅里叶,他是 19 世纪初在巴黎工作的众多的重要数学家之一。他的主要著作是 1822 年出版的《热的解析理论》(*Théorie analytique de le chaleur*)。但他在

1807 年就第一次把他的理论告知了巴黎科学院。这部著作是当今数学物理中用得较多的一个影响深远的方法的来源，这个方法就是：将一切问题归结为附有初始条件的偏微分方程的求解，即所谓的边值问题。

傅里叶特别处理了热传导问题，其中一个简单情况，可叙述如下。一块圆板的边界被保持在恒温下，例如一部分处于冰点，而另一部分处于沸点（图 8.29）。由此产生的热的流动，最终将给出什么样的定常温度呢？这里在边界的各部分可互不相关地给出边界值。因此，欧拉的第二个函数定义，比拉格朗日的定义，更适合这里的情况。

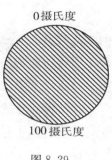

0摄氏度

100摄氏度

图 8.29

在前面提及的狄利克雷的著作中，基本上保持了这个定义，只是改用了分析语言，或用现代术语来说是算术化了，这样做事实上是必要的。因为，一条曲线无论画得怎样精细，都不能准确确定 x 和 y 的对应关系。钢笔的笔画总有一定宽度，因而相互对应的 x 和 y 的长度只能测到一定小数位的精确程度。

（4）狄利克雷用下面方法将欧拉的定义算术化：如果对应于给定区间内的每一个 x 值，有一个确定的 y 值被确定，则 y 称为 x 的一个函数。虽然他发表了函数的这个最一般的概念，但他经常想到的主要还是连续函数，或不太间断的函数，因为那时一般都是这样做的。人们认为，间断点聚集在一起的复杂情形是可以想象的，但他们未必认为值得如此注意。狄利克雷甚至在十分精确地叙述他所考虑的一切方程皆须满足的狄利克雷条件时，也只说把"完全任意的函数"（和傅里叶所说的"fonctions entièrement arbitrairies"一个意思）展开为级数，就表明了这种立场。

（5）现在，我们必须讲到这样的事实，大约在 1830 年，复变函数理论开始独立发展了，且在随后的 30 年里，变成了数学家的共同财富。这个发展首先是与柯西、黎曼和魏尔斯特拉斯的名字联系在一起的。你们知道，前两个人是从复变函数

$$f(x+\mathrm{i}y)=u+\mathrm{i}v$$

的实部与虚部 u、v 必须满足的冠以他们名字的偏微分方程出发；而魏尔斯特拉斯则用幂级数和他的解析延拓的总体来定义函数，因而，在一定意义上来说，他是追随拉格朗日的。

很值得注意的是，进入复数领域之后，上面考虑过的两种函数概念一致且联系了起来。我来简单讲一下。

令 $z=x+\mathrm{i}y$，并考虑幂级数

$$f(z)=u+\mathrm{i}v=c_0+c_1z+c_2z^2+\cdots。 \tag{13}$$

当 $|z|$ 很小时它是收敛的，用魏尔斯特拉斯的话来说，它确定了一个解析函数的元素。考虑它在以 $z=0$ 为中心的、整个位于收敛域内的、充分小半径 r 的圆内的值，即在幂级数里，令 $z=x+\mathrm{i}y=r(\cos\varphi+\mathrm{i}\sin\varphi)$（图 8.30），则有

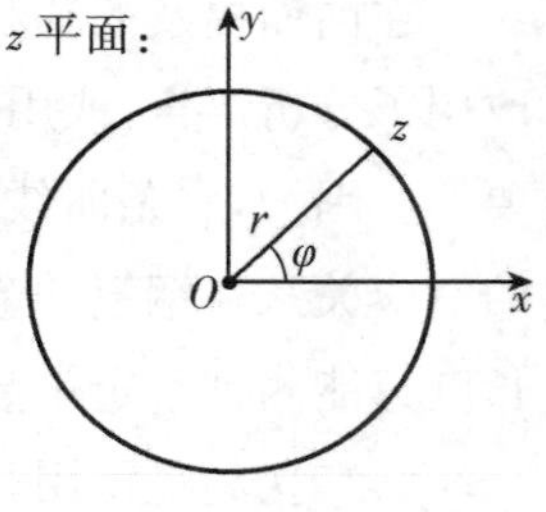

图 8.30

$$f(z)=c_0+c_1r(\cos\varphi+\mathrm{i}\sin\varphi)$$
$$+c_2r^2(\cos 2\varphi+\mathrm{i}\sin 2\varphi)+\cdots。$$

如果将系数分成实部与虚部

$$c_0=\frac{\alpha_0-\mathrm{i}\beta_0}{2},c_1=\alpha_1-\mathrm{i}\beta_1,c_2=\alpha_2-\mathrm{i}\beta_2,\cdots,$$

则得到 $f(z)$ 的实部为

$$u=u(\varphi)=\frac{\alpha_0}{2}+\alpha_1r\cos\varphi+\alpha_2r^2\cos 2\varphi+\cdots$$

$$+\beta_1 r \sin \varphi + \beta_2 r^2 \sin 2\varphi + \cdots \text{。} \tag{14}$$

为了使(14)式中所有符号为正,把 c 的虚部符号取成负的。因此,$f(z)$ 的幂级数在圆周上给出实部 u 的值,此值是角 φ 的函数,而幂级数则完全和以前的三角级数一样,它的系数是 $\alpha_0, r^\nu \alpha_\nu, r^\nu \beta_\nu$。

当然,只要圆 (r) 整个地在幂级数(13)的收敛域内,这些值 u 就是拉格朗日意义上的解析函数。但是,如果这个圆就是级数(13)的收敛域的边界圆,则级数(13)因而还有级数(14),就不一定收敛了。也可能级数(14)继续收敛,此时边界值 $u(\varphi)$ 可能不是狄利克雷意义上的解析函数。

如果我们反过来做,对圆 (r) 指定一个满足狄利克雷条件的值 $u(\varphi)$ 的任意分布,那么,它们可以展开为形式(14)的三角级数,从而量 $\alpha_0, \alpha_1, \cdots, \beta_1, \beta_2, \beta_3, \cdots$ 及幂级数(1)的各系数(除了相差一个任意常数 $\dfrac{-\mathrm{i}\beta_0}{2}$ 外)都被确定。可以证明,此幂级数在圆 (r) 内真正收敛,而它确定的解析函数的实部在圆 (r) 上以 $u(\varphi)$ 为边值。或者说得更准确些,当自变量趋近于 $u(\varphi)$ 的连续点 φ 时,这个实部趋向于值 $u(\varphi)$。

这些证明,全被纳入关于收敛圆上幂级数性质的研究中。当然,我在此不再详述。但从这些说明中也许能看出,傅里叶-狄利克雷函数概念与拉格朗日的函数概念是以何种方式彼此融合在一起的,即圆的边界上的三角级数 $u(\varphi)$ 的性态有任意性,而对幂级数,这种任意性只集中在紧接圆心的邻域内。

(6) 现代科学没有止步于这些概念的表述,即使个别研究者感到厌倦了,科学也是永不停息的。在最近的 30 年中,数学家采取了与狄利克雷非常不同的观点,抓住具有最大可能的间断性的函数,特别是不满足狄利克雷条件的函数。最引人注目的若干类函数已被发现,它们具有最令人讨厌的"团成可怕的一堆"的奇异性。于是便产生了这样一个问题,即对"合乎常理"的函数成立的一些定理,对这种变态的函数又有多大有效性。

(7) 与这一问题相联系,最后又产生了函数概念更深远的推广。到目前为止,一般都认为,函数是定义在由所有的实值或复值的 x 组成的连续统上的,或至少在一个完整的区间或区域内的每一点都有定义。但最近由康托尔发明的点集理论越来越受到注意。据此理论,所有的 x 所组成的连续统只不过是点集的一个明显的例子。从这个新观点出发,只在某个任意集合的元素 x 处有定义的函数也要考虑。所以,若对某种东西(数或点)的集合 x 的每个元素,都有集合 y 的一个元素相对应,则称 y 为 x 的函数。

让我指出这个最新的发展与原来的概念之间的差别。从第(1)点到第(5)点所考虑的概念,主要都是结合自然界中的应用而提出和发展起来的。只要想一下傅里叶著作的题目就知道了。但第(6)点和第(7)点中所述的新研究,纯粹是从对数学研究的爱好出发而得到的结果,它并不考虑自然现象的任何需要,其结果也确实尚未找到直接应用。当然,乐观者会认为,有朝一日总会得到应用。

现在回到我们习惯的问题:以上种种概念,有多少应放到中学里来学? 教师和学生又应该掌握多少?

在这方面我想说,学校教育总是落后于最新的科学进展相当长的一段时间,起码几十年,这种情况不仅是情有可原,甚至也是符合需要的。就是说,应该有某种差距。但现在实际存在的差距,在某些方面不幸太大了。它超过了一个多世纪,因为绝大多数学校都忽视了欧拉时代以来的整个发展。因此,有很大的改革余地。把我们的改革要求和科学的现状相比,实在也所望不奢。我们仅希望,根据欧拉对函数的某一个解释,把函数的一般概念作为一种发酵物掺和到整个中学的数学教学中去。当然,不应该用抽象的定义来介绍它,而应通过初等的例子,向学生作主动的介绍,这种例子在欧拉那里是很多的。但对于数学教师,要求应更高一些,至少要知道复变函数论的初步知识;虽然我不要求教师也掌握点集理论的最新概念,但仍然希望在众多的教师中有一小部分人独立钻研这些问题。

我愿就三角级数理论在整个发展中起过的重要作用再说上几句。你们可以在布克哈特写的《振荡函数的发展》(*Entwicklungen nach oszillierenden Funktionen*,特别是第 2、第 3、第 7 章)中找到大量的有关文献。正如布克哈特的朋友所说,这是一本"大部头的报告",自 1901 年后,在《德国数学学会年度报告》(*Jahresberichtes der deutschen Mathematikervereinigung*)第 10 卷中连载,其中有 9 000 多条文献,你们在任何地方都很难找到这么多编在一起的相关文献。[①]

第一个用三角级数来表示一般函数的是约翰·伯努利的儿子丹尼尔·伯努利(Daniel Bernoulli)。1750 年左右,他在研究弦振动声学问题时,指出弦的一般振动可以用对应于基波和谐波的正弦振动的叠加来表示。这正涉及把表示弦振动的函数展开成它的三角级数。

虽然不久后级数知识有了新进展,但仍然没有一个人真正相信,用图形给出的任意函数可以用级数来表示。归根到底是因为人们有一种不确定的预感,觉得还要再作考虑。现在,通过点集理论,我们已十分清楚是怎么回事了。也许有人曾经假设(自然,不见得能将感

---

①　该报告以两卷半的篇幅完成,作为第 10 卷第 2 分册出版,莱比锡,1908 年。后在《数学百科全书》第 2 卷中发表了一个简要的摘录。又:布克哈特的报告收录到 1850 年为止,1850 年以后的发展,由希尔伯(Hilb)和里斯(Riesz)撰文在《数学百科全书》第 2 卷(C10)中作了简单介绍。

觉精确表述出来),一切任意函数的集合,即使将不连续函数除外,也大于表示全部三角级数的所有可能数组 $a_0, a_1, a_2, \cdots, b_1, b_2, \cdots$ 的集合。

只有现代点集理论的精确概念才能澄清这团疑云,并证明这个论断是错误的。让我借此机会对这个重要之点作一番说明。很容易看到,一个定义在给定区间,例如 0 到 2π 的任意连续函数,如果在所述区间的所有有理点上的值已给定,则该函数的整个形状就确定了下来(图 8.31)。因为这些有理点是稠密的,所以可以通过函数在有理点的值来任意逼近在无理点的值,由于

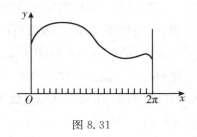

图 8.31

函数的连续性,函数 $f(x)$ 的值可以用函数在逼近点处的值求极限来确定。进而,我们知道,所有有理点之集合是可数的(见附录 II),即能把它们排成无穷数列,即有一个确定的第一元素,后边接着是确定的第二个元素,再后边是确定的第三个元素,如此等等。由此可知,确定任意连续函数,无非是确定一个适当的可数的常数集,即函数在可编序的有理点上的值。用同样的方法,即通过常数的可数序列 $a_0, a_1, b_1, a_2, b_2, \cdots$,我们可以确定一个三角级数。因此,怀疑连续函数的总体按其本性是否真正大于级数的总体是没有根据的。对满足狄利克雷条件的不连续函数,也可作类似考虑。后面我们还有机会详谈。

把这些疑虑统统扫到一边的人是傅里叶,也正是这一点,使他在三角级数历史上成了非常重要的人物。当然,他没有把结论建立在点集理论的基础上,但他是第一个有勇气相信可以用级数来表示函数的人。在这个信念的鼓舞下,他像我们在前面所做的那样,用若干

不连续函数的典型例子,通过实际计算建立了许多级数。收敛性的证明是后来狄利克雷给出的,他也是傅里叶的学生。傅里叶的这个立场有革命性的影响。对于在不同区间遵从完全不同规律的任意函数,有可能用解析函数的级数来表示,对于当时的数学家来说,这是全新的东西,也是他们所意料不到的。为了承认傅里叶揭示了这种可能性,在他所研究的级数之前冠上了他的名字,并一直持续到今天。

最后我要简单地提一下傅里叶的第二项功劳。这就是,当被表示的函数的周期可以变成无穷时,他考虑了三角级数的极限情形。因为一个具有无限长周期的函数就是一个任意的定义于整个 x 轴的非周期函数,所以这种极限的情形为表示非周期函数提供了一个方法。对级数的自变量作线性变换,即可用 l 代替 2π 作为函数的周期,然后令 l 趋向无穷。级数于是变成所谓傅里叶积分

$$f(x) = \int_0^\infty \left[\varphi(\nu)\cos \nu x + \psi(\nu)\sin \nu x \right] \mathrm{d}\nu ,$$

其中 $\varphi(\nu), \psi(\nu)$ 以一定的方式表示为 $f(x)$ 从 $-\infty$ 到 $+\infty$ 的积分。这里的新东西是,指数 ν 连续地取从 0 到 ∞ 的所有值,而不是只取 $0, 1,$ $2, \cdots$;同时,$\varphi(\nu)\mathrm{d}\nu, \psi(\nu)\mathrm{d}\nu$ 相应地取代了 a_ν 和 b_ν。

迄今为止,我们在讲分析时主要涉及初等超越函数,现在我们把它放下,进入新的、最后的一章。

第九章 关于无穷小演算本身

当然我假设你们都知道如何微分与积分,且常常使用这两种方法。这里只涉及较为一般的问题,例如逻辑与心理学基础问题、教学问题等。

9.1 无穷小演算中的一般考虑

我先对数学的范围讲一些一般的初步看法。你们常常会听到非数学家,特别是哲学家说,数学仅仅是由清楚叙述的前提得出的结论,在这个过程中,并不过问这些前提意味着什么,是真还是假,只要不相互矛盾就行了。但在数学方面做过创造工作的人的说法完全不同。事实上,前面那种人只想到已经完成的数学理论所铸成的结晶形式。但是,数学研究工作者也和其他科学研究者一样,往往并不按照严格演绎的方式行事。相反,他充分利用想象,借助于试探的手段,不断归纳前进。有的数学家发现了十分重要的定理,但却未能给出证明,这样的例子是很多的。然而,能否认这是伟大的成就吗?能苟同前面的定义,硬说这不是数学,只有提供了完整证明的后继者才做了真正的数学工作吗?无论怎样说,如何使用数学这个词是任意的事。但没有一种价值标准能否认第一个宣布定理的人所做的归纳工作,至少和第一个证明定理的人所做的推导工作一样有价值。因为两者缺一不可，发现是随后作结论的先决条件。

在微积分的发现和发展过程中，归纳过程就起了这样一种重要作用，其中并无非此不可的逻辑步骤，而有效的启发式手段，常常是感官知觉。我这里讲的是直接的感官知觉，尽管有各种不确切之处。例如讲到一条曲线，我立即想到的是有一定宽度的笔画，而不是一个抽象的概念，不需要假设极限过程才产生一维曲线。我想通过微积分思想的历史发展情况来证实这个观点。

首先拿积分概念来说，历史上它起源于测量面积与体积（求面积与体积）问题。抽象的逻辑定义把积分 $\int_a^b f(x)\mathrm{d}x$ 定义为介于曲线 $y=f(x)$，x 轴，和直线 $x=a$，$x=b$ 之间的面积，即内接于这个区域的狭长矩形面积之和在数目无限增加、矩形宽度无限减小时的极限。然而，感官知觉却自然地把这个面积定义为大量狭长矩形面积之和，而不是这个严格的极限。事实上，画图必然有不准确处，这必然使我们不能把矩形画得太窄（图 9.1）。

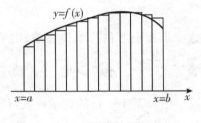

图 9.1

这个朴素的想法，就是无穷小演算早期最伟大的研究者的想法。让我首先谈谈开普勒（Kepler）。他在《求酒桶体积之新法》（*Nova stereometria doliorum vinariorum*）[①]中谈到了物体的体积。他的主要兴趣是测量木桶，以确定木桶的最合适形状。他完全采用了上述朴素的观点。他把木桶的体积看成由一层层适当排列的许多薄片组

---

① 多瑙河上的林茨，1615 年。德文发表于 *Ostwalds Klassiker*，第 165 期，莱比锡。

成(图 9.2),并把它看作这些薄片的体积之和,每一片是一个圆柱体。他用同样的方法计算了简单的几何体,例如球的体积。他设想球由许多在球心处有共同顶点的小棱锥体组成(图 9.3)。根据众所周知的棱锥体积公式,它的体积将是所有棱锥的底面积之和的 $\frac{r}{3}$ 倍。

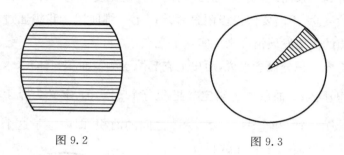

图 9.2　　　　　　　　　　　图 9.3

把这些小面积之和简单地写成球的表面积,即 $4\pi r^2$,他得到体积的正确公式 $\frac{4\pi r^3}{3}$。不但如此,开普勒还明确地强调了这种想法的实际启发价值。至于严格的数学证明,他引用所谓穷竭法。例如,这个曾被阿基米德用过的方法,是这样求圆的面积的:借助圆内接与圆外切的正多边形,不断增加边数,小心地求出多边形面积,从而确定圆面积。它和现代方法之间的本质差异在于它默认不言而喻地存在一个数,以度量圆面积。现代的无穷小演算却不肯接受这个直觉的证据,而使用抽象的极限概念,把这个数定义为度量内接正多边形面积的数的极限。然而,尽管这个数的存在是假定的,但穷竭法通过已知的直线图形面积去逼近未知面积的过程是严密的,符合现代的严格要求。不过这个方法往往十分麻烦,不适合用来求面积和体积。海贝尔在 1906 年发现的一篇阿基米德的文章表明,阿基米德事实上在研究中并没有用穷竭法。在通过其他方法获得结果后,他之所以用穷

竭法作出证明,是为了适应那个时代对严格性的要求。他发现他的
定理时所用的方法,考虑到了重心、杠杆定律,也包括直觉,例如,用
平行弦序列组成三角形和抛物线弧形,用平行圆盘序列组成圆柱、球
和圆锥。

　　现在回到 17 世纪,我们在耶稣会教士卡瓦列里(Bonaventura
Cavalieri)的《用新方法促进的连续不可分几何学》(*Geometria indi-
visibilibus continuorum nova quadam ratione promota*)①一书中找
到了类似于开普勒的思想。在那本书里,卡瓦列里建立了今天以他
的名字命名的原理:"两个物体,如果它们到底面的相等距离处的截
面面积总相等,则体积相等。"②你们都知道,这个卡瓦列里原理是中
学里常用的一个原理。人们曾相信用这种办法可以回避积分。但事
实上,这个原理本身就完全属于微积分学。卡瓦列里建立这个原理
时设想,两个立体都是由薄片层叠加起来的,这些薄片是成对相同
的,所以能够通过移动一个立体的每一片而把它变成另一个立体(图
9.4)。这样做不会改变体积,因为移动前后的薄片都是一样的。

　　函数的微商,即曲线的切线,同样是凭朴素的感官知觉导出的。
在这种情况下,是用一条折线来代替曲线(实际上就是这样做的,见
图 9.5),该折线取曲线上足够多的相互靠近的点作为顶点。由于我
们的感官知觉的本性,我们很难把曲线同这些点的集合区分开来,更
不用说同折线区分开来了。于是干脆把切线定义为连接两个相邻点
的直线,即折线的一个边的延线。从抽象的逻辑观点来看,无论点如
何靠近,这条线仍然只是割线;只有当两点距离趋向于零时,割线趋
向的极限位置才是切线。此外从这种朴素的观点来看,曲线的曲率

① 博洛尼亚,1635 年。1653 年第一版。
② 我国称为祖暅原理。——中译者

圆又被看作通过折线的连续三顶点的圆,而严格的过程则定义曲率圆为所述三点无限接近时该圆的极限位置。

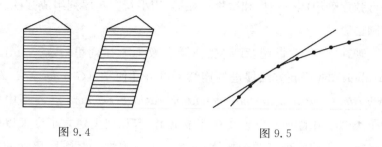

图 9.4　　　　　　　　　　　　　　　图 9.5

　　对这种朴素的直觉信服的程度,当然因人而异,很多人,包括我自己在内,对此感到满足。另一些只有纯逻辑才能的人,则认为直觉是毫无意义的,而且无法想象会有人把直觉当作数学思想的基础。然而这类考虑常常成为新的、富有成效的探索的起点。

　　而且这种朴素的方法,常常在一个数学物理、力学或微分几何的预备定理被建立时,不知不觉起着重要作用。你们都知道,它们在那种情况下是十分有用的。当然,纯粹的数学家对这些情况是不屑一顾的。我当学生的时候,有人说,物理学家把微分当成一个铜片,像对待其他仪器一样。

　　这一方面,我愿称赞一下莱布尼茨的记号。这个记号之所以在今天通用,是因为它既适当考虑了朴素的直观,又一定程度地照顾到隐含在概念里的抽象极限过程。例如,莱布尼茨的微商记号 $\dfrac{\mathrm{d}y}{\mathrm{d}x}$,首先提醒人们它来源于商。但与有限差的常用符号 Δ 相比,d 表示增加了某些新的内容,即过渡到极限。同样,积分记号 $\int y\mathrm{d}x$ 首先暗示积分来源于微小量的和,但没有用表示和的常用记号 $\sum$,而用拉长了的 S[①],以表示在求和过程中还加了些新内容。

现在稍微深入地讨论一下微积分学的逻辑基础,同时讲讲微积分历史发展情况。

(1) 大学里通常所教的主要思想在于说明微积分只是一般极限概念的应用,微商被定义为自变量与函数的相应有限增量的商的极限(倘若此极限存在)

$$\frac{\mathrm{d}y}{\mathrm{d}x} = \lim_{\Delta x \to 0} \frac{\Delta y}{\Delta x},$$

而不把微商看作具有独立意义的量 $\mathrm{d}y$ 和 $\mathrm{d}x$ 的商。同样地,积分定义为和的极限

$$\int_a^b y\,\mathrm{d}x = \lim_{\Delta x_i \to 0} \sum_{(i)} y_i \cdot \Delta x_i,$$

其中 Δx_i 是区间 $a \leqslant x \leqslant b$ 的有限子区间,y_i 是函数在该子区间内的任意值,且所有 Δx_i 趋向于 0。但 $y\,\mathrm{d}x$ 并没有诸如和的被加数一类的任何实际意义。这些记号保留至今,是由于前面讲的方便的缘故。

(2) 上述概念,是由牛顿自己准确地建立起来的。请看他在1687 年发表的基本著作《自然哲学的数学原理》[②]中的一段原话:"那些最终比,随着它们量的消失,实际上不是最终量的比,而是无限减小的量的比持续靠近的极限,它们能比任意给定的差更接近,但在量被减小以至无穷之前,它们既不能超过,也不能达到[此极限]。"[③]此外,牛顿回避无穷小演算,尽管实际上在推导结果时用到了它。因为他提出无穷小演算方法的基本著作写于 1671 年,直到 1736 年才发表,

---

① 值得注意的是,许多人不知道 $\int$ 有这种意思。

② W. 汤姆逊(W. Thomson)及 H. 布莱克本(H. Blackburn)编的新版本,格拉斯哥,1871 年,第 38 页。

③ 此段话中译文引自赵振江译《自然哲学的数学原理》(商务印书馆,2007 年,47—48 页)。——编者

那本书名为《流数法与无穷级数》①。

在后一本书里,牛顿用很多例子阐明了这种新方法,但没有对方法的基础作解释。他联系到一个日常生活现象,这个现象暗示着求极限,即:若考虑在 x 轴上时刻 t 的位移为 $x=f(t)$ 的运动,则每个人对运动速度的概念都有一个理解。如果我们分析这个运动,就会发现原来它是指差商 $\dfrac{\Delta x}{\Delta t}$ 的极限值。牛顿把这个 x 对于时间 t 的速度作为他研究的基础。他称之为 x 的流数,并记为 $\dot{x}$。他认为所有变量 x,y 都依赖于时间 t 这个基本变量。于是微商 $\dfrac{\mathrm{d}y}{\mathrm{d}x}$ 作为两个流数的商 $\dfrac{y}{x}$ 出现,现在我们则应把它记为较完全的形式 $\left(\dfrac{\mathrm{d}y}{\mathrm{d}t}:\dfrac{\mathrm{d}x}{\mathrm{d}t}\right)$。

(3) 牛顿的这些思想被 18 世纪的许多数学家所继承和发展,他们在极限概念的基础上,以不同程度的严格性建立了无穷小演算。这些人中我只举出几个,麦克劳林(C. Maclaurin)、达朗贝尔以及哥廷根大学的克斯特纳等。大家可以参阅麦克劳林的《流数论》②,这本书作为一本教科书,当然有很广的影响。还可参阅达朗贝尔在伟大的《方法论百科全书》中的论述,以及克斯特纳的讲义和书③。欧拉基本上也属于这些人之列,尽管在他身上还表现出其他一些倾向。

(4) 为使无穷小演算可以称得上是一个前后一致的体系,必须填补以上这些发展中的一个关键性的空白。确实,微商已被定义为极限,但还缺少用它来估计函数在一个有限区间内的增量的方法。中值定理提供了这个方法。柯西的伟大贡献在于承认它的根本重要

---

① I. 牛顿,*Opuscula Mathematica*,*philosophica*,*et philologica*,第 1 卷,第 29 页,洛桑,1744 年。

② *Treatise of Fluxions*,爱丁堡,1742 年。

③ A. G. 克斯特纳:*Anfangsgründe der Analysis des Unendlichen*,哥廷根,1760 年。

性和使它随之成为微分学的出发点,所以称柯西为现代意义上严格的无穷小分析的奠基人是不过分的。他在这一方面的基本著作是根据在巴黎的讲稿写成的《无穷小分析教程概论》(*Résumé des Leçons sur le Calcul Infinitésimal*)[1],该书第二版只公布了第一部分《微分学教程》(*Leçons sur le Calcul Différentiel*)[2]。

　　如你们所知,中值定理可以表述如下:如果一个连续函数 $f(x)$ 在给定区间内有微商 $f'(x)$,则在 x 与 $x+h$ 之间必有一点 $x+\theta h$,使得

$$f(x+h)=f(x)+h \cdot f'(x+\theta h) \quad (0<\theta<1)。$$

注意这里出现的 θ 是中值定理所专有,也是使初学者开始常常感到迷惑不解的。这个定理的几何意义是十分明显的。它仅表示,在曲线上的点 x 与 $x+h$ 之间,有一点 $x+\theta h$,其切线平行于连接点 x 和 $x+h$ 的割线(图 9.6)。

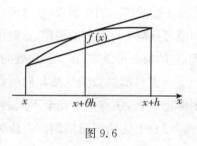

图 9.6

　　(5) 如何对中值定理给出一个严格的算术化证明而不求助于几何直观呢? 当然,这种证明只能意味着把定理推回到变量、函数、连续等的算术化定义,因而也就必须把这些定义预先以抽象和准确的形式建立起来。这种严格的证明只好等魏尔斯特拉斯和他的追随者来做了。数的连续统的现代算术化概念的传播也要归功于这些人。我将向你们介绍他们论据的关键之点。

　　首先,很容易把这个定理化成割线是水平的情况,即 $f(x)=f(x+h)$(图 9.7)。于是,必须证明存在一点,其切线是水平的。为此,

---

① 巴黎,1823 年。《全集》第 2 辑第 4 卷,巴黎,1899 年。

② 同上。

可以利用魏尔斯特拉斯定理:每一个在闭区间内连续的函数,在区间里至少取得一次极大值和极小值。据我们的假设,所给函数除非是个常量,否则至少有一个极值在区间$(x,x+h)$内部取得。让我们设在$x+\theta h$处取

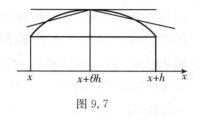

图 9.7

得极大值(极小值情形可用同样方法处理)。于是$f(x)$在$x+\theta h$的邻域内不可能取得比此点的值更大的值,所以右差商是负数或零,左差商是正数或零。因按假设,在区间内每一点的微商都存在,它在$x+\theta h$的值可被视为一些值的极限,这些值或者是非正的或者是非负的。因此,它的值必定是零,在$x+\theta h$处的切线是水平的。定理证毕。

今天科学的数学是按我们所概述的发展顺序建立起来的。但许多世纪以来,还有一个完全不同的无穷小演算概念平行地发展着。

(1) 上述情况可回溯到古代关于连续统的构造的形而上学的思想,认为连续统是由最终不可分的无穷小部分构成的。在古代就有了这种不可分量的暗示,后来则由经院派学者加以广泛的研究,特别是耶稣会教士们更把它向前推进了。作为一个典型例子,我们回忆卡瓦列里的《用新方法促进的连续不可分几何学》,这本书指明了它的真正本性。事实上,他只不过是用间接的方法考虑了直观的数学近似。他认为空间是由最终不可分的部分(indivisibilia)所组成的。在这方面,了解数百年间乃至上千年间对连续统概念的种种分析是有意义和重要的。

(2) 与牛顿分享发明无穷小演算的荣誉的莱布尼茨,也采用了这种思想。对他来说,最基本的东西并不是被视为一个极限的微商。变量x的微分$\mathrm{d}x$对于他是真正存在的,是横轴的最终的不可分部分,它是异于零但小于任何有限量的一个量(即所谓"真正的"无穷

小)。同样地，高阶微分 $d^2x, d^3x, \cdots$ 定义为二阶无穷小量、三阶无穷小量，$\cdots$，它们的每一个"与前一个相比都是无穷小量"。因此，有了一串不同级别量的系统。据不可分量的理论，由曲线 $y = f(x)$ 和横坐标轴所包围的面积，是所有个别的纵坐标之和。正是基于这一观点，莱布尼茨在积分学的第一本手稿(1675 年)里，写的是 $\int y$ 而不是 $\int y\,dx$。

但是，莱布尼茨感兴趣的绝不只是这个观点。有时他使用数学的近似概念，例如说微分 dx 是一个有限线段，但它非常小，使曲线在此区间内与切线没有明显的差别。上述形而上学的思想，肯定只是这些简单的心理因素的理想化。

但是莱布尼茨的数学思想还有第三个方面，而且是他所独有的，这就是他的形式化观点。我常常提醒你们，可以把莱布尼茨看作形式数学的奠基人。他的思想如下所述：我们对微分赋予什么意义，或者是否赋予它们意义，都没有什么分别。只要对它们确定适当的运算规则，并适当地加以应用，必然会得到某些合理与正确的结果。莱布尼茨反复提到了微分与复数的相似性，他对复数也有类似的想法。至于这些微分运算的规则，他主要用到的公式是

$$f(x+dx) - f(x) = f'(x) \cdot dx.$$

中值定理表明，只有用 $f'(x+\theta dx)$ 代替 $f'(x)$ 时，它才是正确的，但写成 $f'(x)$ 所造成的误差是高阶(二阶)无穷小，而在对微分作计算时(这是最重要的形式规则)可以忽略。

莱布尼茨的主要作品发表在著名的第一本科学杂志《博学通报》(*Acta Eruditorum*)[①]上，分别发表于 1684 年、1685 年、1712 年。你

[①] 有一部分已译成德文，发表于 *Ostwalds Klassiker* 第 162 期，G. 柯瓦列夫斯基(Kowalewski)编，莱比锡，1908 年。并参阅莱布尼茨 *Mathematische Schriften*，K. J. 格哈特(K. J. Gerhardt)编，1849 年起出版。

们会发现,在第 1 卷中以《求极大与极小值的新方法》("Nova methodus pro maximis et mimimis",第 467 页及以后部分)为标题第一次公布了有关微分的研究。在这篇论文中,莱布尼茨仅仅发展了微分法的规则。以后的论文还阐明了原理,主要着重于形式的观点。在这一方面,他在 1712 年(之后没过几年就去世了)发表的那篇短文,特别具有典型意义[①]。其中,他直率地谈到了那些仅仅是普普通通的(toleranter vera 或法文 passables)定理及定义:"严格性事实上无法维持,但它们在计算中很有用处,也有助于发明普遍的值的概念。"他这里所指的,既指无穷小,又指复数。如果我们谈到无穷小,那么,"我们只是在用一种方便的表达或思维上的简化;我们轻率地讲出了事实,再加以解释使之严密"。

(3) 自莱布尼茨以后,这种新的演算以他的思想为中心,在欧洲大陆迅速得到了普及,而且他的 3 个观点都可以找到各自的代表。这里,我必须提到曾经出现过的第一本微分教科书:洛必达侯爵(Marquis de L'Hospital)的《阐明曲线的无穷小分析》(*Analyse des Infiniment Petits pour l'Intelligence des Courbes*)[②]。洛必达是 J. 伯努利的学生,而伯努利又以惊人的速度吸收了莱布尼茨的新思想,自己发表了第一本积分教科书[③]。这两本书都代表着近似数学的观点。例如,曲线被看作短边多边形,切线被看作这些边的延长。在德国,广泛传播莱布尼茨微分学的是哈雷的克里斯蒂安·沃尔夫(Christian Wolff),他在《数学要素大全》(*Elementa matheseos universae*)[④]中发表了他的讲稿的

---

①　*Observatio* . . . ; *et de vero sensu Methodi infinitesimatis*,第 167—169 页。

②　巴黎,1696 年;第二版,1715 年。

③　译本发表于 *Ostwalds Klassiker* 第 194 期,柯瓦列夫斯基编。伯努利的微分学不久以前由 P. 沙夫海特林(P. Schafheitlin)发现,并进行了讨论,见 *Verhandlungen der Naturforscher-Gesellschaft in Basel* 第 32 卷,1921 年。

④　首版于 1710 年,1742 年马德堡再版,第 545 页。

内容。他在微分学一开始就引入了莱布尼茨的微分，尽管他特别强调，微分没有任何实在的等价物。确实，为了有助于我们从直观上理解，他以富有近似数学意味的方式发展了有关无穷小的观点。他举例说，对于实际测量的目的来说，增添或除去一粒尘土，并不会显著地改变大山的高度。

（4）你们也会常常看到这样的形而上学观点，认为真正存在着微分。这种观点总是有支持者的，特别是在哲学界，但也有数学物理学家。最重要的人物之一是泊松（S. D. Poisson）。他在其名著《力学教程》（*Traité de Mecanique*）①中强烈地表达了这样的观点：无穷小量不仅是一个研究工具，而且是完全真实的存在。

（5）或许是由于哲学传统，这个观点进入了教科书，甚至到今天还起着显著作用。作为一个例子，我要提到吕布森（Lübsen）著的《微积分的发展》（*Einleitung in die Infinitesimalrechnung*）②一书，该书首版于 1855 年，长期以来在一大部分读者中具有非常大的影响。在我那个时代，每个人手上都必有一本吕布森的书，无论是在中学或是在以后的年代。而且许多人是首先受到这本书的激励才去从事进一步的数学研究。吕布森首先通过极限概念来定义微商，但与此同时，他（在第二版后）把他认为的真正无穷小演算放在用无穷小量进行运算的神秘的章节。这几章都用星号标出，以表示没有得出任何新的结果。其中，通过诸如无限次、不定量地增加有限量，从中引入微分这一终极部分。这些终极部分"虽然不同于绝对零，但是不可指定的、无穷小的量，是一间隙、一瞬间"。英文的引文"无穷小量是精灵般的转瞬即逝量"（上书第 59 页、第 60 页）即由此而来。吕布

---

①　第二版第一部分第 14 页，巴黎，1833 年。

②　莱比锡第八版，1899 年。

森在另一处（第 70 页）又说："正如你们所看到的，无穷小方法是非常微妙的，但是正确的。如果不是随逝者而逝、随来者而来，那就仅仅是讲解不当之过。"书中这些段落读起来当然非常有趣。

作为上书的姊妹篇，我再向你们提出维尔纳（Wüllner）著《实验物理教程》（*Lehrbuch der Experimentalphysik*）一书的第六版①。该书第 1 卷为理科或医科学生着想，对他们在中学里没有掌握的无穷小演算作了简要的初步讲解，即讲解了学习物理所不可缺的演算知识。维尔纳先（从第 31 页起）讲解了无穷小量 dx 的意义，然后讲解二阶微分 d^2x，这当然要难一些。我鼓励你们用数学家的眼光去读一读这个导论，并反思一下：由于太难而在中学里压着不教无穷小演算，期望学生在大学第一学期通过 10 页叙述理解这种演算，是不是有点荒谬？再说那 10 页不但远远不够，而且太难读了！

这种反思能与数学上严格的极限方法一起长期存在的原因，也许必须从一种早已感到的需要中去找，即必须透过对极限方法所作的抽象的逻辑描述，深入到连续量的内在本质，不只强调决定极限概念的心理因素，从而对连续量形成更确定的印象。有一种关于极限的典型描述，以前在教科书和讲课中常常用到，我相信这种说法源自哲学家黑格尔（G. Hegel）。他宣称，函数 $y = f(x)$ 表示事物的存在，而微商表示事物的变化。这种说法无疑有某些深刻的含义，但是人们必须清楚地认识到，这类话不会促进数学的进一步发展，因为数学的发展必须置于精确的概念之上。

在最近的数学著作里，"实在的"无穷小量再次出现了，但出现在完全不同的领域，如韦罗内塞的几何研究，以及希尔伯特的《几何基

---

① 莱比锡，1907 年。

础》(*Grundlagen der Geometrie*)[①]。这些研究的主导思想可以简述如下：$x=a$(a 是普通实数)确定的不仅是在 x 轴上的一个点，而是无穷多个点，它们的横坐标之间相差不同阶无穷小量 $\eta,\xi\cdots$ 的有限倍数。只有指定了

$$x=a+b\eta+c\xi+\cdots$$

之后，一个点才确定，其中 $a,b,c,\cdots$ 是普通实数，$\eta,\xi\cdots$ 是逐次高阶的实在的无穷小量。希尔伯特使这些新的量 $\eta,\xi\cdots$ 服从某些公理化假设，并使得人们能一致地对它们进行运算。为此目的，最主要的是适当地确定 x 和第二个量 $x_1=a_1+b_1\eta+c_1\xi+\cdots$ 之间的关系。第一个假设是：$x>$ 或 $<x_1$ 取决于 $a>$ 或 $<a_1$；或如 $a=a_1$ 则取决于 $b>$ 或 $<b_1$，若更有 $b=b_1$ 则取决于 $c>$ 或 $<c_1$，等等。如果不把这些字母和任何具体的表示联系起来的话，你们就会更清楚地了解这些假设。

如果对这些新的量加上这一条规则，再加上某些其他规则，就能像对待有限量一样对它们进行运算。但是，一个对普通实数系统成立的基本定理现在不再成立："对给定两正数 e,a，不论 e 如何小，a 如何大，总能找到一个有限整数 n，使 $ne>a$。"事实上，从上面的定义立即可推出，η 的任何有限倍数 $n\cdot\eta$ 总是小于任何正有限数 a。正是由于这个性质，η 才是一个无穷小量。同样，$n\cdot\xi<\eta$，即 ξ 是比 η 高阶的无穷小量。

这套数的系统称为非阿基米德系统。上面所述关于有限数的定理称为阿基米德公理，因为阿基米德强调，就他所用的数系而论，这是一个不可证明的假设，或不需证明的基本性质。否定这个公理，就表示可能存在实在的无穷小量。然而，阿基米德公理这个名称，如同许多以个人名字命名的东西那样，从历史角度说并不准确。在阿基

---

① 第五版，莱比锡，1922 年。

米德之前半个多世纪,欧几里得就认识到了这个公理的重要性,不过这个公理据说也不是欧几里得发明的,而是像他的许多定理一样,从尼多斯(Knidos)的欧多克索斯(Eudoxus)那里来的。对这些在建立非阿基米德几何中作为坐标的非阿基米德量①的研究,目的在于加深对连续性的本质的认识。关于普通几何与算术的各种公理之间的逻辑依赖性有许多研究,这个研究就属于这一范畴。为此目的,总是人为地建立一些只使部分公理成立的数系,论证剩下的公理对这些公理的逻辑独立性。

于是自然会产生这样一个问题:从这样的数系出发,是否可能改变无穷小演算的传统基础,把实在无穷小量包括进去,使之满足现代数学分析的严格要求?换句话说,就是建立起非阿基米德分析。这种分析的首要问题,是从所设公理出发,证明中值定理

$$f(x+h)-f(x)=h \cdot f'(x+\theta h) 。$$

我不愿说沿着这个方向不可能取得进展,但事实是,没有一个埋头研究实在无穷小量的人取得过任何积极的成果。

我要指出,从柯西时代起,教科书里用的"无穷小"这个术语,意义就有若干变化。我们从来不说一个量是无穷地小,而只说它变得无穷地小。这只是表达量无限制地减小到零的一种方便的说法。

我们必须记住在无穷小演算中使用无穷小量所引起的反应。人们很快就意识到这些思想中神秘的、不可证明的东西,且常常产生一种偏见,认为微分学是一个特殊的哲学系统,它不可证明,只可信奉,或者直截了当地说,是一个骗局。在这个意义上的最热烈的批评者之一是哲学家贝克莱(G. Berkeley)主教,他在一本小书《分析学家》(*The Analyst*,伦敦,1734 年)中以滑稽的方式指责了他那个时代数

---

① 即欧几里得已知的号形角,这是非阿基米德量的例子。

学中所充斥的缺乏明晰性的情况。他声称他有同样的自由批评数学家据以批评宗教神秘性的种种数学原理及方法，于是对一切新的分析方法发动了猛烈的攻击，包括用流数以及用微分进行的运算。他得出结论说，整个分析的结构是模糊不清的，而且完全莫名其妙。

甚至直到现在，仍然有人持类似的观点，特别是在哲学界。这或许是由于他们只了解微分运算，而对最近发展起来的严格的极限方法还不全面了解。作为一个例子，请让我引用 19 世纪 60 年代出版的、鲍曼（Baumann）著的《空间、时间和数学》（*Raum，Zeit und Mathematik*）中的一段话："因而我们放弃莱布尼茨赋予微分运算的逻辑及形而上学的依据，但是不愿触及微分运算本身。在我们看来，它是被实践证明有用的巧妙的发明，是一种技巧而不是一门科学。它不能按逻辑建立起来。它不是由普通数学的要素推导出来的……"[①]

这种对微分学的反对态度，从拉格朗日 1797 年发表的《解析函数论》里也可以看出。他不仅想从理论中清除无穷小量，而且想清除一切极限过程。他只讨论能用幂级数表达的函数

$$f(x) = a_0 + a_1 x + a_2 x^2 + a_3 x^3 + \cdots,$$

而形式地定义"导函数 $f'(x)$"（他很有特色地避免使用微商这个词和符号 $\dfrac{\mathrm{d}y}{\mathrm{d}x}$）为新的幂级数

$$f'(x) = a_1 + 2a_2 x + 3a_3 x^2 + \cdots。$$

就是说，他用"导数学"来代替"微分学"。

当然，这种办法并不总是行得通。首先，如我们曾指出的，这里

---

① 鲍曼，第 2 卷，第 55 页，柏林，1869 年。

用的函数的概念太狭隘。此外,这种形式的定义,使我们不可能对导数的性质有更深入的理解。而且,这种定义完全不考虑我们说的"心理上的活动"。对于为什么要对用这种特殊的方法求得的级数感兴趣,完全未作解释。最后,只有完全不考虑级数的收敛性,不考虑级数在什么误差范围内可以用有限项的和来代替的问题,才能一点也不想到极限过程。可是这些问题对于上述级数的实际应用,当然是很重要的。一考虑这些关键问题,就必然要求助于极限概念。然而避免这个概念,又正是发明这个体系的目的。

关于微积分的基础,有不同的意见。说说这些意见的不同处也许是合适的,因为即使现在,意见的分歧也已超出专业数学家的小圈子。我认为,我们往往能从中找到理解的初步条件,这就又要讲到我们在讲算术基础时提出的一些非常相似的考虑(见第一部分"整数运算的逻辑基础"第 4 点)。在数学的每一个分支里,人们必须截然区分下述两件事:其一,它的结构的内部逻辑相容性;其二,将它的那些公理化地或者说是任意地表述的概念和定理应用于外部的或内部的感性认识的对象上去。康托尔提到整数时就对"固有的真实性"和"暂时的真实性"作了区分。① 前者是指整数的逻辑定义性,后者是指可应用于具体事物。以无穷小演算而论,第一个问题已用极限的概念(以逻辑上完整的方式建立起来的那些理论)完全解决了。第二个问题完全属于知识论的范畴,数学家的贡献仅在于精确地加以表达,把第一部分同它区分出来并加以解决。没有一种纯数学工作按其本质来说能对直接解决第二部分问题有所贡献(见第一部分"整数运算的逻辑基础"第 4 点)。在无穷小演算的基础方面,这两个完全不同范畴的问题还没有很明确地区分开来。有关的一切争论,就是

---

　　① 见《数学年刊》第 21 卷(1883 年),第 562 页。

在这种不利的条件下艰难地进行着的。事实上,这里的第一部分,即纯数学部分,已完全和数学的其他分支一样确立起来了。困难在于第二部分,即哲学部分。朝着这个方向进行的那些研究,由于这些考虑而具有重大的价值;但是,那些研究绝对必须依赖关于第一个问题的纯数学研究所取得的精确知识。

最后,我必须对无穷小分析的发展作一简短的历史性回顾,以结束这一节。当然,我不得不以强调最重要的指导概念为限。这个简短的历史性回顾自然应当通过对当时的全部文献进行彻底研究而扩大。你们可以在马克斯·西蒙在 1896 年法兰克福自然科学家大会上所作的报告《论微分学的历史和哲学》("Zur Geschichte und Philosophic der Differentialrechnung")中找到许多有趣的资料。

如果我们最终考察一下中学教学中对待无穷小分析的态度,我们也会看到历史发展过程在那里有一定程度的反映。在早些年代,那些教无穷小分析的学校,对建立在极限方法基础上的严格科学结构绝无清楚的概念。至少从教科书上也可以看出这一点,学校教学无疑也反映出这个问题。极限方法至多以含糊的方式冒出来,而无穷小量演算却成了主体,有时拉格朗日意义上的微分运算也成了主体。当然,这种教学方法不仅缺乏严格性,而且难以理解。因此对中学里教无穷小演算最终产生明显的反感,就是显而易见的事了。在 19 世纪 70 年代和 80 年代,德国官方甚至命令在"真正的学院"里也禁止这种教学,更说明对此的反感达到了顶点。

事实上,这并未完全防止(我前面已指出过)在必须用到的地方使用极限方法,人们在中学里只是避免使用这个名称,甚至有时以为是在教别的什么东西。这里,我仅提出 3 个例子,你们当中大多数人在回忆上中学时的情形时会想起这些例子来的。

（a）通过内接和外切正多边形对圆面积和周长进行众所周知的

近似计算，显然只不过是一个积分。古代就已使用过这个方法，尤其是阿基米德用过这个方法。事实上，正因为它是经典的，所以至今仍保留在中学教学中。

（b）物理教学，特别是力学教学，必然要涉及速度和加速度概念。在包括自由落体定律在内的各种推导中，也一定要用到这些概念。但这些定律的推导，实质上相当于用函数 $z = \frac{1}{2}gt^2 + at + b$ 来表示微分方程 $z'' = g$ 的积分，其中 a, b 是积分常数。由于物理教学的压力，中学里必须解决这个问题，因此或多或少要用到严格的积分方法，当然也经过了伪装。

（c）在德国北部的许多中学中，要按所谓舍尔巴赫（Schellbach）方法教最大最小值理论。根据这个方法，令

$$\lim_{x \to x_1}\left(\frac{f(x) - f(x_1)}{x - x_1}\right) = 0,$$

以便求得函数 $y = f(x)$ 的极值。这正是微分学的方法，只是没有用微商这个词。舍尔巴赫之所以用上面的表达式，仅仅是因为不许在中学里教微分学，但他不想丢掉这个重要的概念。他的学生原封不动地把这种教法接了过来，并用他的名字来称呼这种方法。结果，费马、莱布尼茨和牛顿所采用的方法，都以舍尔巴赫的名义摆在学生的面前。

最后，让我指出对我们这种改革趋势的态度。在目前德国及其他地方，特别是法国，这种改革的声势越来越大，我们希望它将控制以后几十年的数学教学。我们希望，用符号 $y = f(x), \frac{\mathrm{d}y}{\mathrm{d}x}, \int y \mathrm{d}x$ 所表达的那些概念，能以这些符号的形式为学生所熟悉，不是作为一项新的抽象的科目，而是作为整个教学的一个有机部分；学生从最简单的例子开始，慢慢地前进。例如，在教十四五岁的学生时，可以从处理函数 $y = ax + b(a, b$ 为给定的数）和 $y = x^2$ 开始，在坐标纸上画出

它们的图像,使斜率和面积的概念慢慢地发展。但必须坚持用具体的例子来说明。在随后的 3 年里,可将这些知识收集到一起,作为一个整体来处理,学生最后可能会完全掌握无穷小演算的初步知识。关键是要对学生讲清楚,他们所学的不是什么神秘的东西,而是任何人都能懂的简单事情。

这种改革的迫切性在于,它涉及一些非常重要的数学概念,今天每个数学应用领域都完全受到这些概念的控制,没有它们,大学里的所有学习,甚至实验物理里的最简单的学习,也会成为无本之木。我就只作这些提示,主要是因为这个问题已经在我和席马克合著的那本书里(见本书序)作了充分的讨论。

为了用某些具体内容来补充这些一般的考虑,我现在准备讨论无穷小演算中一个特别重要的主题。

9.2　泰勒定理

在这里我将用与处理三角级数相似的方法来讲解,即从教科书里的一般处理方法出发,先提出很重要的有限级数,再用图形来促进直观的掌握。这种方法似乎非常初等,也容易理解。

我们从是否能用最简单的曲线,在短距离范围内,适当地逼近任意曲线 $y=f(x)$ 这个问题开始。最明显的是,在点 $x=a$ 的邻域内,用曲线的切线

$$y=A+Bx$$

来代替曲线。正像在物理学和其他应用领域中常常舍去在级数展开式中独立变量的高次幂一样(图 9.8)。类似地,通过使用二次、三次等抛物线

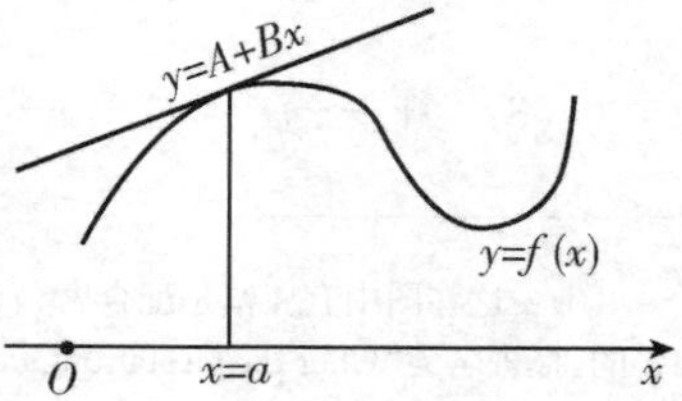

图 9.8

$$y = A + Bx + Cx^2,$$
$$y = A + Bx + Cx^2 + Dx^3, \cdots$$

或用分析术语说,用高次多项式来取得较好的逼近。使用多项式是特别适当的,因为便于计算。我们将给所有这些抛物线一个特殊位置,以使它们在点 $x=a$ 处尽可能靠近曲线,即令它们成为密切抛物线。因此二次抛物线不仅在纵坐标,而且在一阶、二阶导数上均和 $y=f(x)$ 一致(即所谓"密切")。简单的计算即可表明,n 次密切抛物线的解析表达式为

$$y = f(a) + \frac{f'(a)}{1}(x-a) + \frac{f''(a)}{1 \cdot 2}(x-a)^2 + \cdots$$

$$+ \frac{f^{(n)}(a)}{1 \cdot 2 \cdots n}(x-a)^n \quad (n=1,2,\cdots),$$

而这些正是泰勒级数的前 $n+1$ 项和。

这些多项式是否代表有用的近似曲线以及近似到何种程度,我们将用类似于在三角级数中所用的某些试验方法开始研究。我给你们看看几个简单曲线的密切抛物线的图形,这些图形是席马克画的[①]。首先是对下列 4 个在 $x=-1$ 处都有奇点的函数,画出了它们在 $x=0$ 处的密切抛物线(图 9.9—图 9.12)。

(1) $\log(1+x) \approx x - \dfrac{x^2}{2} + \dfrac{x^3}{3} - \cdots$。

(2) $(1+x)^{\frac{1}{2}} \approx 1 + \dfrac{x}{2} + - \dfrac{x^2}{8} + \dfrac{x^3}{16} - \cdots$。

(3) $(1+x)^{-1} \approx 1 - x + x^2 - x^3 + \cdots$。

---

① 这些图中有 4 幅是配合席马克于 1908 年复活节哥廷根大学假期讲座上所作的报告的,报告名为"Über die Gestaltung des mathematischen Unterrichts im Sinne der neueren Reformideen",刊于 *Zeitschrift für den Mathematischen und naturwissenschaftlichen Unterricht*,第 39 卷(1908 年),第 513 页。也有单印本,莱比锡,1908 年。

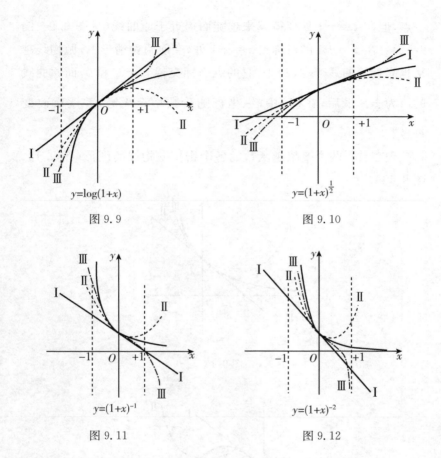

图 9.9 $y=\log(1+x)$

图 9.10 $y=(1+x)^{\frac{1}{2}}$

图 9.11 $y=(1+x)^{-1}$

图 9.12 $y=(1+x)^{-2}$

(4) $(1+x)^{-2} \approx 1-2x+3x^2-4x^3+\cdots$。

在区间$(-1,1)$中,随着阶数增加,抛物线越来越逼近原来的曲线;但在 $x=+1$ 的右边,它们时而在曲线的上方,时而在曲线的下方,令人注目地越来越离开原来的曲线。

在奇点 $x=-1$ 处,(1),(3),(4)中的原函数变成无穷,逐次抛物线的纵坐标也不断增大。在(2)中,图中所画这支原曲线在 $x=-1$ 处终止于一条垂直的切线,而所有抛物线都可延伸并超过这一点,但在 $x=-1$ 处变得越来越陡而逼近于原曲线(见图 9.9—图 9.12)。在 $x=-1$ 的对称点 $x=+1$ 处,在前两种情形下,抛物线越来越靠近原曲线。在(3)中,它的纵坐标交替等于 1 和 0,而原曲线的值为 $\frac{1}{2}$。最后,在(4)中,纵坐标随阶数增至无穷,并逐次改变符号。

现在看看两个整超越函数的各个密切抛物线的图形(图 9.13、图 9.14)。

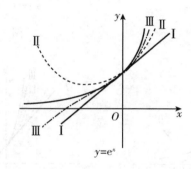

$$y=e^x$$

图 9.13

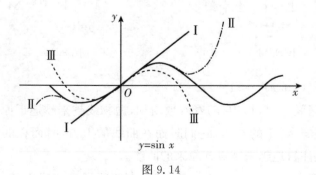

$$y=\sin x$$

图 9.14

(5) $e^x \approx 1 + \dfrac{x}{1!} + \dfrac{x^2}{2!} + \dfrac{x^3}{3!} + \cdots$。

(6) $\sin x \approx x - \dfrac{x^3}{3!} + \dfrac{x^5}{5!} - \dfrac{x^7}{7!} + \cdots$。

你们注意到,随着它们阶数增加,在越来越大的区间上,抛物线给出原来曲线的有用的近似。特别值得注意的是,在 $\sin x$ 的情形下,抛物线与正弦曲线一样具有越来越多的振荡。

我提醒你们注意,这些简单情况的图形,甚至对中学教学都是合适的素材。在有了这些经验的素材后,必须从数学角度来考虑它。第一个问题在于探讨 n 次密切抛物线与原曲线接近的程度。在实际应用中,这个问题至关重要。这意味着要对纵坐标估计余项,而与此自然相关联的是考察 n 趋向于无穷的过程。这条曲线能否精确地用无穷幂级数来表示。

关于余项

$$R_n(x) = f(x) - \left\{ f(a) + \frac{x-a}{1!} f'(a) + \cdots + \frac{(x-a)^{n-1}}{(n-1)!} f^{(n-1)}(a) \right\}$$

只需要提出一个最常见的定理就足够了。所有的书都给出了此定理的证明,稍后,我将回头来从较一般的观点讨论这个定理。这个定理是:在 a 和 x 之间存在一个 ξ,使 R_n 能表达成

$$R_n(x) = \frac{(x-a)^n}{n!} f^{(n)}(\xi) \quad (a < \xi < x)。$$

于是判断能否化为无穷级数的问题,现在归结为当 n 变成无穷时,R_n 是否以 0 为极限。

回到我们的例子,你们可以通过计算证明,在情况(5)和情况(6)下,无穷级数对所有 x 的值都收敛。在情况(1)—(4)中,级数在 -1 与 $+1$ 之间收敛于原函数,但在此区间之外,级数是发散的。对 $x = -1$,情况(2)的级数收敛于函数值,在(1),(3),(4)情况下,级数和函数的极限值都是无穷,所以可以说在此也收敛。但是当级数具有确定的无限极限时仍用收敛这种说法,是不合习惯的。最后考虑在

$x=+1$ 处的情况,这时前两例的级数收敛,后两例中的级数发散。所有这些完全和我们的图像一致。

　　现在可以考虑一个类似于我们在三角级数的讨论中曾经讨论过的问题,即关于逼近抛物线作为一个完整的曲线的极限位置问题。它们在 $x=\pm1$ 处当然不可能突然断开。对 $\log(1+x)$ 的情形,我为你们画出了极限曲线(图 9.15)。奇抛物线和偶抛物线有不同的极限位置(图中分别用点线和破折线表示),它们就是在 -1 和 $+1$ 之间的对数曲线以及垂直线 $x=+1$ 的相应上半部分和下半部分。其他 3 种情况类似。

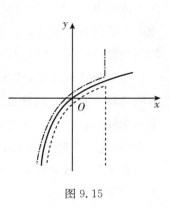

图 9.15

　　不转入复变量,泰勒级数的理论考虑就不完整。只有转到复变量上,人们才能理解,为什么在函数是完全解析的地方幂级数却突然不再收敛。事实上,在上述几个例子的情形下,人们可能满足于说,这些级数在右方不可能比在左方更远的地方收敛,而左边由于 $x=-1$ 为奇点,必然不再收敛。但这种理由对下面一类的情况却不适合,函数 $\tan^{-1}x$ 的一支对所有 x 都解析的泰勒展开式

$$\tan^{-1}x\approx x-\frac{x^3}{3}+\frac{x^5}{5}-\cdots$$

只在区间 $(-1,+1)$ 收敛,而密切抛物线交替地收敛于两个不同的极限位置(图 9.16)。在图 9.16 中,第一个极限位置由垂直线 $x=+1$,$x=-1$ 的长点线部分以及位于其间的反正切曲线组成。第二个极限位置,可从前者以垂线的点线部分取代长点线部分而得到。当我们取级数的奇数项时收敛于第一个极限曲线,取偶数项时收敛于第

二个。此图中，长点曲线代表 $y=x-\dfrac{x^3}{3}+\dfrac{x^5}{5}$，短点曲线代表 $y=x-\dfrac{x^3}{3}$。如果限于 x 的实数值并注意函数的性态，在完全正则的点 $x=\pm1$ 处突然停止收敛性是无法理解的。可以用收敛圆定理解释这种现象，这是柯西最漂亮的函数论成果之一。该定理说：如果解析函数 $f(x)$ 是单值时把它的奇

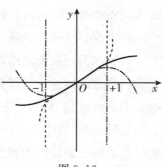

图 9.16

异点标在复平面上，如果 $f(x)$ 是多值时则标在黎曼曲面上，这时对应一个正则点 $x=a$ 的泰勒级数，以 a 为圆心而在内部没有奇点的最大圆内收敛（即至少有一个奇点在此圆周上）。在圆外的任何点，级数都不收敛（图 9.17）。

如你们所知，我们的例子 $\tan^{-1}x$ 有奇点 $x=\pm i$，于是，按 x 的幂展开的级数的收敛圆，是围绕 $x=0$ 的单位圆。因此在 $x=\pm1$ 处收敛性必然停止，因为从此以后实轴上的点超出了收敛圆（图 9.18）。

最后，关于级数在圆周上的收敛性，请你们参考我们在谈及幂级

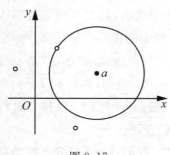

图 9.17

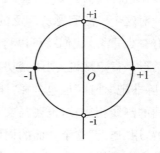

图 9.18

数和三角级数的联系时所作的论述。其收敛性依赖于函数的实部和虚部能否在必然存在奇异点的圆周上展开成收敛的三角级数。

我现在指出泰勒定理与插值问题和有限差分问题的联系,以便使泰勒定理的讨论进行得更生动活泼。这里同样涉及用抛物线逼近给定的曲线问题,但我们不再力图使抛物线在一点附近尽可能地适合,而是使它在许多指定的点与曲线相交。问题仍然是这个插值抛物线给出的近似程度如何? 在最简单的情形下,它归结于用割线而不是切线来代替曲线(图 9.19)。类似地,可使二次抛物线通过给定曲线的 3 点,使三次抛物线通过 4 点,等等。

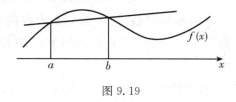

图 9.19

这是一种处理插值问题的自然的方法,经常会用到,例如在使用对数表时。在那种情况下,我们是假定对数曲线在两个给定的表值之间沿直线变化,并以众所周知的方法作"线性"插值,并借助差值表来简化这种插值。如果这种近似不够精确,我们就使用二次插值。

对这个一般问题从广泛的角度说明之后,只要令插值抛物线的所有交点重合,我们就可以将泰勒定理中的密切抛物线作为一个特殊情形。肯定地说,把用密切抛物线代替曲线说成"插值"是不恰当的,除非把"外插"也包含在"插值"问题中。例如,曲线不仅要与交点之间的割线相比较,也要与交点之外的部分相比较。从整个过程来理解,用"逼近"这个全面的词似乎比较合适。

现在我将给出最重要的插值公式。我们首先来确定与所给函数在点 $x = a_1, a_2, \cdots, a_n$ 相交,即它是在这些点的纵坐标为 $f(a_1)$,

$f(a_2),\cdots,f(a_n)$的$n-1$次抛物线（图 9.20）。如你们所知,这个问题可用拉格朗日插值公式

$$
\left.\begin{aligned}
y=&\frac{(x-a_2)(x-a_3)\cdots(x-a_n)}{(a_1-a_2)(a_1-a_3)\cdots(a_1-a_n)}\cdot f(a_1)\\
&+\frac{(x-a_1)(x-a_3)\cdots(x-a_n)}{(a_2-a_1)(a_2-a_3)\cdots(a_2-a_n)}\cdot f(a_2)\\
&+\cdots
\end{aligned}\right\} \quad (1)
$$

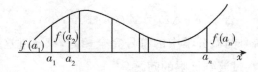

图 9.20

解决,这个公式包含具有因子$f(a_1),f(a_2),\cdots,f(a_n)$的$n$项。分子逐项地缺少因式$(x-a_1),(x-a_2),\cdots,(x-a_n)$。很容易验证此公式的正确性。因为组成$y$的每一项都是$x$的$n-1$次多项式,因而$y$也是$x$的$n-1$次多项式。如令$x=a_1$,则除第一项分式化成 1 外,其余各项均为 0,故有$y=f(a_1)$。类似地,对$x=a_2$有$y=f(a_2)$,等等。

由这个公式,通过特殊化,很容易推出常常被称为牛顿公式的结果,即横坐标$a_1,\cdots,a_n$为等距的情况（图 9.21）。由于在这种情况下

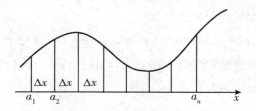

图 9.21

使用有限差分计算符号更为有利,我们首先来介绍它。

设 Δx 为 x 的任意增量,令 $\Delta f(x)$ 表示 $f(x)$ 的对应增量,因而
$$f(x+\Delta x)=f(x)+\Delta f(x),$$
因为 $\Delta f(x)$ 也是 x 的函数,当我们再给 x 以增量 Δx 时,它又有有限差分,称为二阶差分 $\Delta^2 f(x)$,即有
$$\Delta f(x+\Delta x)=\Delta f(x)+\Delta^2 f(x)。$$
同样地,有
$$\Delta^2 f(x+\Delta x)=\Delta^2 f(x)+\Delta^3 f(x),$$
等等。这个符号与微分学中的符号完全相同,只不过这里讲的是有限量,而不存在过渡到极限的问题。

从上面的差分定义立即可以推出 $f(x)$ 在相继的等距离处之值:

$$
\begin{cases}
f(x+\Delta x) = f(x)+\Delta f(x),\\
f(x+2\Delta x) = f(x+\Delta x)+\Delta f(x+\Delta x)\\
\qquad\qquad = f(x)+2\Delta f(x)+\Delta^2 f(x),\\
f(x+3\Delta x) = f(x+2\Delta x)+\Delta f(x+2\Delta x)\\
\qquad\qquad = f(x)+3\Delta f(x)+3\Delta^2 f(x)+\Delta^3 f(x),\\
f(x+4\Delta x) = f(x)+4\Delta f(x)+6\Delta^2 f(x)+4\Delta^3 f(x)\\
\qquad\qquad +\Delta^4 f(x)。
\end{cases}
\tag{2}
$$

这个表还可延续下去,在各等距点的值,由在初始点的逐次差分附上二项式系数作为因子来表达。

对 x 轴上 n 个等距点
$$a_1=a,a_2=a+\Delta x,\cdots,a_n=a+(n-1)\Delta x$$
的 $(n-1)$ 阶插值抛物线的牛顿公式,即在这些点与 $f(x)$ 的纵坐标相同的插值抛物线的表达式为

$$y=f(a)+\frac{(x-a)}{1!}\cdot\frac{\Delta f(a)}{\Delta x}+\frac{(x-a)(x-a-\Delta x)}{2!}\cdot\frac{\Delta^2 f(a)}{(\Delta x)^2}$$

$$+\cdots$$

$$+\frac{(x-a)(x-a-\Delta x)\cdots(x-a-(n-2)\Delta x)}{(n-1)!}\cdot\frac{\Delta^{n-1}f(a)}{(\Delta x)^{n-1}}\text{。} \tag{3}$$

这是 x 的一个 $n-1$ 次多项式。当 $x=a$ 时化为 $f(a)$，当 $x=a+\Delta x$ 时，除前两项外，其余均变为零，因而剩下 $y=f(a)+\Delta f(a)$，而根据 (2)式，它等于 $f(a+\Delta x)$，等等。因此(3)式产生了在所有 n 个位置都取正确值的多项式。

如果想实际应用这个插值多项式，必须知道用它来表示 $f(x)$ 的正确性，即必须有可能去估计余项。柯西在 1840 年给出了这个公式[1]，我愿在此推导如下。从更一般的拉格朗日公式出发，设 x 是 $a_1,a_2,\cdots,a_n$ 之间或之外的任何值（插值或外插）。用 $P(x)$ 表示由公式给出的插值多项式，用 $R(x)$ 表示余项

$$f(x)=P(x)+R(x)\text{。} \tag{4}$$

根据 $P(x)$ 的定义，余项 R 在 $x=a_1,a_2,\cdots,a_n$ 处为零，因此有

$$R(x)=\frac{(x-a_1)(x-a_2)\cdots(x-a_n)}{n!}\psi(x)\text{。}$$

把因子 $n!$ 提出来是很方便的。于是，与泰勒级数余项完全类似，可知 $\psi(x)$ 等于 $f(x)$ 的 n 阶导数在 $n+1$ 个点 $a_1,a_2,\cdots,a_n,x$ 之间的某处 $x=\xi$ 之值。如果考虑到当 $f^{(n)}(x)=0$ 时，$f(x)$ 是一个多项式，那么关于 $f(x)$ 和 $n-1$ 次多项式的偏离程度依赖于函数 $f^{(n)}(x)$ 的全部性质，这一论断就有说服力了。

关于余项公式的证明，我们推导如下。令下式为新变量 z 的函数：

---

[1] *Comptes Rendus*，第 11 卷，第 775—789 页。《全集》，第 1 辑第 5 卷，第 409—424 页，巴黎，1885 年。

$$F(z)=f(z)-P(z)-\frac{(z-a_1)(z-a_2)\cdots(z-a_n)}{n!}\psi(x),$$

其中 x 为在 $\psi(x)$ 内的一个参量。因为 $P(a_1)=f(a_1)$，$P(a_2)=f(a_2)$，$\cdots$，$P(a_n)=f(a_n)$，所以，$F(a_1)=F(a_2)=\cdots=F(a_n)=0$。因为当 $z=x$ 时，最后一项化为 $R(x)$，因而右端此时为 0，故 $F(x)=0$。因此，我们知道 $F(z)$ 有 $n+1$ 个零点 $z=a_1,a_2,\cdots,a_n,x$。现在对其应用推广的中值定理，这是通过反复使用普通中值定理而得出的，即若具有 n 阶导数的连续函数在 $n+1$ 个点为零，则在包含所有零点的区间内至少有一点，使其 n 阶导数为零。因此，如果 $f(z)$ 有 n 阶连续导数，从而 $F(z)$ 也有 n 阶连续导数，则在 $a_1,a_2,\cdots,a_n,x$ 的两端值之间必然存在值 ξ，使得

$$F^{(n)}(\xi)=0。$$

但我们有

$$F^{(n)}(z)=f^{(n)}(z)-\psi(x),$$

因为 $n-1$ 次多项式 $P(z)$ 的 n 阶导数为 0，而最后一项只有最高次项 $\frac{z^n\psi(x)}{n!}$ 的 n 阶导数不为零。因此，最后得

$$F^{(n)}(\xi)=f^{(n)}(\xi)-\psi(x)=0 \text{ 或 } \psi(x)=f^{(n)}(\xi)。$$

此即所要证明的。

我们将带余项的牛顿插值公式表达如下

$$\begin{aligned}f(x)=&f(a)+\frac{x-a}{1!}\cdot\frac{\Delta f(a)}{\Delta x}\\&+\frac{(x-a)(x-a-\Delta x)}{2!}\cdot\frac{\Delta^2 f(a)}{(\Delta x)^2}+\cdots\\&+\frac{(x-a)\cdots[x-a-(n-2)\Delta x]}{(n-1)!}\cdot\frac{\Delta^{(n-1)}f(a)}{(\Delta x)^{n-1}}\\&+\frac{(x-a)\cdots[x-a-(n-1)\Delta x]}{n!}f^{(n)}(\xi),\end{aligned}\tag{5}$$

其中 ξ 是包含 $n+1$ 个点 $a, a+\Delta x, a+2\Delta x, \cdots, a+(n-1)\Delta x, x$ 的区间内的一个值。事实上,公式(5)在应用中是不可缺少的。我们已提到使用对数表时用到线性插值。设 $f(x)=\log x$,且 $n=2$,从式(5)可得

$$\log x = \log a + \frac{x-a}{1!} \cdot \frac{\Delta \log a}{\Delta x} - \frac{(x-a)(x-a-\Delta x)}{2!}\frac{M}{\xi^2}。$$

由于 $\mathrm{d}^2 \frac{\log x}{\mathrm{d}x^2} = -\frac{M}{x^2}$,其中 M 是对数系的模数,因此,我们有了在对数表里对 a 与 $a+\Delta x$ 之间作线性插值时可能产生的误差的表达式。此误差的符号按 x 在 a 与 $a+\Delta x$ 之间或在此区间之外而不同。每个需要用对数表的人都应该真正学会这个公式。

我不打算在应用上多说,只提醒你们注意在牛顿插值公式和泰勒公式之间的显著类似之处。这种类似有一个基本原因。由牛顿公式很容易精确推出泰勒定理,这相应于插值多项式求极限后,就变为密切多项式。因此,若保持 x, a 和 n 固定,而令 Δx 趋于 0,则因为 $f(x)$ 有 n 阶导数,(5)式中的 $n-1$ 个差商变成各阶导数:

$$\lim_{\Delta x \to 0} \frac{\Delta f(a)}{\Delta x} = f'(a), \lim_{\Delta x \to 0} \frac{\Delta^2 f(a)}{\Delta x^2} = f''(a), \cdots。$$

在(5)式的最后一项中,随 Δx 的减小,ξ 可能改变。但是,由于右端所有其他项均有确定的极限,而在极限过程中,左端有固定值 $f(x)$,故 $f^{(n)}(\xi)$ 必然收敛于一个确定值。又因 $f^{(n)}(x)$ 的连续性,所以此值必然是函数在 a 与 x 之间某处之值。如果仍用 ξ 表示这个位置,则得

$$f(x) = f(a) + \frac{x-a}{1!}f'(a) + \cdots + \frac{(x-a)^{n-1}}{(n-1)!}f^{(n-1)}(a)$$
$$+ \frac{(x-a)^n}{n!}f^{(n)}(\xi) \quad (a < \xi < x)。$$

因此,对带余项的泰勒定理得到了一个完全的证明,同时使它在插值

理论中占据了一个合理的位置。

　　我个人认为,这种证明法是泰勒定理最好的求证法,它使泰勒定理与一些十分简单的问题广泛地联系起来,并提出了一个过渡到极限的自然途径。但熟知这些事情的数学家并不这么想(值得注意的是,许多人,甚至包括许多教科书的作者,都不了解以上道理)。他们习惯于板起面孔对待过渡到极限的问题,宁愿直接证明泰勒定理而不把它和有限差分计算联系起来。

　　然而,作为一个历史事实,我必须强调泰勒定理确实是起源于有限差分计算的。我曾说过,布鲁克·泰勒在他的《增量方法》(*Methodus incrementorum*)中首先发表了此定理。[1] 他首先推导了牛顿公式,当然是不带余项的,然后令 $\Delta x = 0$ 和 $n = \infty$,从而由牛顿公式的前面若干项正确地得到他的新级数的前面若干项:

$$f(x) = f(a) + \frac{x-a}{1!} \cdot \frac{\mathrm{d}f(a)}{\mathrm{d}a} + \frac{(x-a)^2}{2!} \cdot \frac{\mathrm{d}^2 f(a)}{\mathrm{d}a^2} + \cdots。$$

按同样法则把这个级数推导下去,对他来说似乎是不言而喻的,他既未考虑过余项,也未考虑过收敛性。由此过渡到极限,实在是大胆之极。前面一些项中只出现 $x-a-\Delta x, x-a-2\Delta x, \cdots$ 不会有什么困难,因为 Δx 的有限倍数随 Δx 一起趋向于零。但随着 n 的增加,项数也越来越多,从而给出了 k 越来越大的因式 $x-a-k\Delta x$,没有理由仍用同样方法处理这种情况并假定它们变成一个收敛级数。

　　这里,泰勒和莱布尼茨学派的人一样,实际上是在毫不怀疑的情况下作了无穷小量(微分)运算。有趣的是,尽管他在牛顿眼里不过是一个 29 岁的年轻人,他却脱离了牛顿的极限方法。

　　关于泰勒定理的全部发展经过,你们可以在阿尔弗雷德·普林

---

[1]　伦敦,1715 年,第 21—23 页。

斯海姆(Alfred Pringsheim)的专论《泰勒定理的历史》(*Zur Ge-schichte des Taylorschen Lehrsatzes*)[1]中找到极好的批评分析。

我愿意在这里讲讲泰勒级数和麦克劳林级数之间通常的差别。众所周知,许多教科书把 $a=0$ 的泰勒级数的特殊情况

$$f(x)=f(0)+\frac{x}{1!}f'(0)+\frac{x^2}{2!}f''(0)+\cdots$$

称为麦克劳林级数,而且许多人可能认为这个区别是重要的。然而,任何一个了解情况的人都认为这个区别在数学上是相对无关紧要的。但许多人并不了解,从历史上来考虑,这个区分纯粹是误解。因为泰勒毫无疑问已先用上述方法推导了他的一般定理,而且在《增量方法》一书后面的某处(该书第 37 页),他强调了 $a=0$ 时的特殊情形,并指出他可以用现今称为待定系数法的方法直接推出。而后,麦克劳林于 1742 年在他的《流数论》中把这个推导方法拿了过去,[2]他明确地引用了泰勒的推导,并未声称有何创新。但他的引用似乎没有被当回事,于是麦克劳林就似乎被当作发明定理的人了。这类张冠李戴的事是常有的。后来人们追溯到泰勒,才把这个一般定理命名为泰勒定理。但是这类根深蒂固的讹误,即使不是不可能纠正,也是很难纠正的,人们顶多只能在一小圈对掌故有兴趣的人中讲讲实情而已。

下面我要发点一般性的议论,以补充对无穷小演算的讨论。

9.3 历史的与教育学上的考虑

首先我要提醒你们,泰勒建立的差分法和微分学之间的联系,保

---

① 阿尔弗雷德·普林斯海姆,《数学丛书》第 1 卷(1900 年)第 3 分册,第 433—479 页。
② 爱丁堡,1742 年,第 2 卷,第 610 页。

持了很长一段时间。这两个分支总是并肩发展的，在欧拉的解析展开里还是如此，微分学公式仍作为差分学里初等关系的极限情形而出现。首先打破这种自然联系的是前面常常提到的拉格朗日导数学的形式定义。我愿向你们介绍一本 18 世纪末拉克鲁瓦（Lacroix）编的一本书，书名为《微分学与积分学》（*Traité du Calcul Différentiel et du Calcul Intégral*）。这本书紧接着拉格朗日，把当时所有的关于无穷小演算的知识都汇集在一起了。[①] 作为反映该书特色的一个典型例子，让我们来看一下书中（第 1 卷，第 145 页）的导数定义：一个函数 $f(x)$ 由一个幂级数来确定。利用二项式定理（重新排列各项），得

$$f(x+h) = f(x) + hf'(x) + \frac{1}{2}h^2 f''(x) + \cdots,$$

著者将幂级数的一次项记为 $\mathrm{d}f(x)$，用 $\mathrm{d}x$ 表示 h，于是他得到他称为微分系数的导数

$$\frac{\mathrm{d}f(x)}{\mathrm{d}x} = f'(x)。$$

由此可知，这个式子的推导方式是非常肤浅的，即使表面上看无懈可击。在这些思想范围内，著者当然不可能把差分法作为出发点。然而由于他认为这个分支在实用中十分重要，不可忽略，因此他采用了独立发展这个分支的手段。他在第 3 卷中十分彻底地做到了这一点，但根本没有把这个分支同微分学联系起来。

这个"大本拉克鲁瓦"作为 19 世纪出版的许多无穷小演算教程的依据，有着重要的历史意义。在这些第一流的教材里，我要提到拉克鲁瓦自己写的教科书"小本拉克鲁瓦"[②]。

从 19 世纪 20 年代以来，教科书都强烈地受到柯西的极限方法

---

① 3 卷本，巴黎，1797—1800 年，后又多次重版。

② *Traité Elémentaire du Calcul Différentiel et Intégral*，两卷本，巴黎，1797 年。

的影响。柯西把极限方法提到了一个光荣的地位。我们首先想到的是许多法国教科书,其中大多数——例如《分析教程》(*Cours d'analyse de l'Ecole Polytechnique*)——是大学教材。德国的教材都直接或间接地以法国教材为蓝本,只有施勒米尔希(Schlömilch)的教本是例外。在长长的书单中,我只挑出塞雷的《微分与积分教程》(*Cours de Calcul Différentiel et Intégral*)来谈一谈。这本书于1869年首版于巴黎,后于1884年由阿历克斯·哈纳克译成德文,从此成为使用最广的教科书之一。它经过一大批修订者之手,内容有些杂乱。但1906年后的版本经过夏洛滕贝格的 G. 舍费尔斯的彻底修订,成了一部比较统一的著作。[1] 我也很愿意提到一本全新的法文书——古尔萨(E. Goursat)著的 3 卷本《数学分析教程》(*Cours d'analyse Mathématique*)[2],这本书在很多方面比塞雷的书充实,尤其是其中包含很多完全属于现代进展的内容。而且,这本书可读性很强。

在最近出的所有教材中,导数和积分完全建立在极限概念之上,对差分法或插值问题一句也没有提。或许按这个方法,人们可以把问题看得更清楚些,但从另一个方面来说,视野太窄了些,好像我们在用一台显微镜看东西一样。差分学现在已全部交给了实用的计算者,特

---

① 自 1906 年后署名 J. A. 塞雷及 G. 舍费尔斯合著,书名为 *Lehrbuch der Differential- und Integralrechnung*,第 1 卷第六版,莱比锡,1915 年;第 2 卷第六、七版;第 3 卷第五版,1914 年。

② 巴黎,1902—1907 年,第 1 卷第三版,1917 年;第 2 卷第三版,1918 年;第 3 卷第二版,1915 年。第 1 卷由 E. R. 赫德里克(E. R. Hedrick)译成英文,出版于 1904 年,吉恩出版股份公司;第 2 卷由 E. R. 赫德里克与 O. A. 丹凯尔(O. Dunkel)合译,1916 年由吉恩出版股份公司出版。

别是天文学家,但数学家已不愿接受它了。我们希望将来有所改变。①

作为无穷小演算讨论的总结,我愿意再次强调我的与教科书里的习惯做法有 4 个特别不同的观点:

(1) 借助图形(在傅里叶和泰勒级数里用逼近曲线)来说明抽象的思想。

(2) 强调与相邻领域的关系,诸如与差分法、插值的关系,最后是和哲学研究的关系。

(3) 强调历史的发展。

(4) 展出一些普及著作的样本,以说明受到这些著作影响的大众观念与受过专门训练的数学家的观念的差异。

我认为我们(尤其是未来的教师)应认真考虑这 4 点,这是极其重要的。你们一开始执教,就会面临那些流行的观点。如果缺乏辨别能力,如果没有掌握数学的直观成分以及它与邻近领域的重要关系,如果不了解历史的发展,你们的脚跟就站不稳。那样的话,你们或者会退缩到最现代的纯粹数学的阵地上,不能为中学生所接受,或者屈服于攻击,放弃你们在大学里学的东西,甚至任由你们的教学内容淹没在传统的习惯之中。我常常谈的中学和大学教学的不衔接,在无穷小演算这个领域中最严重。我希望我的话有利于改变这种互相脱节的现象,也许能为你们的教学提供一些有用的方法。

我在此结束关于常规分析的讨论。通过附录部分,我将讨论我曾偶然提及的现代数学的若干理论。我想,作为一名教师,对此应有所知。

---

① 为了有一个开端,我促请弗里森多夫(Friesendorff)及普吕姆(Prüm)把马尔柯夫(Markoff)的《微分学》译成了德文(莱比锡,1896 年),在《百科全书》中有一系列文章。诺伦德(Nörlund)新出了一本《微分学》(柏林,施普林格出版社,1924 年),这本书是用新观点写的。

附　录

Ⅰ. 数 e 和 π 的超越性

我要讨论的第一个主题是数 e 和 π,特别是我希望证明它们是超越数。

从古代开始人们就对以几何形式出现的 π 产生了兴趣。甚至在那时,人们就已将它的近似计算和它的严格理论构造问题区分开来,并为两个问题的解决打下了一定的基础。在第一个问题方面,阿基米德借助于内接和外切多边形逼近圆的方法取得了实质性的进展。第二个问题不久就集中到是否能用直尺和圆规作出 π 来。所有方法都试过了,但人们没有怀疑过不断失败的原因是由于作图的不可能性。某些早期的尝试已由鲁迪奥[①]汇集发表了。化圆为方的问题仍然是最受关注的问题之一,正如我已提到的,许多人企图自寻出路以求解决这个问题,而不知道或者不相信,现代科学早已回答了这个问题。

事实上,这些古老的问题今天早已完全解决。人们有时倾向于怀疑人类的知识是否真正能向前发展,在某些领域内,这个怀疑可能

[①]　鲁迪奥, *Der Bericht des Simplicius über die Quadraturen des Antiphon und Hippokrates*,莱比锡,1908 年。

是正确的。但在数学上,我有一个例子说明确实不必怀疑。

以上问题的现代解法的基础,可以从牛顿和欧拉之间的时期说起。对 π 进行近似计算的有力工具是无穷级数,它可以按所需的准确度进行计算。最精心的结果是英国人尚克斯(W. Shanks)获得的结果,他把 π 计算到了 707 位。[①] 可以把这一壮举当作运动员热衷于打破纪录一样的行动,因为任何应用都不会要求这样的准确度。

在理论方面,我们发现在同一时期,开始了对自然对数的底即数 e 的研究。著名的关系式 $e^{i\pi} = -1$ 已被发现,在积分学中已研究出了最终解决圆的求积(即化圆为方)问题的至关重要的方法。解决此一问题的关键步骤是埃尔米特(Hermite)在 1873 年证明了 e 的超越性[②]。他未能证出 π 的超越性。这件事是由林德曼(F. Lindemann)在 1882 年完成的。[③]

这些结果是对上述古典问题的本质推广。以前只关心用圆规、直尺作出 π,从分析的角度看,相当于用有限次开平方根和有理数来表示 π 的问题。但现代的结果不限于证明这种表示的不可能性,而是证明了更深刻的结果,即 π(和 e 一样)是超越数,它不满足任何整数系数的代数关系。换句话说,e 和 π 都不可能是一个整数系数方程式

$$a_0 + a_1 x + a_2 x^2 + \cdots + a_n x^n = 0$$

的根,不论 $a_0, \cdots, a_n$ 和次数 n 取得多大。系数是整数这一点是关键的。当然说分数也行,因为乘以公分母可将系数变为整数。

---

① 尚克斯,参阅韦伯和韦尔施泰因教科书,第 1 卷,第 523 页。

② 埃尔米特:*Comptes Rendus* 第 77 卷,1873 年,第 18—24,74—79,226—233,285—293 页,或其《全集》第 3 卷,1912 年,第 150 页。

③ *Sitzungsberichte der Berliner Akademie*,1882 年,第 679 页,以及《数学年刊》第 20 卷,1882 年,第 213 页。

我们现在用希尔伯特在 1893 年《数学年刊》第 43 卷中所给出的简化方法,证明 e 的超越性。我们将指出,假设存在等式

$$a_0 + a_1 e + a_2 e^2 + \cdots + a_n e^n = 0 \quad (其中 a_0 \neq 0), \qquad (1)$$

其中 $a_0, a_1, \cdots, a_n$ 是整数,那么将导致矛盾。证明只用到整数的最简单性质。从数论上说,只用到可除性的最初等的定理,具体来说,用到整数的质因子分解的唯一性,以及质数的个数是无穷的这两点。

证明的方案如下。我们要建立一个方法,使能用有理数特别好地逼近 e 和 e 的幂,使得我们有

$$e = \frac{M_1 + \varepsilon_1}{M}, e^2 = \frac{M_2 + \varepsilon_2}{M}, \cdots, e^n = \frac{M_n + \varepsilon_n}{M}, \qquad (2)$$

其中 $M, M_1, M_2, \cdots, M_n$ 是整数,$\frac{\varepsilon_1}{M}, \frac{\varepsilon_2}{M}, \cdots, \frac{\varepsilon_n}{M}$ 是非常小的正的纯小数。于是,在乘以 M 后,方程(1)化成

$$(a_0 M + a_1 M_1 + a_2 M_2 + \cdots + a_n M_n) +$$
$$(a_1 \varepsilon_1 + a_2 \varepsilon_2 + \cdots + a_n \varepsilon_n) = 0。 \qquad (3)$$

第一个括号内是整数,我们将证明它不是零。至于第二个括号,我们将证明可使 $\varepsilon_1, \varepsilon_2, \cdots, \varepsilon_n$ 充分小,成为一个正的纯小数。于是得出不为零的整数 $a_0 M + a_1 M_1 + \cdots + a_n M_n$ 加上一个纯小数 $a_1 \varepsilon_1 + \cdots + a_n \varepsilon_n$ 成为零的矛盾结论,这就表明(1)式是不可能的。

在刚才我已概述的讨论过程中,我们将用到"如果一个整数不能被确定数整除,则此整数不可能为零"这个定理(因为零可被每个数整除)。也就是说,我们将证明 $M_1, \cdots, M_n$ 可被某质数 P 整除,但 $a_0 M$ 没有因子 P,于是 $a_0 M + a_1 M_1 + \cdots + a_n M_n$ 不可能被 P 整除。因此不等于零。

实现上述证明的主要工具是埃尔米特为此目的而发明的定积分,我们称之为埃尔米特积分。这个证明的关键在于它的结构。这

个定积分之值为正整数,并用来定义 M,

$$M=\int_0^\infty \frac{z^{p-1}\big[(z-1)(z-2)\cdots(z-n)\big]^p \mathrm{e}^{-z}}{(p-1)!}\mathrm{d}z, \tag{4}$$

其中 n 是所设方程(1)的次数,p 是一个稍后将确定的质数。将积分 $M\cdot\mathrm{e}^v$ 的积分区间在点 v 分开,并令

$$M_v=\mathrm{e}^v\int_v^\infty \frac{z^{p-1}\big[(z-1)(z-2)\cdots(z-n)\big]^p \mathrm{e}^{-z}}{(p-1)!}\mathrm{d}z, \tag{4a}$$

$$\varepsilon_v=\mathrm{e}^v\int_0^v \frac{z^{p-1}\big[(z-1)(z-2)\cdots(z-n)\big]^p \mathrm{e}^{-z}}{(p-1)!}\mathrm{d}z。 \tag{4b}$$

我们将得到所需的 $\mathrm{e}^v(v=1,2,\cdots,n)$ 的近似式(2)。

现在给出证明的细节。

(1) 我们从 Γ 函数理论开始的著名公式

$$\int_0^\infty z^{\rho-1}e^{-z}dz=\Gamma(\rho)$$

出发。我们只对整数值 ρ 用此公式。此时有 $\Gamma(\rho)=(\rho-1)!$,且将在这个限制下来推导它。如果在 $\rho>1$ 时对它进行分部积分

$$\int_0^\infty z^{\rho-1}\mathrm{e}^{-z}dz=(-z^{\rho-1}\mathrm{e}^{-z})\Big|_0^\infty+\int_0^\infty (\rho-1)z^{\rho-2}\mathrm{e}^{-z}dz$$

$$=(\rho-1)\int_0^\infty z^{\rho-2}\mathrm{e}^{-z}dz。$$

右端的积分除去 z 的指数降低了以外,和左边的形式完全一样。如果反复进行这个过程,因 ρ 是一个整数,最终必然得到 z^0;又因 $\int_0^\infty \mathrm{e}^{-z}\mathrm{d}z=1$,故可得

$$\int_0^\infty z^{\rho-1}\mathrm{e}^{-z}dz=(\rho-1)(\rho-2)\cdots3\cdot2\cdot1=(\rho-1)!。 \tag{5}$$

因此对于整数 ρ,这积分是一个随 ρ 而非常迅速增长的一个正整数。

　　为了从几何上阐明这个结果,我们画出不同的 ρ 值的曲线 $y=z^{\rho-1}e^{-z}$。积分值于是由曲线下伸延至无穷的面积来表示(附图 1)。ρ 越大,曲线在原点越靠拢 z 轴,但在越过 $z=1$ 的地方上升得很快。对所有 ρ 值,曲线在 $z=\rho-1$ 处有最大值。换句话说,随 ρ 增加,最大值发生在越来越右的地方。其值也随 ρ 增加。在最大值的右边,e^{-z} 起决定作用,因此曲线下降,逐渐逼近 z 轴。由此可知,此面积(我们的积分)总保持有限值,但随 ρ 的增加而迅速增大。

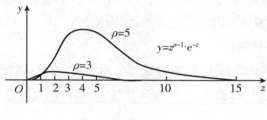

附图 1

　　(2) 利用这个积分,很容易求出埃尔米特积分的值。用二项式定理展开被积函数

$$[(z-1)(z-2)\cdots(z-n)]^p = [z^n+\cdots+(-1)^n n!]^p$$
$$= z^{np}+\cdots+(-1)^n(n!)^p,$$

其中只写出 z 的最高和最低次幂的项。积分变成

$$M=\frac{(-1)^n(n!)^p}{(p-1)!}\int_0^\infty z^{p-1}e^{-z}\,dz + \sum_{\rho=p+1}^{np+p}\frac{c_\rho}{(p-1)!}\cdot\int_0^\infty z^{\rho-1}e^{-z}\,dz.$$

c_ρ 是由二项式定理产生的整系数。现在可将公式(5)应用于每一个这样的积分,并求得

$$M=(-1)^n(n!)^p + \sum_{\rho=p+1}^{np+p} c_\rho \frac{(\rho-1)!}{(p-1)!}。$$

和式的下标 ρ 总是大于 p，因而 $\dfrac{(\rho-1)!}{(p-1)!}$ 是一个含 p 作为因子的整数，所以可以将 p 作为公因子提到整个和式之外

$$M=(-1)^n(n!)^p+p[c_{p+1}+c_{p+2}(p+1)$$
$$+c_{p+3}(p+1)(p+2)+\cdots]。$$

现在，就被 p 的可除性而论，M 的性质将取决于第一项 $(-1)^n(n!)^p$。因为 p 是质数，如果它不能整除 $1,2,\cdots,n$，则必然不能整除此项，而当 $p>n$ 时就是这种情况。因为质数有无穷个，所以可以有无限多个方式满足此条件，因而能使 $(-1)^n(n!)^p$，从而也使 M 不能被 p 整除。

再说 $a_0\ne0$。按上述，可以选择 p 也大于 $|a_0|$，从而使 a_0 不能被 p 整除。不过这样的话，a_0M 就不能被 p 整除，而这正是我们所要证明的。

(3)现在必须考察由(4a)式所定义的数 $M_v(v=1,2,\cdots,n)$。将因式 e^v 放入积分号内，并引入新的积分变量 $\zeta=z-v$，当 z 从 v 变到 ∞ 时，ζ 从 0 变到无穷大。我们有

$$M_v=\int_0^\infty\frac{(\zeta+v)^{p-1}[(\zeta+v-1)(\zeta+v-2)\cdots(\zeta+v-n)]^pe^{-\zeta}}{(p-1)!}d\zeta。$$

这个表达式的形式和前面对 M 的表达式完全相同，可以用同样的方法处理。如果将被积函数的因式乘开，将得到最低幂为 ζ^p 的一组整系数的 ζ 之幂，分子的积分于是成为下列积分的组合

$$\int_0^\infty\zeta^pe^{-\zeta}d\zeta,\ \int_0^\infty\zeta^{p+1}e^{-\zeta}d\zeta,\cdots,\ \int_0^\infty\zeta^{(n+1)p-1}e^{-\zeta}d\zeta。$$

而按(5)式，它们分别等于 $p!,(p+1)!,\cdots$，因而分子将是 $p!$ 乘以某个整数 A，故我们有

$$M_v = \frac{p!}{(p-1)!} A_v = p \cdot A_v \quad (v=1,2,\cdots,n)。$$

换句话说，每个 M_v 是一个能被 p 整除的整数。加上前面第二种情况所述的结果，即可证明 $a_0 M + a_1 M_1 + \cdots + a_n M_n$ 不能被 p 整除，因此不为零。

（4）证明的第二部分涉及和 $a_1 \varepsilon_1 + \cdots + a_n \varepsilon_n$，其中，按(4b)式有

$$\varepsilon_v = \int_0^v \frac{z^{p-1} \left[(z-1)(z-2)\cdots(z-n) \right]^p e^{-z+v}}{(p-1)!} dz。$$

必须证明，适当选择 p 后，可使 ε_v 变得任意小。为此，要利用可以使 p 任意大这个条件。因为至今加在 p 上的唯一条件是它必须是大于 n 也大于 a_0 的质数，这些条件可以用任意大的质数来满足。

我们来看被积函数的图形。在 $z=0$ 处它与 z 轴相切，但在 $z=1$，$2,\cdots,n$（在附图 2 里，$n=3$），因为 p 是奇数，它既与 z 轴相切，又与它相交。不久会看到，在分母中出现 $(p-1)!$，使得 p 很大时，在区间 $(0,n)$ 内曲线仅稍稍偏离 z 轴，因此有理由使得 ε_v 十分小。对 $z>n$，曲线上升而且渐近地趋向前面的曲线 $z^{\rho-1} e^{-z}$（$\rho=(n+1)p$），并最终逼近于 z 轴。正因如此，积分的值 M（该处是从 0 到 ∞ 取积分）随 p 而迅速增加。

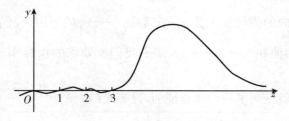

附图 2

在实际估计这些积分时,一个粗糙的近似就够用了。设 G 和 g_v 分别是函数 $z(z-1)\cdots(z-n)$ 和 $(x-1)(x-2)\cdots(z-n)\mathrm{e}^{-z+v}$ 在区间 $(0,n)$ 的绝对值的最大值

$$\left.\begin{array}{c}|z(z-1)\cdots(z-n)|\leqslant G\\|(z-1)(z-2)\cdots(z-n)\mathrm{e}^{-z+v}|\leqslant g_v\end{array}\right\}\quad 0\leqslant z\leqslant n。$$

因为函数的积分总不会大于其绝对值的积分,故对每个 ε_v,我们有

$$|\varepsilon_v|\leqslant\left\{\int_0^v\frac{G^{p-1}g_v}{(p-1)!}\mathrm{d}z=\frac{G^{p-1}g_v\cdot v}{(p-1)!}\right\}。\tag{6}$$

现在,G,g_v 和 v 是与 p 无关的固定数,但分母 $(p-1)!$ 随 p 增长的速度最终要比 G^{p-1} 大得多,或较准确地说,当 p 充分大时,分数 $\dfrac{G^{p-1}}{(p-1)!}$ 会变得比任何预先指定的小数还小。因此,从(6)式,可以通过选择 p 充分大而使 n 个数 ε_v 任意小。

由此立即可知,可以使 n 项之和 $a_1\varepsilon_1+\cdots+a_n\varepsilon_n$ 任意小。事实上,我们有

$$|a_1\varepsilon_1+\cdots+a_n\varepsilon_n|\leqslant|a_1\varepsilon_1|+\cdots+|a_n\varepsilon_n|,$$

并根据(6)式

$$\leqslant(|a_1|\cdot 1g_1+|a_2|\cdot 2g_2+\cdots+|a_n|\cdot ng_n)\cdot\frac{G^{p-1}}{(p-1)!}。$$

因为括号内的值与 p 无关,由于因式 $\dfrac{G^{p-1}}{(p-1)!}$ 的原因,我们可使整个右端,从而使 $a_1\varepsilon_1+\cdots+a_n\varepsilon_n$,变成我们所要求的那样小,特别是小于1。

据此就证明了我们所要证的,设等式(3)

$$(a_0M+a_1M_1+\cdots+a_nM_n)+(a_1\varepsilon_1+\cdots+a_n\varepsilon_n)=0$$

成立会导致矛盾,即一个不为零的整数加上一个纯小数不为0。因

为这样的等式不存在，e 的超越性也就被证明了。

π 的超越性的证明

我们回头来证明 π 的超越性。这个证明比前一个证明困难些，但还算是容易的，只是必须从正确的结论逆推过去，而这一点确实是全部数学发现的艺术。

林德曼所考虑的问题如下：到目前为止，业已证明，如果系数 a_v 和指数 v 是通常的整数的话，等式 $\sum_{v=0}^{n} a_v e^v = 0$ 是不成立的。当 a_v, v 是任意代数数时，就不能得到同样的证明吗？他证明了这一点。事实上，他的关于指数函数的最一般的定理是：如果 a_v, b_v 是代数数，a_v 是任意的而 b_v 彼此不相同，则等式 $\sum_{v=1}^{n} a_v e^{b_v} = 0$ 是不能成立的。于是，π 的超越性作为本定理的推论而被证明。因为，众所周知，$1 + e^{i\pi} = 0$，如果 π 是代数数，则 iπ 亦然，而这个等式的成立与上述林德曼定理相矛盾。

我现在只来详证林德曼定理的一个特殊情形，由此可导出 π 的超越性。我仍然主要是按照希尔伯特在《数学年刊》第 43 卷上的证明，它在本质上比林德曼的证明简单，而且正是对 e 讨论的推广。

出发点是关系式

$$1 + e^{i\pi} = 0。 \tag{7}$$

如果 π 满足任何整系数的代数方程，则 iπ 也满足这样一个方程。设 $\alpha_1, \alpha_2, \cdots, \alpha_n$ 是包括 iπ 在内的该方程的所有根，则由（7）式，必然也有

$$(1 + e^{\alpha_1})(1 + e^{\alpha_2}) \cdots (1 + e^{\alpha_n}) = 0。$$

展开后可得

$$1 + (e^{\alpha_1} + e^{\alpha_2} + \cdots + e^{\alpha_n}) + (e^{\alpha_1 + \alpha_2} + e^{\alpha_1 + \alpha_3} + \cdots + e^{\alpha_{n-1} + \alpha_n})$$

$$+ \cdots + (e^{\alpha_1 + \alpha_2 + \cdots + \alpha_n}) = 0, \tag{8}$$

其中某些指数可能偶尔为 0。每当出现这种情况,左边和式中将出现一个正的被加数 1,我们把它们和第一项的 1 加在一起成为一个正整数 a_0,它必然不为零。其余不为零的指数,表之以 $\beta_1, \beta_2, \cdots, \beta_N$,于是将(8)式写成

$$a_0 + e^{\beta_1} + e^{\beta_2} + \cdots + e^{\beta_N} = 0(\text{其中 } a_0 > 0)。 \tag{9}$$

现在,$\beta_1, \cdots, \beta_N$ 也是整系数代数方程的根,因为从根为 $\alpha_1, \cdots, \alpha_n$ 的方程式,可以构成仍有整系数而根为 $\alpha_1 + \alpha_2, \alpha_1 + \alpha_3, \cdots$ 的方程,然后作出以 $\alpha_1 + \alpha_2 + \alpha_3, \alpha_1 + \alpha_2 + \alpha_4, \cdots$ 为根的方程,等等。最后,$\alpha_1 + \alpha_2 + \cdots + \alpha_n$ 自身是有理数并因此而满足一个线性整系数方程。将所有这些方程乘在一起,又得到一个整系数方程,它可能具有某些零根,但其余的根就是 $\beta_1, \cdots, \beta_N$。省略对应于零根的未知数的幂,就剩下具有 N 个 β 为根的 N 次整系数方程(且其绝对项不为零)

$$b_0 + b_1 z + b_2 z^2 + \cdots + b_N z^N = 0, \text{其中 } b_0, b_N \neq 0。 \tag{10}$$

现在可以证明林德曼定理的下述特殊情形:如果 $\beta_1, \cdots, \beta_N$ 是一个整系数 N 次代数方程的根,且 $a_0 \neq 0$,则形为(9)式的等式不可能存在。这个定理包含了 π 的超越性。

这个证明的步骤和证明 e 的超越性时一样。正像在那里可以用有理数来逼近幂 $e^1, e^2, \cdots, e^n$,这里要考虑(9)式中的 e 的幂的最佳可能逼近,并用旧符号写成

$$e^{\beta_1} = \frac{M_1 + \varepsilon_1}{M}, e^{\beta_2} = \frac{M_2 + \varepsilon_2}{M}, \cdots, e^{\beta_N} = \frac{M_N + \varepsilon_N}{M}, \tag{11}$$

其中分母 M 仍然是一个普通的整数,但 $M_1, \cdots, M_N$ 不像以前一样是整数,而是整代数数。而 $\beta_1, \beta_2, \cdots, \beta_N$,一般来说是复数,其绝对值十分小。这一个证明比前一个证明难就难在这里。但是所有

$M_1,\cdots,M_N$ 之和仍然是整数。将它们重新排列，即令(9)式乘以 M 并利用(11)式，使得等式

$$(a_0M+M_1+M_2+\cdots+M_N)+(\varepsilon_1+\varepsilon_2+\cdots+\varepsilon_n)=0 \qquad (12)$$

的第一个被加项是一个非零整数，而第二个被加项的绝对值仍将小于 1。实际上，这就是我们前面利用过的同样的矛盾。借此矛盾证明(12)式和(9)式是不可能的，从而完成了我们的证明。至于细节，我们将再次证明 $M_1+\cdots+M_N$ 可被某质数 p 整除，而 a_0M 却不能，从而证明(12)式的第一个和式不为 0；然后选择 p 充分大，使第二个和式任意小。

（1）我们首先关心的是用埃尔米特积分的适当的推广来确定 M。这里有一个提示：埃尔米特的因式 $(z-1)(z-2)\cdots(z-n)$ 的零点就是所假定的代数方程里 e 的指数。因此，这个因式可代之以在(9)式中所用指数，即方程(10)的解构成的乘积

$$(z-\beta_1)(z-\beta_2)\cdots(z-\beta_N)=\frac{1}{b_N}(b_0+b_1z+\cdots b_Nz^N)。 \qquad (13)$$

其后，关键之处是加上 b_N 的一个适当的幂为因子，这在以前是没有必要的，因为 $(z-1)\cdots(z-N)$ 是整系数的。于是，最后令

$$M=\int_0^\infty \frac{e^{-z}z^{p-1}dz}{(p-1)!}(b_0+b_1z+\cdots b_Nz^N)^pb_N^{(N-1)p-1}。 \qquad (14)$$

（2）正如以前一样，按 z 的幂展开 M 的被积函数。于是，含最低次幂即 z^{p-1} 的项为

$$\int_0^\infty \frac{e^{-z}z^{p-1}dz}{(p-1)!}b_0^pb_N^{(N-1)p-1}=b_0^pb_N^{(N-1)p-1},$$

其中积分已按 Γ 函数算出。被积函数中其余各项包含 z^p 或更高次幂，因此积分后含因子 $\dfrac{p!}{(p-1)!}$ 再乘以整数，故能被 p 整除。于是，

M 是一个整数且不能被 p 整除,只要 p 不是 b_0 或 b_N 的因子。但因 b_0,b_N 都不为 0,只要选择 p,使 $p>|b_0|$,$p>|b_N|$ 即可做到这一点。

因为 $a_0>0$,所以只要加上条件 $p>a_0$,即可使 a_0M 不能被 p 整除。由于有无穷多个质数,故有无限多种方法满足这些条件。

(3) 现在必须建立 M_v 与 ε_v。由于这里代替 v 的 β_v 可以是复数,事实上其中之一是 $i\pi$,所以必须修改我们原先的计划。如果要像以前那样将积分 M 分成两部分,则必须首先确定在复平面内的积分线路。幸而,我们的被积函数是 z 的有限单值函数,除在 $z=\infty$ 处有一个本性奇点外,处处正则。我们不沿实轴从 0 到 ∞ 积分,而选任何从 0 到 ∞ 的线路,只要它最终渐近地平行于实半轴就行了。按 e^{-z} 在复平面的性质,为了使积分有意义,这样做是必要的。

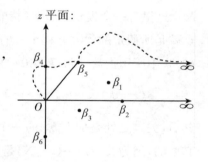

附图 3

现在,在平面上将 N 个点 β_1,$\cdots$,β_N 标出来。回想一下,如果首先沿直线从 0 到 β_N 中之一点积分,再沿平行于 x 轴积分到 ∞(附图 3),就可以得到同样的 M 值。沿这条线路,可将 M 分成两个各有特性的部分;沿 0 到 β_v 的直线的积分为 ε_v,它可随 p 的增加而变得任意小;沿平行 x 轴的直线从 β_v 到 ∞ 积分,则给出整代数数 M_N。

$$\varepsilon_v = e^{\beta_v} \int_0^{\beta_v} \frac{e^{-z} z^{p-1} \mathrm{d}z}{(p-1)!} (b_0+b_1 z+\cdots+b_N z^N)^p b_N^{(N-1)p-1}, \quad (14a)$$

$$(v=1,2,\cdots,N),$$

$$M_v = e^{\beta_v} \int_{\beta_v}^{\infty} \frac{e^{-z} z^{p-1} \mathrm{d}z}{(p-1)!} (b_0+b_1 z+\cdots+b_N z^N)^p b_N^{(N-1)p-1}。 \quad (14b)$$

这些假设满足(11)式。我们选择直的积分路线完全是为了方便。当然,选择从 0 到 β_v 的曲线路线,能得出同样的值;但当路线是直的时,较易估计积分。类似地,可选择从 β_v 到∞的、有水平渐近线的任意曲线来代替水平直线,但会增加不必要的麻烦。

(4) 首先讨论 ε_v 的估值,因为这一项不牵涉任何新的内容,只要记住复积分的绝对值不大于被积函数的最大值乘以积分路线的长度,在这里是 $|\beta_v|$。这样的话,ε_v 的上极限就是 $\dfrac{G^{p-1}}{(p-1)!}$ 再乘以与 p 无关的因子。G 表示 $|z(b_0+b_1z+\cdots+b_Nz^N)b_N^{N-1}|$ 在一区域中的最大值,而此区域包含连接 0 与 β_v 的整个直线段。由此,像前面一样,通过增加 p,可使 ε_v,从而使 $\varepsilon_1+\cdots+\varepsilon_N$ 要多小就有多小,特别是小于 1。

(5) 只有在讨论 M_v 时,才有完全新的考虑,其实这些新的考虑也只是前面推理的推广,不过现在用代数数代替过去的整数。我们将作为一个整体来考虑和

$$\sum_{v=1}^{N} M_v = \sum_{v=1}^{N} e^{\beta_v} \int_{\beta_v}^{\infty} \frac{e^{-z}z^{p-1}\mathrm{d}z}{(p-1)!}(b_0+b_1z+\cdots+b_Nz^N)^p b_N^{(N-1)p-1}。$$

如果利用(7)式,用乘积 $(z-\beta_1)(z-\beta_2)\cdots(z-\beta_N)$ 来代替上面和式里每一项中 z 的多项式,并引入 $\zeta=z-\beta_v$ 这个从 0 到∞取遍实值的新积分变量,我们得

$$\begin{cases}
\sum_{v=1}^{N} M_v = \sum_{v=1}^{N} \int_{0}^{\infty} \frac{e^{-\zeta}\mathrm{d}\zeta}{(p-1)!}(\zeta+\beta_v)^{p-1}(\zeta+\beta_v-\beta_1)^p\cdots\zeta^p\cdots \\
\qquad (\zeta+\beta_v-\beta_N)^p b_N^{Np-1}, \qquad\qquad\qquad\qquad (15) \\
\text{也可写成} = \int_{0}^{\infty} \frac{e^{-\zeta}\mathrm{d}\zeta}{(p-1)!}\zeta^p\Phi(\zeta),
\end{cases}$$

其中我们令

$$\Phi(\zeta) = \sum_{v=1}^{N} b_N^{N p - 1} (\zeta + \beta_v)^{p-1} (\zeta + \beta_v - \beta_1)^p \cdots (\zeta + \beta_v$$

$$- \beta_{v-1})^p (\zeta + \beta_v - \beta_{v+1})^p \cdots (\zeta + \beta_v - \beta_N)^p. \tag{15a}$$

和式 $\Phi(\xi)$ 和它的 N 项中的每一项同样是 ζ 的多项式。在每一项中，N 个量 $\beta_1, \cdots, \beta_N$ 中的一个有着值得注意的地位。但如果考虑把 $\Phi(\zeta)$ 展开以后所得到的 ζ 的多项式，就看到这 N 个量同时出现在 ζ 的不同幂的系数中而未表现出不同。换句话说，这些系数都是 $\beta_1, \cdots, \beta_N$ 的对称函数。通过乘法定理把这些因式乘开后可进一步推知，这些 $\beta_1, \cdots, \beta_N$ 的函数是具有有理整系数的有理整函数。但根据著名的代数定理，一个有理方程的所有根的有理对称函数，当其系数是有理数时，此函数本身也是一个有理数。既然 $\beta_1, \cdots, \beta_N$ 都是方程(10)的根，所以 $\Phi(\zeta)$ 的系数实际上都是有理数。

但是，我们所需要的是有理整数。这可由作为 $\Phi(\zeta)$ 的因子出现的 b_N 的幂来给出。事实上，我们能把这个幂分配到其中的所有线性因式内，并写成

$$\Phi(\zeta) = \sum_{v=1}^{N} (b_N \zeta + b_N \beta_v)^{p-1} (b_N \beta + b_N \beta_v - b_N \beta_1)^p \cdots$$

$$(b_N \zeta + b_N \beta_v - b_N \beta_{v-1})^p (b_N \zeta + b_N \beta_v - b_N \beta_{v+1})^p \cdots \tag{15b}$$

$$(b_N \zeta + b_N \beta_v - b_N \beta_N)^p.$$

和前面一样，把这个多项式展开后，ζ 的系数是乘积 $b_N \beta_1, b_N \beta_2, \cdots, b_N \beta_N$ 的有理整对称函数，其系数为整数。但这个 N 个数之积是方程

$$b_0 + b_1 \frac{z}{b_N} + \cdots + b_{N-1} \left(\frac{z}{b_N}\right)^{N-1} + b_N \left(\frac{z}{b_N}\right)^N = 0$$

的根，此方程是用 $\dfrac{z}{b_N}$ 代替(10)式中的 z 而变成的。如果用 b_N^{N-1} 乘此

方程,得

$$b_0 b_N^{N-1} + b_1 b_N^{N-2} z + \cdots + b_{N-2} b_N z^{N-2}$$
$$+ b_{N-1} z^{N-1} + z^N = 0 。 \tag{16}$$

这是一个最高次系数为 1 的整系数方程,满足这样方程的数称之为整代数数。因此对上述定理可作如下改进:最高次幂系数为 1 的整系数方程,其所有根的有理整对称函数也是有理整数。你们可以在代数教材里找到这个定理,即使没有讲得这么精确,你们也可以根据证明的步骤,确信其正确。

现在,多项式 $\Phi(\zeta)$ 的系数实际上已满足此定理的假设,故皆为有理整数,记之为 $A_0, A_1, \cdots, A_{Np-1}$。于是我们有

$$\sum_{v=1}^{N} M_v = \int_0^\infty \frac{\mathrm{e}^{-\zeta} \zeta^p \mathrm{d}\zeta}{(p-1)!} (A_0 + A_1 \zeta + \cdots + A_{Np-1} \zeta^{Np-1}) 。$$

有了这个式子,已基本达到目的了。因为,如果利用 Γ 函数完成分子的积分,我们得到因子 $p!, (p+1)!, (p+2)!, \cdots$,因为每一项均含有 ζ 的 p 次以上的幂。除以 $(p-1)!$ 后,仍然保持一个 p 的倍数作为因子,而其他因子是有理整数 $(A_0, A_1, \cdots)$。因此,$\sum_{v=1}^{N} M_v$ 必然是一个可被 p 整除的有理整数。

我们已看到,$a_0 M$ 不能被 p 整除,故

$$a_0 M + \sum_{v=1}^{N} M_v$$

必然是一个不能被 p 整除的有理整数,特别是不为 0。因此,等式 (12)

$$\left\{ a_0 M + \sum_{v=1}^{N} M_v \right\} + \left\{ \sum_{v=1}^{N} \varepsilon_v \right\} = 0$$

不可能存在,因为前面已证明 $\sum_{v=1}^{N} \varepsilon_v$ 的绝对值小于 1,它与一个不为

零的整数的和不可能为零。这就证明了林德曼定理的前述特殊情形,
亦即证明了 π 的超越性。

　　这里,我还想谈一下林德曼的一般定理中另一个有意思的特
殊情形,即除 $\beta=0, b=1$ 这个平凡的特例外,方程 $e^{\beta}=b$ 的 β 和 b 不
可能都是代数数。换句话说,一个代数数 β 的指数函数和一个代
数数 b 的自然对数,除这种平凡的情况外都是超越数。这里就包
括 e 和 π 的超越性,对前者,$\beta=1$;对后者,$b=-1$(因为 $e^{i\pi}=-1$)。
对上述讨论加以确切的推广,即可证明本定理。证明可以从 $b-e^{\beta}$
开始,而不用以前的 $1+e^{\alpha}$。这样不仅必须考虑 β 的代数方程的所
有根,而且要考虑 b 的方程的所有根,才能获得一个类似于(9)式
的方程,因而需要更多的符号,证明也会难懂一些,但不需要完全
新的思想。

　　我不打算进一步给出这些证明,但我想用几何图形指明上述关
于指数函数的定理的意义。我们设想,把所有具有代数数横坐标的

点都标在 x 轴上。我们知道,有理数已是稠密的了,代数数当然更
稠密。一开始有人可能会想到,代数数将穷尽所有实数,但我们的定
理说明情况不是这样:在代数数之间还有无穷
多个其他的数,即超越数,且我们已有无穷多个
超越数的例子,即 $e^{\text{代数数}}$,$\log(\text{代数数})$ 及这些超
越数的所有代数函数。如果把方程写成 $y=e^{x}$,
并在 x-y 平面上画出曲线(附图 4),这事就更为
明显了。如果在 x 轴和 y 轴上都标出代数数,
并考虑平面上 x, y 坐标都是代数数的点,这些
点将"稠密地"覆盖住 x-y 平面。尽管有这样稠

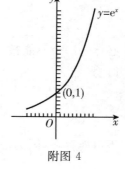

附图 4

密的分布,指数曲线 $y=e^x$ 上除去 $x=0,y=1$ 外没有一个代数点。所有其他满足 $y=e^x$ 的数对 x、y 中,至少有一个 x 或 y 是超越数。指数曲线的这种趋势,当然是一个最值得注意的特点。

这些定理的重大意义在于揭示出存在着大量不仅属于有理数,而且不能用所有有理数的代数运算来表示的数,这对我们的数的连续性的概念有巨大的影响。如果说无理数的发现对毕达哥拉斯来说已值得宰一百头牛来进行一次大祭的话,那么在作出这样的发现之后,他又该怎样去祭祀呢!

值得注意的是,尽管彻底思考一下就明白,超越数的问题是非常简单的,但一般人还是没有掌握和消化它。我曾一再遇到这种情况:在考试时,应考者甚至不能解释"超越"这个概念。他们常常回答我说:一个超越数不满足任何代数方程。这当然是错误的,例如 $e-x=0$ 就是一个例子。方程的系数必须是有理数这个要点被忽视了。

如果你们把上述超越性证明再彻底思考一下,你们就能从整体上掌握这些简单的步骤,并永远化为己有。你们只需把埃尔米特积分记在脑子里,其他一切都会迎刃而解。我要强调的是,在这些证明中,我们已经用到积分概念(或用几何语言来说,用到面积概念),把它看成本质上很初等的东西,而且相信这对证明的清晰性起到了很大作用。在这一方面,请对照韦伯和韦尔施泰因第 1 卷里的叙述或我那本小书《著名的几何问题》(*Vorträge über ausgewählte Fragen der Elementargeometric*,莱比锡,1895 年,F. 塔格特整理)中的叙述。我想你们一定会承认,上述两本书里的证明远不及前述证明清晰并易于掌握。因为上述两本书就像旧时的学校教科书一样,避免使用积分符号,而用展成级数的近似计算代替了。

这些关于代数数在实数域的分布情况的讨论,自然也会把我们引到我在讲课中常常提到的第二个现代领域——集合论,我现在就对此作比较详细的讨论。

Ⅱ. 集合论

集合论的奠基人康托尔的研究,正是从考虑超越数的存在开始的。[①] 他的研究使人们从一个全新的观点来看待超越数。

如果说我对你们作的集合论简要概述有什么特点的话,那就是把处理若干具体例子放在重要地位,而不像通常那样采用十分概括的抽象说明,使人很难掌握,甚至失去信心。

(1)集合的势

为此,我提醒你们,在以往的讨论中,我们曾不得不经常涉及有不同特性的数的总和,现在我们可称之为数的集合。如果限于实数,这些集合是:

(1) 正整数。

(2) 有理数。

(3) 代数数。

(4) 所有实数。

这些集合中的每一个都含有无穷多个数。我们的第一个问题是:尽管如此,能否在一个确定意义下比较这些集合的大小或范围,即能否称某个"无穷"大于、等于或小于另一个"无穷"? 康托尔的伟大功绩就在于通过建立准确的概念,澄清并回答了这个确实十分不确定的问题。首先我们要考虑他的势或基数的概念:当两个集合的

---

①　见"Über eine Eigenschaft des Inbegriffs aller reellen algebraischen Zahlen",发表于 *Journal für reine und angwandte Mathematik*,第 77 卷(1873 年),第 258 页。

元素能够安排得一一对应,即当两个集合能被这样联系起来,使一个集合的每一个元素,均对应于另一个集合的一个元素,反之亦然,则称此两集合有相等的势(等价)。如果不可能建立这样的关系,就称为不等势。如果不论用什么办法去建立对应关系,一个集合总有元素剩下来,则称此集合有较大的势。

　　现在我们把这个原则应用到上面的 4 个例子中。一开始,似乎会觉得正整数的势会小于有理数的势,而后者又小于代数数的势,最后小于所有实数的势,因为每一个集合都是由前一个集合加上新的元素组成。但这个结论下得太匆忙了。因为,虽然一个有限集合的势总是大于它的一部分的势,但对无穷集合这却是不正确的。对这种差异不必惊讶,因为我们涉及的是两个完全不同范畴的情况。我们来看一个简单的例子,它表明一个无穷集合及其一部分可具有相同的势,即所有正整数和所有正偶数集合为

$$1, \quad 2, \quad 3, \quad 4, \quad 5, \quad 6, \quad \cdots,$$
$$\updownarrow \quad \updownarrow \quad \updownarrow \quad \updownarrow \quad \updownarrow \quad \updownarrow$$
$$2, \quad 4, \quad 6, \quad 8, \quad 10, \quad 12, \quad \cdots.$$

用双箭头标出的对应显然属于前面所规定的那一类,一个集合中的每一个元素对应另一个集合的一个元素,且只对应一个。因此,按康托尔的定义,正整数集和它的偶数部分集有相同的势。

　　你们看到,上述 4 个集合的势的问题并不很容易处理。康托尔在 1873 年的伟大发现提供了一个简单的答案;唯其简单,更显奇妙。答案是:正整数、有理数和代数数 3 个集有相同的势,但所有实数的集有另外一个较大的势。一个集合的元素如能与正整数集合一一对应(因而有同样的势),则称之为可数集。因此上面的定理可说成:有理数与代数数集是可数的,所有实数集是不可数的。

　　我们首先给出关于有理数集合的证明,你们当中有些人无疑已

熟悉它了。每个有理数(包括负的),可以唯一地表达为形式 $\dfrac{p}{q}$,其中

p, q 是无公约数的整数,其中 q 是正的,p 可以是零或负的。为了使

所有这些分数排成一个序列,在 $p \cdot q$ 平面上标出所有具有整数坐标 (p, q) 的点,使它们成为附图 5 所示的一条螺旋线上的点。于是可以数出所有的数对 (p, q),对每对只指定一个整数号码,并把所有的整数都用完(附图 5)。现在,从这个序列中删除所有不满足上述规定(p 与 q 互质,$q > 0$)的数对 (p, q),重新数剩下的(在图中用

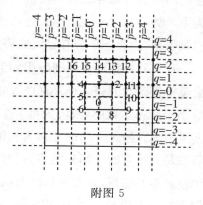

附图 5

重点符号表示),从而得到一个数列,其开头部分如下:

1	2	3	4	5	6	7	8	9	10	11	...,
1	0	-1	2	$\dfrac{1}{2}$	$-\dfrac{1}{2}$	-2	3	$\dfrac{3}{2}$	$\dfrac{2}{3}$	$\dfrac{1}{3}$	...,

其中,一个正整数对应于一个有理数,一个有理数对应于一个正整数。这说明,有理数是可数的,这样将有理数排成可数序列,当然要完全打乱它们的大小排列,如附图 6 所示,其中横轴上的有理点,按在人为的序列中出现的顺序而排列。

有理数 $\dfrac{p}{q}$	-2	$-\dfrac{3}{2}$	-1	$-\dfrac{1}{2}$	0	$\dfrac{1}{2}$	1	$\dfrac{3}{2}$	2	3
正整数	7	14	3 13 6 12	2 11 5 10 1	9	4	8			

附图 6

其次研究代数数。这里将限于实数,尽管把复数包含在内并不会给讨论带来更多实质的困难。每个实的代数数满足一个实整式方程

$$a_0\omega^n + a_1\omega^{n-1} + \cdots + a_{n-1}\omega + a_n = 0。$$

我们设它是不可约的,即约去左边的任何有理因子和 $a_1, \cdots, a_n$ 的任何公约数。我们也设 a_0 总是正的。于是,众所周知,每个代数数 ω 仅满足一个这种范式的整系数不可约方程;反之,每个这样的方程最多有 n 个实代数数的根,也许少些或甚至没有。如果能将所有这些代数方程排成一个可数序列,则显然可推知它们的根是可数的,从而推知所有的实代数数是可数的。

康托尔成功地解决了这个问题,他对每个方程指定一个确定的数,即其指标

$$N = n - 1 + a_0 + |a_1| + \cdots + |a_{n-1}| + |a_n|,$$

并把所有这种方程按 $N = 1, 2, 3, \cdots$ 分成可数多个相继的类。这些方程中没有一个次数为 n 或其系数的绝对值超过有限数 N,故每一类中只有有限个方程,因而只有有限个不可约方程。对给定的 N,尝试所有可能的解后,可以容易地确定出系数。事实上,对于小的 N,可以立即写出方程序列的开头部分。

现在我们来考虑,对每个指标 N,对应于不可约方程的有限个实根已确定,按大小将它们排好。首先取指数为 1 的,这样排好次序的根,然后取指数为 2 的根,等等,并按这个顺序来数。用这种方法,事实上已经指出了实代数数的集合是可数的。因为我们用这种方法数出了每个实代数数;另一方面,我们用了所有正整数。事实上,只要有充分的耐心,总可以确定出这个排列中的第 7 563 个代数数是什么,也可以确定出某一个给出的代数数在此排列中的位置,不管有多复杂。

这里,虽然在同一指标下的各代数数的自然顺序被保留了下来,但我们的"数法"再次完全打乱了代数数的自然顺序。例如,两个靠近得几乎相等的数 $\frac{2}{5}$ 和 $\frac{2\ 001}{5\ 000}$,分别被指数为 7 和 7 001 分得很远,而作为 $x^2-5=0$ 的根 $\sqrt{5}$ 与 $\frac{2}{5}$ 却有相同的指数 7。

在转入最后一个例子之前,我想向你们介绍一个辅助定理,它将为我们提供另一个可数集,其证明方法稍后对我们也是有用的。如果我们有两个可数集

$$a_1, a_2, a_3, \cdots \quad \text{和} \quad b_1, b_2, b_3, \cdots,$$

则由这两个集组合而成的所有 a 和所有 b 的集合也是可数的。因为可以把这个集合写成

$$a_1, b_1, a_2, b_2, a_3, b_3, \cdots,$$

并立即使它与正整数列一一对应。类似地,如果合并 3 个、4 个…或任何有限个可数集,同样可得到一个可数集。

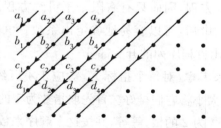

但是我们的辅助定理——可数无穷个可数集的并也产生一个可数集,就似乎没有这样明显了。为证明此事,我们用 $a_1, a_2, \cdots$ 排出第一个集的元素,$b_1, b_2, \cdots$ 为第二个集的元素,$c_1, c_2, \cdots$ 为第三个集的元素,如此等等。然后,只需要按上面图形所表示的方法,按照逐次的对角线选这个总集的元素,所造成的排列

$$\underbrace{1}_{a_1}\quad\underbrace{2}_{a_2}\quad\underbrace{3}_{b_1}\quad\underbrace{4}_{a_3}\quad\underbrace{5}_{b_2}\quad\underbrace{6}_{c_1}\quad\underbrace{7}_{a_4}\quad\underbrace{8}_{b_3}\quad\underbrace{9}_{c_2}\quad\underbrace{10}_{d_1}\quad\underbrace{11}_{a_5}\quad\cdots$$

最后会达到元素 $a,b,c,\cdots$ 中的每一个,也使它与一个确定的正整数对应,由此证明了定理。根据这个图形,可以称之为"对角线计数"过程。

至今已知的很多不同的可数集,可能会使我们相信所有无穷集都是可数的。为了说明这是错的,我们将证明康托尔定理的第二部分,即所有实数的连续统是不可数的。我们用 $\mathbf{C}_1$ 来表示连续统,因为稍后将有机会谈及多维连续统。

$\mathbf{C}_1$ 定义为所有有限实数 x 的总体,其中 x 可设想为在一条水平轴上的横坐标。我们首先指出,所有单位线段的内点 $0<x<1$ 的集合与 $\mathbf{C}_1$ 有同样的势。如果把第一个集表示在 x 轴上,把第二个集表示在垂直于它的 y 轴上,则通过画在附图 7 上的那类

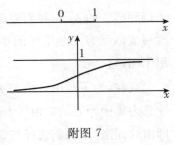

附图 7

单调上升的曲线(例如曲线 $y=\dfrac{1}{\pi}\tan^{-1}x+\dfrac{1}{2}$ 的一支),就可在它们之间建立起一对一的对应。因此,可以用 0 与 1 之间的所有实数的集代表 $\mathbf{C}_1$,今后也如此。

我将向你们介绍的关于 $\mathbf{C}_1$ 不可数的证明,是康托尔在 1891 年于哈雷举行的自然科学家会议上给出的。这个证明比他在 1873 年发表的那个证明更为清楚、更易推广。本质的东西是借助于所谓"对角线过程",发现无论怎样假设所有实数的可数排列总有一个实数不可能包含在其中。这是一个矛盾,因此 $\mathbf{C}_1$ 不可能是可数的。

我们把 $0<x<1$ 的所有数写成小数,并设想它们形成了一个可数数列(见下页图),其中 a,b,c 是在数码 $0,1,\cdots,9$ 中任意可能选择

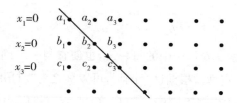

后再加排列的。现在必须注意我们的十进制小数不是唯一确定的。事实上，根据我们的相等定义，我们有 $0.999\cdots=1.000\cdots$，并可以将每一个有穷小数写成无穷小数，使后者从某位起全部是 9。于是，为了得到唯一的表示，我们假设只用无穷的不尽小数，将所有有穷小数改写成以无穷个 9 结尾的小数；因而只有无穷小数出现在我们上面那个图里。

现在，为了写出一个与表中每个实数都不同的实数 x'，我们把注意力集中到表的对角线上的数码 $a_1,b_2,c_3,\cdots$ 上(对角线过程一词即由此而来)。我们选择与 a_1 不同的 a'_1 作为 x' 的第一位小数，选择与 b_2 不同的 b'_2 作为第二位小数，选择与 c_3 不同的 c'_3 作为第三位小数，如此等等，即令

$$x'=0.\,a'_1 b'_2 c'_3\cdots。$$

这里限制 $a'_1,b'_2,c'_3\cdots$ 的条件十分自由，可保证 x' 是一个真正的小数，例如不会是 $0.999\cdots=1$，也不会在有限位数之后就终结。事实上，我们可以选取 $a'_1,b'_2,c'_3\cdots$ 使它们总是与 9 和 0 不同。这样的 x' 必然不同于 x_1，因为它们的第一位小数不同，而两个无穷小数只有在它们的每一位小数相等时才相同。类似地，由于第二位小数的原因，$x'\neq x_2$；由于第三位小数的原因，$x'\neq x_3$，等等。于是，x' 是一个不同于表内所有的数 $x_1,x_2,x_3,\cdots$ 的一个真小数。这个矛盾的出现就证明了连续统 $\mathbf{C}_1$ 是不可数的。

　　由本定理推理得出:超越数确实存在。因为代数数是可数的,因此不可能穷尽由所有实数组成的不可数的连续统。但是所有以前的讨论只排出了超越数的可数无穷性,这里指出了这个集的势实际上还要大,只有这样才真正对超越数有了正确的总的认识。肯定地说,那些特殊的例子,有助于给这个图像以生命力,否则的话,就太抽象了。①

　　现在已经处理完了一维连续统,自然会问到二维连续统又怎么样。每个人都认为平面上的点比直线上的点要多。但康托尔指出,二维连续统 C_2 的势和一维 C_1 的势相同。这吸引了很多人的注意。取边长为 1 的正方形为 C_2,取单位线段为 C_1(附图 8)。我们将指出,这两个集合的点可以形成一对一的关系。这件事看起来似乎很荒谬,或许是由于我们在讨论对

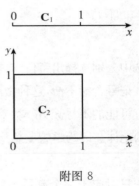

附图 8

应时难以排除对连续性的某种心理印象。但是,我们要建立的关系要多不连续都可以,或者,要说是多么杂乱无章也不为过。除去势以外,可以认为是平面和线性流形的一切特征都被打乱了,就像把正方形的所有点放入一个袋子,然后彻底搅混一样。

　　正方形的点集和所有纯小数对

$$x=0.a_1a_2a_3\cdots, \qquad y=0.b_1b_2b_3\cdots$$

一致,我们说它们都是不尽小数。我们要排除坐标 (x,y) 中有一为 0 的边界上的点,即将与原点相遇的两条边排除,保留另外两条边。很

---

　　① 超越数的存在性,首先是刘维尔(J. Liouville)证明的。在 1851 年法国《数学月刊》第 1 辑第 16 卷中出现的一篇文章里,他提出了一个构造此种数的初等方法。

容易说明,这不会影响到势。康托尔证明的基本思想是,把这两个纯小数组成一个新的纯小数 z,从中可以再次唯一地找到 (x,y);而当点 (x,y) 走遍正方形一次时,z 正好取遍区间 $0<z\leqslant1$ 的所有值一次。如果把 z 想象成一个横坐标,就得到了所要求的正方形 C_2 和线段 C_1 之间的一一对应关系,而关于正方形边的约定应该包括线段中端点 $z=1$。

不妨令

$$z=0.a_1b_1a_2b_2a_3b_3\cdots,$$

从中分别选择出奇位与偶位数,即可唯一地确定 (x,y)。但由于纯小数记号含糊不清,这种做法并非无懈可击。也就是说,当 (x,y) 选择所有可能的不尽无穷小数对时,即走遍 C_2 的所有点时,x 可能不取遍 C_1 的全体。因为尽管 z 总是不尽小数,但可能存在这样的不尽小数

$$z=0.c_1c_2 0c_4 0c_6 0c_8\cdots,$$

它只对应于一个有尽小数 x 或 y,在上例中对应于

$$x=0.c_1000\cdots,\qquad y=0.c_2c_4c_6c_8\cdots。$$

布达佩斯的柯尼希(J. König)提出的一个方法,很好地克服了这个困难。他把 a,b,c 等不看成是单个数字而是数字复合体——可以称它们为纯小数的"分子"。一个分子是这样的小数,它由一个异于 0 的单个数字和紧靠它前面的所有的 0 组成。因此,每一个不尽无穷小数必然包含无穷个分子,因为异于零的数字必然无限次出现,反之亦然。作为一个例子,在

$$x=0.320\ 800\ 700\ 030\ 240\ 5\cdots$$

内,应取 $a_1=3,a_2=2,a_3=08,a_4=007,a_5=0003,a_6=02,a_7=4,\cdots$ 作为"分子"。

现在设:在上面对 x,y 和 z 之间关系的规定中,a,b,c 等作为分

子而出现。于是对应于每一个数对 (x,y)，有唯一的不尽小数 z，而 z 也随之使 x 和 y 得到确定。现在每一个 z 分成为一个 x 与一个 y，每一个 x 和每一个 y 具有无穷多个分子。因此，当 (x,y) 取遍所有无穷纯小数对时，每一个 z 正好出现一次。这就意味着单位线段和正方形已建立了一对一对应，即它们有相同的势。

　　当然，用类似的方法可以证明三维、四维……连续统与一维线段有相同的势。更值得注意的是，无穷维，准确地说是可数无穷维连续统 $\mathbf{C}_\infty$ 也有相同的势。这种无限维空间定义为可数无穷多个变量

$$x_1, x_2, \cdots, x_n, \cdots$$

所可能取的值的系统的总体，其中每一个变量独立地取遍所有实数。这实际上是数学上长期使用的一个概念的新的表达形式。当我们谈到所有幂级数或所有三角级数总体时，由于系数有可数无穷多个，我们得到的实际上就是同样多个独立变量。当然，这些独立变量的值肯定会受到限制，因为以计算为目的的需要保证收敛性。

　　我们再以 $\mathbf{C}_\infty$ 里的"单位立方体"，即满足条件 $0 < x_n \leqslant 1$ 的点的全体为限，并指出它们与 $\mathbf{C}_1$ 的单位线段 $0 < z \leqslant 1$ 之间可形成一一对应关系。为了方便起见，把坐标 x_m 之一等于 0 的所有边界点和端点 $z = 0$ 除去，而保留其他边界点。和以前一样，从 $\mathbf{C}_\infty$ 里的坐标的纯小数表示出发

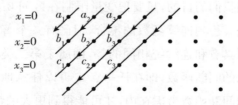

其中设所有纯小数均写成无穷形式，而且 $a, b, c, \cdots$ 是按前面所述意

义上的"十进小数分子",即以异于 0 的数字结尾,前面有若干 0 的数字复合体。现在,必须把所有这些无穷多纯小数组成一个新的小数,而由它又可以辨认出它的成分来。或用化学语言来说,我们希望构成一种由这些分子结合成的松散的合金,且可以容易地从中分离出每一个成分。这可以通过"对角线过程"来达到。从上面的表中,按所述计划,可以得到

$$z = 0. a_1 a_2 b_1 a_3 b_2 c_1 a_4 b_3 c_2 d_1 a_5 \cdots,$$

它将 $\mathbf{C}_\infty$ 中的每一个点唯一地联系着 $\mathbf{C}_1$ 的一个点。反之,用这种方法可以得出 $\mathbf{C}_1$ 中每一个点 z,因为从给定 z 的无穷纯小数,按上面给出的方法,能导出无穷个不尽纯小数 $x_1, x_2, x_3, \cdots$,又用上面的方法,从中得出 z。于是,我们成功地建立起 $\mathbf{C}_\infty$ 中单位立方体和 $\mathbf{C}_1$ 中单位线段间的一一对应关系。

至今取得的结果说明,至少有两个不同的势:

(1) 可数集的势。

(2) 所有连续统 $\mathbf{C}_1, \mathbf{C}_2, \mathbf{C}_3, \cdots$,包括 $\mathbf{C}_\infty$ 的势。

自然会提出是否有更大的势这个问题。回答是:可以指出一个有更大的势的集合。这个答案不单是抽象推理的结果,而是在数学上长期使用的概念范围内。这个集合就是:

(3) 一个实变量 x 的所有可能的实函数 $f(x)$。

为了达到我们的目的,只要把变量限制在区间 $0 < x < 1$ 内就行了。自然首先会想到连续函数的集合,但已有一个著名的定理。说所有连续函数具有和连续统相同的势,即属于第二类。只有把所有可以想象出来的间断函数,即在任一点 x 可以任意地取与邻近值无关的函数值的间断函数考虑在内,才可能得到更大的势。

我首先证明关于连续函数集合的定理。这就要把前面讲过的问

题复述得圆满一些、改进一下（见第三部分第 251-253 页），使得把"任意"函数展开为三角级数的可能性更有说服力。在三角级数一节里，我曾指出：

（a）对于一个连续函数，如果知道了它在所有有理数 r 中的值 $f(r)$，它就确定了。

（b）我们已知所有有理数可以排列成一个可数序列 $r_1, r_2, r_3, \cdots$。

（c）于是，知道可数无穷个值 $f(r_1), f(r_2) \cdots$ 后，函数 $f(x)$ 就被确定了。如果要想得到一个单值连续函数，这些值当然不能任意取。这样，所有可能值 $f(r_1), f(r_2), \cdots$ 的系统的集合，必然包含一个子集，它的势与所有连续函数集合的势相同（附图 9）。

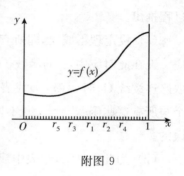

附图 9

（d）现在，量 $f_1 = f(r_1)$，$f_2 = f(r_2) \cdots$，可以看作是 $\mathbf{C}_\infty$ 的坐标，因为它们是可数无穷多个连续变量的可能值的坐标。根据已证明过的定理，所有可能的值的系统的总体，具有连续统的势。

（e）因为连续函数的集被包含在等价于连续统的一个集合之内，所以它本身必然等价于连续统的一个子集。

（f）反之不难看到，整个连续统可以与所有连续函数集合的一部分建立起一一对应关系。为此，只需要考虑由 $f(x) = k =$ 常量确定的函数，k 为实参数。如果 k 取遍连续统 $\mathbf{C}_1$，则 $f(x)$ 将组成一个与 $\mathbf{C}_1$ 一一对应的集，但它只是所有连续函数集的一部分。

（g）现在必须应用集合论中的一个重要的一般定理，即由伯恩斯坦(F. Bernstein)给出的所谓等价定理[①]：如果两个集中每一个都等价于另一集的一部分，则此两集彼此等价。这个定理是非常令人信服的，不过证明起来离题太远了。

（h）根据(e)和(f)，连续统 C_1 和所有连续函数的集合满足等价定理的条件，因此它们有相同的势。定理得证。

现在转到我们的第一个定理的证明，即真正完全任意的所有可能的函数的集合有比连续统更高的势。证明立即可用康托尔对角线过程推出。

（a）设定理不成立，即所有函数的集能与连续统 C_1 建立一一对应。设在此对应中，x 的函数 $f(x,v)$ 对应于 C_1 里的值 $x=v$，且当 v 取遍连续统 C_1 时，$f(x,v)$ 代表 x 的所有可能的函数。通过建立一个与所有这些函数 $f(x,v)$ 不同的函数 $F(x)$，说明这个假设是错误的。

（b）为此在 $f(x,v)$ 表中建造一个"对角线函数"，即当参数 v 取值 $v=x_0$ 时，它在每一个值 $x=x_0$ 处取函数 $f(x,v)$ 在同一点的值，即 $f(x_0,x_0)$。写成 x 的函数，即 $f(x,x)$。

（c）现在建立一个函数 $F(x)$，它在每一个 x 处的值与 $f(x,x)$ 不同：

$$对所有的 x, F(x)\neq f(x,x)。$$

我们有很多方法做到这一点，因为我们允许有完全间断的函数，它在任一点的值可以是完全任意的。例如，可以令

$$F(x)=f(x,x)+1。$$

（d）这个 $F(x)$ 确实与每一个函数 $f(x,v)$ 都不同。因为如果

---

①　首次发表在博雷尔的 *Leçons sur la Théorie des Fonctions*，第 103 页及以下，巴黎，1898 年。

$F(x)=f(x,v_0)$ 对某个 $v=v_0$ 成立,则当 $x=v_0$ 时等式也应成立;即应有 $F(v_0)=f(v_0,v_0)$,这与关于 $F(x)$ 的假设(c)相矛盾。

关于 $f(x,v)$ 将取遍所有函数的假设(a)被推翻,定理被证明。

把这个证明和对连续统的不可数性的类似证明比较一下,是很有趣的。那时,我们曾假设纯小数全体可以排列成一个可数表,现在我们考虑函数表 $f(x,v)$。那里选出对角线元素,相当于现在建造对角线函数 $f(x,x)$;在两种情况下,作用是相同的,即建立一个新的未包含在表内的元素,在前一情况下是一个纯小数,在后一情况下是一个函数。

你们可以很容易地想到,根据类似的考虑,可以建造出更高势的集——超过我们已讨论的 3 种势。在所有这些结果中最值得注意的是,尽管我们把这些不同的无穷集作了可以想象得到的最剧烈的处理,这种处理打乱了诸如顺序等特殊性质,只允许最终的元素——原子——作为能以最任意的方式动荡的东西而保持其独立的存在,但在这些不同的无穷集中仍然保持着固定的区别和分类。值得指出,我们已建立起的 3 类,是数学里早已为人所熟悉的东西——整数、连续统、函数。

我将在此结束集合论的第一部分,这里主要介绍了势的概念。我将用类似的具体的方式,更简要地向你们介绍这个理论的另外一章内容。

(2)一个集合的元素的排列

我们现在要把一个至今有意忽略的问题摆到面前来,即同样势的各个集合,由于其元素排列关系而产生什么样的区别。至今所接受的最一般的一一对应关系打乱了所有这些关系——只要想一下用线段代表正方形就够了。我想强调的正是集合论的这一章的意义。

集合论的目的不是想引入最一般的新概念而消除数学上早已熟悉的种种差异。相反,这个理论应通过新观点来剖析它的性质,从而帮助我们更深刻地了解这些差异。

我们将考虑若干熟悉的例子,来搞清可能的不同排列。从可数集开始,我们曾指出本质上不同的 3 个排列的例子。这些排列是如此不同,使其势之相同(正如我们已看到的)只是一个特殊的、绝非显然的定理的结果。这些例子是:

(1) 所有正整数的集合。

(2) 所有(正和负)整数的集合。

(3) 所有有理数和代数数的集合。

所有这些集合在其元素的排列上有一个共同性质,这个性质可以用"全序"这个名词来表达,即对两个给定的元素,总是知道哪一个在前面,或用代数语言来说,哪个大些,哪个小些。进而,如果给出了 3 个元素 a, b, c,如果 a 先于 b,b 先于 c,则 a 先于 c(如 $a < b, b < c$,则 $a < c$)。

现在来讲本质的不同。在(1)的情形下,有最先的元素 1,它在所有其他元素之前,但没有在所有元素之后的最后元素。在(2)的情形下,既没有最先的也没有最后的元素。(1)和(2)两个集有一个共性,即每个元素之后有一个确定的元素,每个元素之前(除去(1)中的第一个元素)也都有一个确定的元素。与此相反,在集(3)里我们发现,在任意两元素之间总有无穷个其他元素。元素是"处处稠密"的,故在 a 与 b 之间的有理数或代数数,既无最小者,也无最大者。这 3 个例子中的排列方法或排列类型(康托尔称为序型,似乎词不达意)是十分不同的,尽管势相同。这里可能会提出关于可数集的所有排列类型的问题,这正是集合论的研究者实际要回答的问题。

现在我们考虑具有连续统的势的集合。所有实数的连续统 C_1

是一个全序集,但在多维型的 $\mathbf{C}_2$ 和 $\mathbf{C}_3$,…里,有非全序的例子。例如在 $\mathbf{C}_2$ 的情形下,决定两点的相互位置,需要两个关系而不是一个关系。

这里最重要的事是分析一维连续统的连续性的概念。集合理论在澄清传统数学概念上的第一个重大成就,是认识到这里的连续性依赖于专门属于 $\mathbf{C}_1$ 的排列的简单的性质。已经发现,普通连续统的所有连续性质,其根源均在于它是具有下列两个性质的全序集:

(1) 如果我们将集合分成 A,B 两部分,使得每个元素属于两部分之一,且 A 的所有元素在 B 的前面,则或者 A 有最后元素,或者 B 有最先元素。如果回忆起无理数的戴德金定义,我们可以说,集合的每一"分割"是由集合的一个真正元素构成的。

(2) 在集合的任意两元素之间,总有无穷多个其他元素。

第二个性质是连续统和有理数可数集所共有的,但第一个性质则是两者区别的标志。在集合理论中习惯称具有上述两个性质的全序集为连续的,因为确实可以证明,对连续统由于连续性而成立的所有定理,对它也成立。

我提醒你们,这些连续性质也可以稍有不同地用康托尔的基本序列来表述。基本序列是一个集合的元素的全序可数序列 $a_1,a_2,a_3,\cdots$,其每个元素或在其下一个元素之前,或在其后:

$$a_1 < a_2 < a_3 < \cdots, \qquad 或\ a_1 > a_2 > a_3 > \cdots。$$

集合中的元素 a 称为基本序列的极限元,条件是(在第一种情况下) a 前面的每一个元素最终被基本序列的元素所超过,而 a 后面的元素没有一个被基本序列的元素所超过。第二种情况也类似。如果每个基本序列在集合内均有极限点,则此集合称为闭的。反之,如果集合中每一个元素都是一个基本序列的极限元,则此集合称为稠密的。具有连续统的势的集合的连续性,本质上就是这两个性质的联合。

让我顺便提醒你们,讨论微积分基础时,我们谈到过另一种连续统——韦罗内塞的连续统,它是由普通连续统加上实在无穷小量而得。这个连续统由于任意两元素均有确定的顺序而成为一个全序集合,但它的排列类型与通常的 C_1 完全不同,甚至每个基本序列都有极限元素的定理,对它都不成立。

现在回到一个重要的问题上来,即怎样的表示能保持不同维连续统 C_1,C_2,$\cdots$ 之间的区别? 我们确已知道,最一般的一一对应抹杀了它们的区别。这里有一个重要的定理:连续统的维数是连续一对一映射的不变量,即当 $m\neq n$ 时,不可能用一个双方单值连续的映射将 C_m 映成 C_n。有人可能轻易地接受这个定理,以为是不言而喻的道理。但你们想必记得自然直觉也几乎使我们排除可逆单值的映射 C_2 到 C_1 的可能性。这一点应使我们在接受本定理之前保持警惕。

我们只详细讨论[①]一维与二维连续统之间关系这一最简单的情形,然后指出推广到最一般情形的困难所在。我们要证明在 C_1 和 C_2 之间的双方单值连续关系是不存在的。这里每句话都是关键的。事实上,我们已经看到,不能省掉连续性。你们当中某些人无疑是熟悉"皮亚诺曲线"的例子的,这个例子也说明双方单值性不能省去。

我们需要下面的辅助定理:给出两个一维连续统 C_1,C_1',它们被连续地相互映射,使得 C_1' 中的每一个元素对应于 C_1 中的唯一一个元素;且对 C_1 中的每一个元素,C_1' 中最多有一个元素与之对应。于是,如果 a,b 是 C_1 中两个元素,C_1' 中确有 a',b' 分别对应于它们,则对 C_1 中 a 与 b 之间的每个元素 c,其在 C_1' 的对应元素 c' 必在 a' 与 b'

① L. E. J. 布劳威尔(L. E. J. Brouwer)于 1911 年对一般情形给出了一个证明,刊于《数学年刊》第 70 卷,第 161 页。

之间（附图10）。这一定理类似于下述熟悉的定理：一个在 $x = a', b'$ 取两值 a, b 的连续函数 $f(x)$，必然在 a', b' 之间的某值 c' 处取得 a, b 之间任选的值 c。应用上述连续性的定义，可证明它是这个定理的严格推广。这也可以用通常定义连续函数的方法来解释连续统集合的连续映像。借助于排列的概念，可以作出这种解释。但这里不是对这些思想展开讨论的地方。

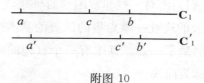

附图 10

现在给出证明如下：设存在着一个将一维线段 C_1，映像到正方形 C_2 的连续的双方单值映像（附图11）。设 C_1 的两元素 a, b 分别对应于 C_2 中元素 A, B。现在用 C_2 内的两种不同路线连接 A, B，例如用画在图上的折线 C_1' 和 $\overline{C}_1'$。要做到这一点，并不需要事先假设 C_2 有任何特殊性质，诸如建立坐标系等，只需要用两重序的概念。每个路线 C_1' 和 $\overline{C}_1'$，是一个与 C_1 类似的全序一维连续统，因而在 C_1 和 C_2 之间的连续的双方单值关系，必然使 C_1' 和 $\overline{C}_1'$ 的每个元素只对应 C_1 中的一个点；而 C_1 的每个元素，最多只可以对应 C_1' 或 $\overline{C}_1'$ 上的一个元素。换句话说，正因为有了上述预备定理的条件，所以在 C_1

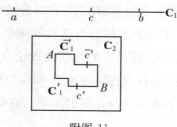

附图 11

的 a 与 b 之间的每一点 c，才不仅对应 C_1' 中的一点 c'，也对应 $\overline{C}_1'$ 的一点 $\overline{c}'$。这与 C_1 和 C_2 之间的双方单值关系的假设相矛盾。定理得证。

如果试图将此考虑推广到两个任意的连续统 C_m，C_n，必须先知道能嵌入 C_m 中的维数为 $1,2,3,\cdots,m-1$ 的一般连续统的构造。只要 $m,n\geqslant 2$，就不可能仅仅借助于上面最简单的情况下所用的"之间"的概念。相反，人们会面对一些非常困难的研究，它的最初几步就已涉及平面上最一般的连续一维点集的深奥的基本几何问题，这些问题最近才稍微搞清楚了一点。其中有一个有趣的问题是，什么情况下一个点集应被称为曲线？

我们就此结束对集合论的十分专门的讨论，以便发表几点泛泛的意见。首先，想讲讲康托尔对点集理论在几何和分析中的地位所持的一般概念。这些概念从特殊的角度揭示了集合论的意义。算术的离散度量和几何的连续度量之间的区别，在历史上和哲学的思考上始终占有突出的地位。近来，离散量作为概念上最简单的量占了主导地位。根据这个趋势，我们把自然数、整数都看作最简单的给定的概念，用熟悉的方法从它们推出有理数和无理数，并建立起用分析掌握几何的完整的工具，即解析几何。这种现代发展的趋势，可以称为几何的技术化趋势。对连续性所采用的几何观点被推回到了整数的观点。我这些讲义主要坚持了这个方向。

与片面地倚重整数相反，康托尔想在集合论中达到"算术和几何的真正融合"（1903 年在卡塞尔的自然科学家会议上他亲口这样告诉我）。因此，整数理论，各种点的连续统理论，以及其他等等，可能在集合的一般理论中各自占有同等重要一章，形成一个均质的整体。

我再泛泛讲一下集合论与几何的关系。在集合论中，我们已经讨论过：

（1）集合的势，在任何双方单值映像下不会改变。

（2）考虑元素间有关顺序关系的集合的序型。这里已经能够刻画连续性的概念，不同重数的排列或多维连续统等，使连续映像的不变量在这里找到了位置。转到几何方面来说，就是给出了从黎曼时代起就被称为位置分析（analysis situs，即拓扑学）的一个分支。这个分支是几何中最抽象的一部分，它处理在最一般的双方单值连续映像下不变的几何图形的性质。黎曼在非常一般的意义上用了"流形"这个词。康托尔起初也用这个词，但后来用更方便的词"集合"来代替了。

（3）如果我们进入具体的几何学，我们将涉及度量几何与射影几何之间的区别。这里不光要知道——举例来说——直线是一维的，而平面是二维的。我们宁可去构造图像或对其进行比较。为此，我们需要用到一个固定的度量单位或至少在平面上选一条线，在空间选一个平面。在这些具体领域里，除了一般的排列性质以外，当然还需要一套专门的公理。这当然会促使全序、双序……n 重序连续集理论的进一步发展。

这里不是我详细讨论这些事情的地方，特别是因为在本书的以后几卷里必定要讲到这些。我只提一提你们以后可以参考的文献。首先我应该谈到《数学百科全书》里的 3 篇文章：恩里克斯的《几何原理》（*Prinzipien der Geometrie*，Ⅲ. A. B. 1）、冯·曼戈尔特（v. Mangoldt）的《术语"线"和"平面"》（*Die Begriffe "Linie" und "Fläche"*，Ⅲ. A. B. 2，该文主要讨论公理），以及德恩-希加德（Dehn-Heegaard）的《位置分析》（*Analysis situs*，Ⅲ. A. B. 3）。最后那篇文章写得相当抽象。文章一开头讲拓扑学的最一般的概念以及作者本人确定的基本事实，其后一切推导皆按纯逻辑进行。这与我一贯建议的归纳式表示方法恰好相反，只有已经用归纳的方式彻底钻研过这个学科的高水平的人才能完全读懂。

至于集合论方面的文献,我应该首先提到 A. 熊夫利(Schoen-flies)为德国数学学会写的一篇文章,题为《点集理论的发展》("Die Entwickelung der Lehre von den Punktmannigfaltigkeiten")①。该文第一部分发表于《德国数学学会年度报告》第 8 卷;第二部分最近也已发表,作为该年报附录的第 2 卷。这篇文章是整个集合论方面的真正综述,你们能从中找到许多有关的详尽资料。同时,我愿意提一提第一本系统的集合论教材:W. H. 扬与其夫人合著的《点集理论》(关于扬的夫人格雷丝·奇泽姆,在本书第三部分谈到球面三角学的那一节中已提到)。

在结束对集合论的讨论时,必须再次提出一个贯穿本书的问题:这方面的内容,在中学里可以采用多少? 从数学教学的观点出发,我们当然必须防止过早地把这些抽象和困难的内容交给学生。为了准确地表达我对这件事的观点,我愿意摆出生物发育的基本规律,根据这个规律,个体的发展必须经历物种发展的一切阶段,不过程序缩短了。这种思想今天已变成每个人的一般文化知识的一部分。我想,数学教学和其他事情一样,都应遵循这个规律,至少是大体上遵循。教学内容要考虑到年轻人的自然能力,慢慢引导青年接触高深的事物,最后接触抽象的规则。应该走人类从原来朴素的状态到高级知识阶段所走过的道路。经常阐明这个原则是必要的,因为总有这样的人,他们追随中世纪的学究方式,先教最一般的观念,还辩解说这种方法是"唯一科学的方法"。然而这个理由是完全没有事实根据

---

① A. 熊夫利:文章的两部分发表于 1900 年及 1908 年,莱比锡。前半部分于 1913 年进行了修改,发表时题为"Entwickelung der Mengenlehre und ihrer Anwendungen";作为此文之续,请参阅 H. 哈恩(H. Hahn)的《实变函数论》(*Theorie der reellen Funktionen*)第 1 卷,柏林,1921 年。

的。科学的教学方法只能是促使学生去科学地思考,绝不是一开始就叫他们面对一堆枯燥的科学辞藻。

我常常感觉到,推广这种自然而真正科学的教学方法的重大障碍,是缺乏数学的历史知识。为了弥补这一点,我一直把历史介绍插进书中。我相信已向你们讲清,数学思想之形成是多么缓慢。这些思想最初几乎都是以近乎预言的形式,经过长期发展后,才变成严格的形式,成为大家很熟悉的系统的描述。我热诚地希望,这种知识能对你们的教学产生持久的影响。

读者联谊表

（电子文档备索）

姓名：　　　年龄：　　　性别：　　宗教：　　党派：

学历：　　　专业：　　　职业：　　　所在地：

邮箱＿＿＿＿＿＿＿＿＿＿手机＿＿＿＿＿＿＿＿QQ＿＿＿＿＿

所购书名：＿＿＿＿＿＿＿＿　在哪家店购买：＿＿＿＿＿

本书内容：满意　一般　不满意　本书美观：满意　一般　不满意

价格：贵　不贵　阅读体验：较好　一般　不好

有哪些差错：

有哪些需要改进之处：

建议我们出版哪类书籍：

平时购书途径：实体店　网店　其他（请具体写明）

每年大约购书金额：　　　藏书量：　　　每月阅读多少小时：

您对纸质书与电子书的区别及前景的认识：

是否愿意从事编校或翻译工作：　　　愿意专职还是兼职：

是否愿意与启蒙编译所交流：　　　是否愿意撰写书评：

如愿意合作，请将详细自我介绍发邮箱，一周无回复请不要再等待。

读者联谊表填写后电邮给我们，可六五折购书，快递费自理。

本表不作其他用途，涉及隐私处可简可略。

电子邮箱：qmbys@qq.com　　联系人：齐蒙

启蒙编译所简介

　　启蒙编译所是一家从事人文学术书籍的翻译、编校与策划的专业出版服务机构，前身是由著名学术编辑、资深出版人创办的彼岸学术出版工作室。拥有一支功底扎实、作风严谨、训练有素的翻译与编校队伍，出品了许多高水准的学术文化读物，打造了启蒙文库、企业家文库等品牌，受到读者好评。启蒙编译所与北京、上海、台北及欧美一流出版社和版权机构建立了长期、深度的合作关系。经过全体同仁艰辛的努力，启蒙编译所取得了长足的进步，得到了社会各界的肯定，荣获凤凰网、新京报、经济观察报等媒体授予的十大好书、致敬译者、年度出版人等荣誉，初步确立了人文学术出版的品牌形象。

　　启蒙编译所期待各界读者的批评指导意见；期待诸位以各种方式在翻译、编校等方面支持我们的工作；期待有志于学术翻译与编辑工作的年轻人加入我们的事业。

　　联系邮箱：qmbys@qq.com

　　豆瓣小站：https://site.douban.com/246051/